First published in English under the title
Intelligence, Biosecurity and Bioterrorism
by Patrick F. Walsh

国际安全研究丛书
INTERNATIONAL SECURITY STUDIES

生物安全情报

[澳] 帕特里克·沃尔什（Patrick F. Walsh）| 著　　王　磊 | 译

Intelligence,
Biosecurity and Bioterrorism

金城出版社
GOLD WALL PRESS
北京·2020

图书在版编目（CIP）数据

生物安全情报 /（澳）帕特里克·沃尔什（Patrick F. Walsh）著；王磊译 .—北京：金城出版社有限公司，2020.11

书名原文：Intelligence, Biosecurity and Bioterrorism

ISBN 978-7-5155-2036-0

Ⅰ.①生… Ⅱ.①帕… ②王… Ⅲ.①公共安全—关系—信息工作—研究 Ⅳ.① D035.29 ② G25

中国版本图书馆 CIP 数据核字（2020）第 133245 号

生物安全情报

著　　者　［澳］帕特里克·沃尔什
译　　者　王　磊
责任编辑　李　涛
责任校对　李凯丽
责任印制　李仕杰
开　　本　710 毫米 × 1000 毫米　1/16
印　　张　17
字　　数　280 千字
版　　次　2020 年 11 月第 1 版
印　　次　2020 年 11 月第 1 次印刷
印　　刷　天津旭丰源印刷有限公司
书　　号　ISBN 978-7-5155-2036-0
定　　价　70.00 元

出版发行　**金城出版社有限公司**　北京市朝阳区利泽东二路 3 号（100102）
发 行 部　（010）84254364
编 辑 部　（010）84250838
投稿邮箱　balimist0213@163.com
总 编 室　（010）64228516
网　　址　http://www.jccb.com.cn
电子邮箱　jinchengchuban@163.com
法律顾问　北京市安理律师事务所　18911105819

缅怀母亲

格温多兰·菲莉丝·梅·沃尔什

（Gwendoline Phyllis May Walsh，1934—2015），

感谢您赐予我生命、给予我无条件的爱。

目　　录

中文版序

本书的英文版于 2018 年 9 月出版。作为一名前情报分析师、现情报研究领域学者，我长期以来一直颇感兴趣的是了解犯罪分子、恐怖分子和国家行为者如何将生物制剂武器化。

当我开始为撰写本书展开研究工作时，我很快就发现生物威胁和生物风险变得更为复杂，而我们的情报机构却并没有做好充分的准备来了解这些威胁和风险。例如，合成生物学和生物技术的创新水平非常之快，特别是近十年来基因编辑技术在飞速发展。此外，生物技术的发展呈指数级上升，再加上这种技术更容易获得，成本也更低，这就为一些威胁行为者提供了更多利用这种技术进步来达到恶意目的的机会（如果他们选择这么做）。

虽然合成生物学和生物技术方面的重大变化引起了许多学者对犯罪分子和恐怖分子如何利用合法的科学进步这一问题的关注，但政治领导人基本上仍然不了解潜在的生物威胁和生物风险。为什么会这样呢？部分原因是政治领导人手头上已经有很多其他的威胁和风险需要应对与处理。对于许多政治领导人来说，将生物技术武器化的可能性似乎是异乎寻常、微乎其微的。

因此，自“9·11”事件以来，在许多情报机构中，我们看到对生物威胁和生物风险的搜集与分析较少，因为似乎总有许多更为紧迫的威胁和风险需要去应对与解决，比如恐怖主义或跨国有组织犯罪。对生物威胁和生物风险的搜集与分析较少，会导致我们的国家安全机构和执法机构在预防、发现、瓦解、处理生物攻击时的组织能力更差。

本书写于 2018 年，也就是当前全球新冠肺炎（COVID-19）疫情卫生紧急事件发生的两年前。当时，我提出了关于“五眼联盟”国家政府的观点，但事实上是各国政府都需要在其国家安全机构和执法机构了解新兴的生物威胁和生物风险方面给予更多的投资。过去，情报机构并没有能够很好地了解新兴的生物威胁和生物风险，往往会高估（比如萨达姆·侯赛因政权的进攻性生物武器能力）或低估（比如苏联的生物武器计划）它们。鉴于生物技术的快速发展，我们的情报机构和各国政府都需要更深入地了解未来可能出现的威胁和风险，以及威胁和风险产生的原因。

本书是我的第一次尝试，旨在说明国家安全机构和执法机构如何构建更好的自身能力，以便了解新兴的生物威胁和生物风险。当然，上述这些机构也必须与公共卫生专家、科学家和医生深入合作，因为他们对疾病动态、接触追踪和流行病学有广泛的了解。

虽然本书只侧重于关注蓄意的生物威胁和生物风险，比如通过犯罪或恐怖行为实施对无辜者的攻击，但这种类型的攻击只是一方面，另一方面是意外的或无意的疾病暴发和大流行，正如我们在新冠肺炎疫情中所看到的。在疫情暴发后的最初阶段，人们尚不清楚其原因是自然的还是蓄意的。我们现在需要的是一种更好的方式，使得国家安全机构、执法机构和公共卫生机构能够走到一起，共同分享专门知识，从而使各方都能够相互学习，并及早地发现并瓦解未来可能的疾病暴发。

目前的新冠肺炎疫情大流行，不仅仅是一场卫生安全危机，也是一场国家安全危机。因此，我希望，公共卫生机构能够多了解情报机构可以提供的一些工具、技术和知识，以便能够及时发现和管理卫生安全危机。反之亦然，公共卫生机构也能够帮助国家安全机构和执法机构更好地了解疾病动态。正如我在本书中指出的，我所呼吁的是采取一种多学科的方法来预防、瓦解和管理卫生安全危机——不管这些危机是蓄意的还是意外的。

希望你们能够喜欢这本书。

帕特里克·沃尔什

2020年6月18日

前　言

我在这里有三个目标：第一，我将展示情报对于决策者、情报分析师、调查人员、其他管理生物威胁和生物风险的人员可以发挥的作用。我特别阐述了良好的情报支持对预防、瓦解、减少、遏制此类威胁的重要性。第二，我将对整本书使用的关键术语加以定义，比如“生物安全”（biosecurity）、“生物恐怖主义”（bioterrorism）和“生物威胁”（bio-threats）。鉴于生物安全和生物恐怖主义领域的多样性，学者和从业人员对各种术语定义的解读存在分歧，包括“生物安全”和“生物恐怖主义”，一些研究人员试图解决这些术语定义上的困难（Koblentz, 2010; Rappert and Gould, 2009: 1–19; Lakoff and Collier, 2008）。我将以他们的工作为基础，为生物安全和其他术语做出定义。第三，我将概述本书所使用的方法以及后续章节的纲要。但是在讨论以上三个目标之前，有必要先简要介绍一下本书与诸多更广泛的生物安全文献之间的关系。

自“9·11”事件以来，决策者和公众越来越关注生物恐怖主义以及其他生物安全威胁。对政策制定者来说，一个非常关键的优先事项是防止出现恐怖分子发动的生物攻击场景（许多人认为这种情况发生的概率很低，但其所造成的影响极大）——例如，在一个主要城市中心使用一种高致病性的武器化物质，比如炭疽（Koblentz, 2009: 200–227; Rosenau, 2001; Tenet, 2007）。2001 年，美国炭疽邮件事件（Amerithrax）[1]表明，政策制定者有理由对这种生物威胁场景感到担忧（Walsh, 2011）。尽管在这种情况下，传递方式（通过邮件）并不是一些人所预想的高度复杂的“大规模杀伤性武器”（WMD）平台。然而，这次袭击事件表明了技术和科学经验在实现

1　指通过美国邮政系统向国会议员和一些媒体机构递送炭疽污染的信件而发生的生物恐怖袭击事件。——编注（以下除标有“编注”外，均为原注）

生物攻击方面起到的关键作用，无论其传递方式或影响如何。

美国炭疽邮件事件的第一次袭击（“9·11”事件之后仅一周）和第二次袭击（2001 年 10 月）都促使许多决策者和情报机构重新认识生物威胁的性质及其影响。然而，对美国炭疽邮件事件的调查表明，策划这样的袭击是非常复杂的，需要大量的隐性知识和技术知识——不仅仅是简单地从互联网下载制造生物炸弹的“配方”（Walsh, 2014; Vogel, 2013）。

这次袭击表明，即使一个在炭疽领域工作了二十年的微生物学家，也很难将细菌制成高度可武器化的形式（Walsh, 2014）。但是从另一个角度来看，美国炭疽邮件事件为我们评估威胁行为者及其使用生物物质的能力——尤其是在恐怖主义行为中——提供了更多的见解。然而，另一方面，越发清楚的是，尽管过去有过一些尝试，但大多数恐怖组织都没有能力从互联网下载制造和武器化炭疽的“配方”（Rosenau, 2001; Tenet, 2007; Walsh, 2014）。

尽管将一种危险的病原体武器化在技术和物流方面存在着困难，但美国炭疽邮件事件对于提高我们在“9·11”事件之后对一些尚不清楚的有关生物安全和生物恐怖主义的其他重要方面的认识具有开创性意义。其中包括：情报的作用；调查所面临的挑战；多机构合作（特别是国家安全机构和公共卫生机构之间）；技术在驱动新兴的生物威胁中发挥的作用。

生物安全和生物恐怖主义的历史，可以追溯到几个世纪以前（Crawford, 2007; McNeil, 1998）[1]。生物武器（包括国家资助的和来自恐怖主义的）的现代历史始于 20 世纪，当时的国际安全环境发生了变化，技术和微生物学都有十足的进步。然而，从国际安全和生物恐怖主义的角度来看，在两次世界大战和冷战期间，生物威胁格局的这些变化（Koblentz, 2009, 2010; Geissler and van Courtland Moon, 1999; Tucker, 2000）已经被充分地进行了探究。

本书认可并简要回顾了冷战前的生物威胁格局（见第一章），

1　可参阅［美］威廉·麦克尼尔著，余新忠、毕会成译：《瘟疫与人》，中信出版社，2018 年。——编注但主要焦点则是对“9·11”事件之后生物安全环境的分析，特别是，本书试图专门从情报角度聚焦下文列出的四个关键目标，从而对生物安全和生物恐怖主义文献做出独特的贡献。

自“9·11”事件以来，越来越多的文献和一些政府报告都重点关注情报在管理生物安全威胁方面的作用（Koblentz, 2009; Vogel, 2008; SSCI, 2004; Butler, 2004; Silberman and Robb, 2005; NRC, 2006）。然而，这些文献对情报自身的问题给予了较少的关注，而将更多的注意力放在了生物安全和生物恐怖主义的其他方面。例如，国际安全问题；生物恐怖主义；后“9·11”时代生物安全决策；伊拉克大规模杀伤性武器评估的情报失误。这些文献并没有详细地研究情报的作用——无论是作为一种在生物威胁背景下生产的支持决策的产品的过程系统，还是作为一套组织和部门运作框架，情报功能在其中可以发挥作用，以提供战略、战役和战术决策支持。

我从后“9·11”时代情报改革研究的最新理论视角出发（Walsh, 2011），将对后“9·11”时代生物安全、生物恐怖主义文献中缺失的情报流程和功能所面临的机遇及其局限性提供更深入的、宏观的理解。重点将是广泛的——跨越生物威胁范围，包括生物犯罪和生物恐怖主义问题。

一、受众

本书主要是为情报分析师准备的，不管他们的专业背景如何（国家安全、执法、军事或私营领域），只要他们目前或不久即将从事管理生物威胁和生物风险方面的工作。本书的第二大受众是更广泛的、多样化的利益攸关者，他们也都在管理生物威胁和生物风险方面发挥着作用，包括政策制定者、公共卫生专家、第一响应者、情报从业者、调查人员、研究人员、安保管理人员、合规管理官员和私营部门。所有这些利益攸关者也都需要更好地理解情报业界在支持生物安全威胁决策方面能够和不能够提供什么。最后，那些学习与生物安全、生物恐怖主义、卫生安全相关的跨学科课程的本科生和研究生也会对本书感兴趣。

本书并不需要任何关于情报或生物安全方面的先期知识，因此本书的入门和渐进式方法对于安保官员的高级和其他培训课程、研究生的情报和安保项目、公共卫生和其他与生物安全和生物恐怖主义相关的监管或合规培训项目都是非常有益的。

二、本书的不同之处

除了专门关注情报在管理生物威胁和生物风险中的作用之外，本书的第二个独特之处在于，通过对主要利益攸关者（政策制定者、情报从业者、安保从业者、研究人员）的采访，阐述了本书的四个核心目标（详见下文）。本书涵盖了来自“五眼联盟”国家（澳大利亚、英国、美国、加拿大、新西兰）的情报从业者、安保从业者、研究人员的见解，他们在生物安全和生物恐怖主义领域都发挥着积极的作用。

本书采用了半结构化访谈的灵活定性方法，搜集了来自学者、情报从业者、安保从业者的见解和观点。对“五眼联盟”国家情报机构共进行了25次访谈——大部分是在美国和加拿大完成的。我在2011年出版的第一本专著《情报与情报分析》（*Intelligence and Intelligence Analysis*）中，也采用了类似的方法，采访了“五眼联盟”国家情报机构的60名情报领导者和分析师。想要试图评估情报在潜在快速发展的威胁环境中的作用，了解在生物安全和生物恐怖主义背景下情报的生产者、消费者的见解和经验是至关重要的。

总之，本书主要的益处是详细地关注了情报流程和功能，并评估它们在预防、瓦解、遏制当代及新兴的生物威胁方面的作用。第三个益处是，本书试图在情报学和生物科学这“两个世界”之间架起一座桥梁。本书并不自称是一本关于生物科学的科技知识论著，它所提供的分析仅从情报学的角度出发。尽管如此，本书仍力求使临床专家和科学家参与到我们共同关注的有关生物安全和生物恐怖主义的讨论中来。

三、本书讨论的范围和局限性

少量的访谈显然既不能构成一个可概括的样本，也不能全面描述情报在“五眼联盟”国家情报机构管理生物威胁和生物风险中发挥的作用。此外，由于大部分采访都是针对美国和加拿大的参与者，后续章节的分析往往更多地关注这两个国家的情况，而不是其余三个“五眼联盟”国家（澳大利亚、英国、新西兰）。

此外，鉴于涉及机密，在情报功能领域进行研究总会带来挑战，我无法联系到所有可能分享有用（非机密）见解的情报机构。本书另外的局限性包括我早期做出的决定，即不包括每个“五眼联盟”国家的军队在管理生物威胁和生物风险中发挥的作用，而这一点在大多数“五眼联盟”国家的历史上一直是很重要的。

我想把重点放在国家安全与执法情报上，因为这关系到对生物威胁和生物风险的理解。尽管如此，我也意识到忽略军事视角会进一步降低情报在“五眼联盟”国家管理生物威胁和生物风险中的作用。

四、为什么是情报?

在继续定义关键术语和本书的目标之前，首先必须解决一个更为基本的问题——为什么是情报？为什么要在更广泛的生物安全和生物恐怖主义背景下，用整整一本书来讨论情报？答案是，好的情报框架、过程和产品可以瓦解威胁，包括减少新兴威胁的不确定性。情报的功能是提供有效的决策支持，以便决策者能够采取措施，从而预防、瓦解或缓解安全环境中的威胁。

良好的情报为认识当前和新兴的威胁以及评估这些威胁所带来的风险提供了重要的工具。然而，我们将在后面的章节中看到，情报总还是有其局限性，特别是在生物安全和生物恐怖主义方面。例如，与含有更容易被发现的技术的核武器和化学武器不同，考虑到生物物质和生物技术的两用性（dual-use nature），很难防止或阻止威胁行为者进口生物设备用以制造“生物炸弹”。许多生物制剂、技术、设备和知识的两用性，使得搜集、分析可能与决策者有关的情报的可靠性和有效性更为复杂化。

此外，尤其是自“9·11”事件以来，如同网络等其他领域技术驱动的威胁一样，合成生物学和生物技术的发展速度加快，这意味着我们的那些行动缓慢、时常过于官僚化的情报机构很难及时地了解到什么是最重要的关键性威胁，以便决策者有针对性地采取相应的措施。

我们将在接下来的章节中看到，理解和解读潜在复杂的、技术驱动的生物威胁的一些问题与我们情报机构更为基本的组织功能问题相关。在这一点上需要注意的是，情报确实在管理生物威胁方面发挥了作用，但我们将在后续章节中看到，在不同的威胁环境中，其发挥作用的程度会有所不同。我们所面临的挑战是如何在这些环境背景下更好地发挥情报的作用，以及包括科学界在内的其他利益攸关者在识别和缓解生物威胁中起到了什么作用？所有这些问题将在后续章节中予以讨论。

五、定义术语

生物安全和生物恐怖主义领域的术语定义非常复杂。一些研究人员讨论了定义术语的困难，比如“生物安全”，定义要具备包容性，且对其中涉及的各种学科均具有足够的意义。在本书中经常使用的其他关键术语，包括情报、生物恐怖主义、生物犯罪、生物风险和生物威胁。所有这些术语都会在这里加以定义，这样读者便可知道我打算如何在本书后续章节中使用它们。在对它们进行定义的同时，也会对不断出现的定义性文献进行扩展讨论和评论。

这将会很有趣，但并不是本书的重点，因此在简要说明每个术语的使用方式之前，我会先简要概述在定义如生物安全和情报等术语时所遇到的一些有文献记载的挑战。有兴趣进一步探讨关键术语定义的读者，也可以参阅这里引用的其他作者的文献。

（一）情报

杰出的情报专家、美国中央情报局（CIA）负责情报分析与生产的前助理局长马克·洛文塔尔（Mark Lowenthal）在他的经典著作《情报：从秘密到政策》（*Intelligence from Secrets to Policy*）[1]中，把第一章的全部篇幅都用来剖析情报到底是什么。在第一章中，洛文塔尔指的是“对秘密信息的追求”（Lowenthal, 2012: 6）。这绝对是情报的特征之一。他还谈到许多不同种类的情报：军事情报、政治情报、经济情报、社会情报、环境情报、卫生情报和文化情报（Lowenthal, 2012: 6）。当然，情报也包括不同的维度：对外情报、国内情报和国土安全情报。我们将在本书中看到，这种武断的分类并不能准确地描述许多后“9·11”时代威胁的性质，因为它们同时具有对外和国内的特征。洛文塔尔还提出了一个重要观点，直接关系到复杂的生物安全威胁和风险的性质。他说：“情报并不是真相。如果人们已知某事真实无误，那么各个国家就不需要情报机构来搜集信息或对其进行分析了。真相是一个绝对的术语，它设定了一个情报很难达到的标准。将情报视为近似事实会更好、更准确”（Lowenthal, 2012: 6–7）。

尽管在我们情报机构工作的人们愿意为了获取“真相”（the truth）而奋斗，洛文塔尔的话对他们和那些依赖情报的决策者来说是一个明确的提醒，在大多数情况下，这种确定性和准确性是无法达到的。但是我们仍然可以使我们的目标更加可靠，即使在快速变化和复杂的威胁领域（比如生物安全），情报也可以为决策者提供帮助。最后，与其他从事情报研究的作者一样，洛文塔尔也认为情报可以被看作是一个流程（我们如何获取和评估信息）、一个产品（书面和口头的分析报告）、一个组织（执行其各种功能的单位）（Lowenthal, 2012: 9）。以这三个维度来看待情报是非常有用的，我们将在后续章节中更充分地予以讨论，因为它们与管理生物威胁和生物风险有关。

1　可参阅［美］马克·洛文塔尔著、杜效坤译：《情报：从秘密到政策》，金城出版社，2015 年。——编注

另外一位情报学界的领军人物洛克·约翰逊（Loch Johnson）[1]也点评了洛文塔尔对情报的描述，包括他所说的情报的三个维度。但对约翰逊来说，重点在于高级官员利用情报支持国家安全利益时所发挥的作用，尤其是那些与外交和国防政策相关的利益（Johnson and Wirtz, 2015: 2）。诚然，情报在各国的外交和国防政策中发挥了至关重要的作用。但正如我们所看到的，自冷战结束以来，尤其是“9·11”事件之后，我们对什么是“国家安全利益”（National Security Interest）的理解，已经从传统的基于国家和国家之间的战争与和平的安全问题扩展开来了。跨国安全问题甚至国内安全问题（比如卫生、粮食和水安全问题）的增多，扩大了我们的视野，加深了我们对政策制定者可能关心的国家安全利益问题的理解。

国家安全议程的扩展使得洛文塔尔所描述的情报的三个维度（流程、产品和组织）也得以扩展。这意味着在诸如生物安全、生物恐怖主义等领域，需要各种各样的利益攸关者来管理由此产生的威胁和风险，我们无法想象再去使用在传统的军事、国家安全和执法背景下的那种情报支持。我们将在本书中看到，生物安全、生物恐怖主义威胁需要通过利用“多种情报”等一切手段来加以解读，包括卫生与流行病学情报、法医情报、社会技术情报等。因此，扩展后“9·11”时代国家安全议程的范围，不仅仅是专注于为国家之间潜在的军事冲突做准备，还要求我们对新的安全环境中的情报有更广泛的理解。

在我 2011 年出版的《情报与情报分析》一书中，我对情报进行了定义，试图说明它与其他活动（比如研究、数据分析、信息整理和撰写报告）相比有何独特之处。我认为，尽管安全环境已经从冷战、后冷战转变为现在的后“9·11”时代环境，但对于什么是情报仍有一些基本的特征界定，无论涉及国家安全、执法还是私营领域背景。在本书中，我将采用这三个宽泛的特征来定义情报，因为它们很好地描述了“生物安全情报”（Biosecurity Intelligence）领域的新兴

1　可参阅［美］洛克·约翰逊著、李岩译：《国家安全情报》，金城出版社，2020 年。——编注

性质，融合了来自国家安全、执法、科学和私营领域的影响。总而言之，我把情报定义为一种产品和过程，它必须包含三个特征：安全环境、保密、监控（Walsh, 2011: 31）。

所谓安全环境，我指的是代表决策者利益的情报业界所必须努力理解的威胁和风险的总和。我将保密定义为情报的第二个最为重要的特征，因为如果情报来源获知有人正在努力获取情报，那么情报机构将无法搜集到敏感的秘密信息。如果所有的情报搜集工作都为威胁行为者所知，我们向决策者提供新兴的威胁和风险的早期预警能力将会极大地降低。保密当然是一个相对的术语。如果将信息公之于众，在其质量和后果方面，与美国的国内税务局相比，美国的国家情报机构——国家安全局（NSA）对于“秘密”的定义，当然大相径庭。尽管如此，这两个机构也都会为了情报工作的目的而搜集不为公众所知的敏感信息。情报的第三个定义特征是监控，它包括许多相关和相互依赖的活动，我们将在后续章节中详细讨论。比如，情报任务分配与协调、情报搜集、情报分析、决策支持。如果我们要向决策者提供有用的、以行动为中心的信息，则无论是人身的、技术的，还是电子的监控，都是所有情报搜集与分析的核心（Walsh, 2011: 33–34）。

（二）生物安全

关于什么是生物安全的争论仍在继续，这些争论跨越了学术界、政策界和科学界（Baker, 2009; Koblentz, 2010; Ryan and Glarum, 2008; Walsh, 2011, 2015; Rappert and Gould, 2009: 1–19; Lakoff and Collier, 2008）。这些不仅仅是枯燥的学术辩论，它们对于我们如何界定什么是生物威胁和生物风险，以及一种生物制剂是否代表了一个安保和（或）公共卫生问题非常重要。正如我在别处讨论过的，“有意或无意释放炭疽等危险病原体可能涉及卫生和执法官员，尽管如果此种威胁不是故意犯罪行为，安保、执法或公共卫生所需的资源组合很可能会有所不同”（Walsh, 2014: 838）。定义生物安全的关键，在一定程度上取决于生物制剂在多大程度上被“安全化”以及被谁

“安全化”。

克布伦茨（Koblentz）总结了与定义生物安全相关的困难，他认为生物安全“在不同的学科中有其特定的含义”。他看到对这个术语有四种不同的定义（Koblentz, 2010: 104）：第一种定义是对动植物健康和生物多样性的威胁，他认为这种威胁在最坏的情况下可能只会对人类健康产生间接影响（Koblentz, 2010: 105）。第二种定义出现在20世纪90年代，他认为是“为了应对生物恐怖主义的威胁”（Koblentz, 2010: 105）。第三种定义涉及监测两用生物学研究，即具有合法科学目的的研究（比如疫苗研究），但可能会被滥用，因此会对公共卫生安全和国家安全构成生物威胁。

克布伦茨列出的对生物安全的第四种定义，是由美国国家科学院（US National Academies of Science）提出的，是对其他三种定义的合并。美国国家科学院将生物安全定义为：“针对无意、不当、蓄谋恶意或恶意使用具有潜在危险的生物制剂或生物技术威胁所采取的安全保障措施，包括生物武器的研制、生产、储存或使用，以及新兴的疾病和流行病的暴发”（2006: 32）。

美国国家科学院的这个定义部分反映了20世纪90年代中期出现的人的安全议程（human security agenda），该议程主张扩大“国家安全”的构成范围，除了预防或控诉国家之间的战争，还应扩展到包括国家内部和各州之间的个人安全（Walsh, 2011: 10）。人的安全议程的拥护者们将“国家安全”视作包括国家内部人民的安全，不受政治暴力（恐怖主义、内战、国家崩溃）、经济脆弱性甚至疾病和自然灾害的影响（HSC, 2005）。

卫生安全理论议程所建议的是，仅仅以一种狭隘的以安全为中心的方式来定义生物安全，并不能准确地表明生物威胁和生物风险问题（无论其“安全维度”如何）如何与更广泛的全球卫生或卫生安全文献不可分割地联系在一起。也许生物安全可以被看作是那些侧重于实施危害健康的犯罪活动的人与那些侧重于公共卫生安全学科的其他方面（例如但不限于大流行安全）的人之间的联系。尽管如此，对于这两类人群，我们所涉及的活动、政策和研究必然是相互关联的。

伯纳德（Bernard）认为公共卫生机构和国家安全机构之间存在着一种“部落主义”（tribalism），它妨碍了双方的互相理解以及对共同优先事项的认同（Bernard, 2013: 157）。尽管在公共卫生机构和国家安全机构之间可能存在一些“部落主义”，但人们正在为二者建立一种更紧密的联系，对每个“部落”必须为另一个“部落”提供什么也有了更多的理解。20 世纪 90 年代以后，全球传染病，比如人类免疫缺陷病毒或艾滋病（HIV/AIDS）、非典（SARS）、禽流感（avian flu）和在西非暴发的埃博拉病毒（ebola virus），使得“安全在世界政治中占据更重要的地位”（Elbe, 2010: 163）。此外，其他一些观点——并非来自传统的国际关系和战略研究领域，比如医学社会学——也提醒那些在国家安全机构和执法机构工作的人员，尽管健康可能已经变得“安全化”，但安全在某种程度上也已被“医疗化”。埃尔伯（Elbe）指出：“保障民众安全的任务不能仅仅依赖传统的国家安全机构，比如警察、情报机构和武装部队”（2011: 856）。这一点非常重要，我们还会在后续章节中予以讨论。

从卫生安全文献中可以清楚地看到，我们的“安全”概念在不断变化着，对于不同学科的受众，它意味着不同的含义（Elbe, 2010: 163）。可以说，“全球（公共）卫生安全”、“国家安全”、“人的安全”和“生物安全”，这些有争议的术语本身可能都是更广泛的卫生安全“超级学科”的组成部分。虽然对“生物安全”进行定义仍然存在问题，但卫生安全文献表明，它与更广泛的全球卫生文献密不可分，就像它与“传统的”国家安全和执法背景相关联一样。

不过，有一点很明确，那就是“生物安全标签”实际上表明了对众多相关学科的分类：植物学家、微生物学家、病毒学家、兽医、医生、实验室生物安全官员、国家安全情报分析师或研究人员。以这种跨学科的方式来理解生物安全威胁，既有优势，也有劣势。劣势是，生物安全领域有诸多参与者，会导致对各种生物安全威胁的理解和操作响应更为分散。但是，它也有其优势，即如果情报界有着最佳配置，那么这种多学科的方式将会融合各种专业知识来评估和管理生物威胁或生物风险。

这是因为生物威胁——无论其来源是有意的还是无意的——可

以跨越多个层面（植物、动物和人类健康），这就要求我们对“威胁”进行多学科的分析，并对任何随之而来的风险进行处理。这种对生物安全的多个层面（植物、动物和人类健康）的探究在政策界被描述为“一体化健康方法”（Walsh, 2011: 62）。

总之，在这一领域涉及的所有学科中，目前还没有一个可供该领域所有学科认同的最佳的生物安全定义。本书中，在提到包括有意的生物威胁（武器化危险生物材料——细菌、病毒和毒素）、故意滥用两用生物技术的威胁，以及威胁食品供应和环境的各种病原体所造成的其他无意的威胁时，我将使用“生物安全”一词（Walsh, 2011: 47）。

尽管我认识到自然发生或新发的传染病是生物威胁和卫生安全领域的一个重要组成部分，但本书专门关注那些由个人或群体有意或无意（比如生物安全违规行为）使用生物制剂而造成的生物威胁。

（三）生物恐怖主义

事实上，人们对于生物犯罪和生物恐怖主义之间的区别仍然“缺乏专业共识”，对这两种威胁类型的看法仍在不断变化着（Inglis et al., 2011: 18）。然而，这两种威胁类型之间似乎确实存在一些差异。伯内特（Burnette）的定义在承认使用生物武器实施犯罪的同时，也明确指出了这一点。他将生物恐怖主义定义为：“使用生物制剂作为武器引起民众恐惧、恐怖、经济和政治混乱与动荡，旨在实现政治、意识形态、社会和（或）宗教目标的威胁是生物恐怖主义的标志”（Burnette, 2013: 11）。

（四）生物犯罪

构成后“9·11”时代威胁环境的其他生物安全问题，还包括一系列生物犯罪。生物犯罪包括不同的问题，其共同点是非国家行为者利用生物制剂作为武器进行勒索、谋杀或牟利，但并非出于生物恐怖主义中的政治动机（Carus, 2001: 6–10）。自从卡鲁斯（Carus）

在2001年的研究以来，生物犯罪威胁的格局也已经发生了变化。

现在有越来越多的证据表明，生物犯罪更有组织性，且有多种受害者。复杂的、有组织的生物犯罪涉及的领域之一是全球食品供应。日益加剧的商业竞争压力、全球环境恶化和供应链准入可靠性降低，可能会诱使不那么严格的食品公司或初级生产商在质量上“偷工减料”，规避公共卫生法规以求维持利润率。近年发生的一些与食品生产标准有关的事件表明，这一领域很容易受到犯罪分子的利用（Yam, 2013; Neville, 2013; Trevett, 2013）。

在澳大利亚和新西兰等具有较大初级产业部门的国家中，有组织地非法操纵进出口市场法规或非法引进受管制的动植物物种，对这些经济体构成了严重的生物安全威胁。我们将在第一章中对一些生物犯罪进行讨论。

（五）生物风险

风险和风险管理原则的概念在许多学科中仍有着争议，在生物安全和生物恐怖主义背景下，情报与这些学科有交叉。例如，在安全领域，风险、风险管理、风险评估和风险分析这些术语被频繁使用，但没有共同认可的定义（Carcia, 2006: 510）。我们在此不参与这些争论，因为它们与本书的目标没有密切的关联。

为了本书接下来的讨论，我们将把风险定义为：某件事情发生的可能性与该威胁或事件发生后所造成的后果或伤害的乘积。具体来说，我们可以通过采用伯内特的定义来扩展对风险的一般定义。参照《世界卫生组织生物风险管理：实验室生物安全指南（2006）》（WHO Biorisk Management: Laboratory Biosecurity Guidelines 2006），伯内特将生物风险定义为：“可能导致伤害发生的特定不良事件（比如意外感染或未经授权的访问、遗失、盗窃、滥用、转移或故意释放）发生的概率或机会”（Burnette, 2013: 5）。

我们将在后续章节中看到，情报业界在为决策者和其他利益攸关者评估生物风险方面确实发挥了关键作用。本书的一个重要讨论点是更准确地确定情报在管理各种生物风险中扮演了什么角色。

特别是，随着生物安全威胁和风险环境复杂性的增加，使用费希尔（Fisher）和格林（Green）在 1998 年列出的安全风险管理的四个步骤（Garcia, 2006: 511），确定情报如何在以下四个方面发挥作用是非常重要的：

- 识别风险或特定漏洞。
- 风险分析和研究，包括事件的可能性和危险程度。
- 风险管理备选方案的优化（避免、减少、分散、转移、接受，以及其所有任意组合）。
- 正在进行的安保计划研究。

（六）生物威胁

在本书中，当讨论到生物威胁时，我们指的是有意图或有能力（或者两者兼有）为达到犯罪或恐怖主义目的而使用生物制剂的人类行为者。生物威胁还包括无意地向环境中释放生物制剂的人类行为者，这样做有可能在当地、国内或国际范围内导致死亡事件发生。这些无意的生物威胁行为者中，最常见的是在安全的生物设施中工作的个人，他们不遵守生物安全协议，从而造成事故；其他那些在不知情的情况下违反检疫条例的个人，也会导致公共卫生事件发生。

六、本书的架构

总之，本书将建立在我们对生物安全和生物恐怖主义威胁的历史性理解基础上，探讨它们对当代及新兴的生物威胁的重要意义。本书将把 2001 年美国炭疽邮件事件作为立足点，来探索生物安全和生物恐怖主义在当前及后“9・11”时代的发展。本书讨论了自美国炭疽邮件事件以来，威胁环境发生了什么变化，以及在预防、发现、瓦解和遏制当代及新兴的生物威胁方面，情报应该发挥什么样的具体作用。如前所述，尤其是自“9・11”事件以来，文献中缺少的是对情报在面对当代及新兴的生物威胁行为者和问题时所发挥的作用（包括其局限性和应用）的全面分析。本书专门从情报角度关注以下四个关键目标，从而对生物安全和生物恐怖主义文献做出独特的贡献。

七、本书的四个目标

1. 评估当代（2001 年后）及新兴的生物安全和生物恐怖主义威胁环境。

2. 评估情报在应对当代及新兴的生物威胁时对战术、战役和战略决策的支持作用。

3. 探索情报流程的有效性以及为生物威胁提供决策支持的能力。

4. 了解情报如何有助于管理不断发展的及新兴的生物威胁。

为了探究以上四个目标，本书总体结构将分为九部分：

前言讨论了更广泛的生物安全研究议程，概述了情报的作用，定义了一些术语，并列出了需要探讨的四个目标。

第一章详细介绍了当代及新兴的生物安全威胁环境。它分为三个小节：过去、现在和未来。每个小节都将通过尽可能评估意图或能力来分析威胁，以及哪些关键性驱动因素（例如，技术、政治不稳定、心理社会因素、极端主义意识形态、研究、合规性）会引发特定的威胁。本章提供了当代及新兴的生物威胁和生物风险的必要场景设置。第二至四章探讨了情报界如何在管理它们的过程中发挥作用，详细分析了提供决策支持的核心情报流程（任务分配与协调、搜集、分析、生产）。每一章都探讨了自“9·11”事件以来，这些流程是如何变化的，以及生物安全情报实践所面临的挑战和机遇在哪些方面。

第二章集中讨论了所有核心情报流程中最重要的方面：生物安全情报的任务分配给谁？如何分配与协调？在第二章中将解释有效的任务分配与协调过程如何并行进行，这对于决策者如何为自身或其他情报功能分配任务至关重要。

第三章探讨了“五眼联盟”国家情报机构与生物安全情报生产相关的情报搜集活动。我将会重点关注国家安全机构和执法机构的情报部门[1]。

第四章将概述从事生物安全威胁（尤其是新兴的威胁）研究的情报分析师所面临的诸多挑战。这些挑战包括获取和保留生物科学或公共卫生方面的内部分析技能、组织文化问题，以及各种分析方法（比如结构化分析方法）在多大程度上有助于评估新兴的生物威胁（Walsh, 2014）。

第五章将重点从“工厂”层面或在生物威胁和生物风险背景下情报是如何生产的转移到对更广泛的领导和组织问题的研究，这些问题在这种威胁和风险的背景下要么会有助于、要么则会抑制对决策者的有效情报支持。这一章还包括分析如何处理“五眼联盟”国家情报机构内部的一些结构性或关键性赋能活动，以改善情报支持。

第六章探讨了国家安全机构和执法机构内部及外部的重要利益攸关者（科学家、临床医生和私营部门）如何为理解生物威胁和生物风险做出重要的贡献。这一章认为，在许多威胁和风险环境中，从更广泛的科学界获取可用的技术知识，对于预防、瓦解、处理威胁和风险是不可或缺的。

第七章将重点放到对生物安全情报实践有影响的其他利益攸关者，包括跨“五眼联盟”国家情报机构运作的各种情报监管和问责机制。鉴于 2013 年爱德华·斯诺登（Edward Snowden）泄密事件曝光后，一些监管和问责机制也发生了变化，这一章将探讨这些变化以及其对改善生物安全情报的影响程度。同时，也涉及备受关注的两用研究如何引发对科学的正当追求和国家安全问题的争论，将从它如何影响情报实践以及对情报的有效监管和问责方面展开探讨。

结语将对本书所有章节的主题进行总结，并将评估本书的四个目标是否已经实现。

---

1 即本书中提到的“五眼联盟”国家情报机构。——编注

参考文献

Baker, K. (2009). The Meaning and Practice of Biosecurity. *International Journal of Risk Assessment and Management*, 12(2–4), 121–146.

Bernard, K. (2013). Health and National Security: A Contemporary Collision of Cultures. *Biosecurity and Bioterrorism: Biodefense Strategy, Practice, and Science*, 11(2), 157–162.

Burnette, R. (Ed.). (2013). *Biosecurity Understanding, Assessing, and Preventing the Threat*. Hoboken, NJ: Wiley.

Butler, R. (2004). *Review of Intelligence on Weapons of Mass Destruction: Implementation of Its Conclusions*. London: HMSO.

Carus, S. (2001). *Bioterrorism and Biocrimes: The Illicit Use of Biological Agents Since 1900*. Washington, DC: National Defense University.

Crawford, D. (2007). *Deadly Companions*. Oxford: Oxford University Press.

Elbe, S. (2010). Pandemic Security. In J. Burgess (Ed.), *The Routledge Handbook of New Security Studies* (pp. 163–173). Abingdon: Routledge.

Elbe, S. (2011). Pandemics on the Radar Screen: Health Security, Infectious Disease and the Medicalisation of Insecurity. *Political Studies*, 59, 848–866.

Garcia, M. (2006). Risk Management. In M. Gill (Ed.), *The Handbook of Security* (pp. 509–531). Basingstoke: Palgrave Macmillan.

Geissler, E., & Moon, van Courtland J. (Eds.). (1999). *Biological and Toxin Weapons: Research, Development and Use from the Middle Ages to 1945*. New York: Oxford University Press.

HSC. (2005). The Human Security Centre: Human Security Report. Oxford.

Inglis, T., et al. (2011). Forensic Investigation of Biological Weapons Use. In J. Gall & J. Payne-James (Eds.), *Current Practices in Forensic Medicine* (pp. 17–42). Chichester, UK: Wiley.

Johnson, L., & Wirtz, J. (Eds.). (2015). *Intelligence: The Secret World of Spies*. New York: Oxford University Press.

Koblentz, G. (2009). *Living Weapons*. New York: Cornell University Press.

Koblentz, G. (2010). Biosecurity Reconsidered. *International Security*, 34(4), 96–132.

Lakoff, A., & Collier, S. (Eds.). (2008). *Biosecurity Interventions*. New York: Colombia University Press.

Lowenthal, M. (2012). *Intelligence from Secrets to Policy*. Thousand Oaks, CA: CQ Press.

McNeil, W. (1998). *Plagues and Peoples*. New York: Anchor Books.

NAS. (2006). *Globalization, Biosecurity and the Future of the Life Sciences*. Committee on Advances in Technology and the Prevention of their Application to Next Generation Biodefense Threats. National Research Council. Washington, DC: National Academies Press.

Neville, S. (2013, May 28). Horsemeat Lasagne Scandal Leaves Findus Reputation in Tatters. *The Guardian*. From https://www.theguardian.com/business/2013/feb/08/horsemeat-lasagne-scandal-findus-reputation. Accessed March 15, 2017.

NRC. (2006). *Globalization, Biosecurity and the Future of the Life Sciences*. Washington, DC: Institute of Medicine and National Research Council.

Rappert, B., & Gould, C. (2009). (Eds.). *Biosecurity. Origins, Transformations and Practices*. Basingstoke: Palgrave Macmillan.

Rosenau, W. (2001). Aum Shinrikyo' s Biological Weapons Program: Why Did it Fail? *Studies in Conflict and Terrorism*, 24, 283–301.

Ryan, J., & Glarum, J. (2008). *Biosecurity and Bioterrorism. Burlington*, MA: Elsevier.

Silberman, L., & Robb, C. (2005). *Commission on the Intelligence Capabilities of the US Regarding Weapons of Mass Destruction. Report to the President of the United States* (pp. 1–501). Washington, DC.

SSCI. (2004). *Report on the US Intelligence Community' s Pre War Intelligence Assessments on Iraq*. Washington, DC: US Senate.

Tenet, G. (2007). *At the Center of the Storm: My Years at the CIA*. New York: Harper Collins.

Trevett, C. (2013, May 28). Fonterra Chief Gets 'Frank and Thorough Grilling' . *New Zealand Herald*.

Tucker, J. (Ed.). (2000). *Toxic Terror: Assessing Terrorist Use of Chemical and Biological Weapons*. Cambridge: Harvard University Press.

Vogel, K. (2008). Biodefense. In A. Lakoff & S. Collier (Eds.), *Biosecurity Interventions* (pp. 227–255). New York: Columbia University.

Vogel, K. (2013). *Phantom Menace or Looming Danger?* Baltimore, MD: The Johns Hopkins University Press.

Walsh, P. F. (2011). *Intelligence and Intelligence Analysis*. Abingdon, UK: Routledge.

Walsh, P. F. (2014). Managing Intelligence and Responding to Emerging Threats: The Case of Biosecurity. In M. Gill (Ed.), *The Handbook of Security* (pp. 837–854). Basingstoke: Palgrave Macmillan.

Walsh, P. F. (2015). Building Better Intelligence Frameworks Through Effective Governance. *International Journal of Intelligence and Counterin-*

telligence, 28(1), 123–142. https://doi.org/10.1080/08850607.2014.924816.

Yam, A. (2013, May 28). Memories Still Too Raw for Chinese Parents to Trust Baby Formula. *South China Morning Post*. From http://www.scmp.com/news/china/article/1273375/memories-still-too-raw-chinese-parents-trustbaby-formula. Accessed March 15.

第一章　生物安全威胁环境

在我们真正了解情报在理解和管理生物威胁中所发挥的作用之前，对生物安全环境进行评估至关重要。如前言所述，情报的一个重要定义特征——实际上是任何情报能力（人员和流程）的核心功能——是它如何有效地“打入”相关的安全环境。在这里，安全环境可以定义为威胁和风险的总和，任何情报能力都必须尽可能全面地了解这些威胁和风险，这样才能减少不确定性并向决策者发出警告。根据不同的背景，安全环境可能由众多不同种类的威胁和风险组成。例如，如果你是一名当地警察，你的首要任务是了解一个很可能由大量犯罪问题、家庭暴力和小规模毒品犯罪构成的安全环境。而如果你是美国中央情报局的大规模杀伤性武器分析师，你显然不会对了解当地社区的威胁和风险感兴趣。相反，你将关注与大规模杀伤性武器扩散有关的更广泛和更深刻的问题，包括你所关注的国家、条约遵守情况以及恐怖组织可能有意图和能力使用大规模杀伤性武器的证据。

因此，本章的目的是描述生物安全环境的当代和新兴这两个维度。由此，本章将完成本书的第一个目标：评估当代（2001 年后）及新兴的生物安全和生物恐怖主义威胁环境。这一目标实现后，将为我们提供一个重要的基础，以达成本书的其余目标。这些目标旨在评估情报在应对当代及新兴的生物威胁时对战术、战役和战略决策的支持作用，探索情报流程的有效性以及为生物威胁提供决策支持的能力，了解情报如何有助于管理不断发展的及新兴的生物威胁。

本章将分以下三个小节来探讨生物安全威胁环境：过去、现在和未来。如前言所述，本书的重点是评估从当代（定义为从 2001 年开始）到未来的生物威胁。我们将很快解释这种方法的基本原理，但是为了给当代及未来威胁的详细讨论提供背景，我们会首先非常简要地描述 1945 至 2001 年的生物威胁。简要描述并不是说这个时期（1945 至 2001 年）对我们理解生物威胁并不重要（事实上，它们是至关重要的），而是因为这个时期已经在众多的文献中被广泛地涉及和阐述过。

对这一时期（1945 至 2001 年）较少的关注，也并不意味着过去事件和威胁的所有复杂性都已然被完全揭示或理解。关于过去发生的事件，仍然有很多需要进一步学习的地方，可以为当前的实践提供参考。本章如此处理的意图是为研究当代及新兴的威胁提供最大的篇幅空间——因为对情报分析师和政策制定者来说，理解这些威胁仍是一个更大的、更迫在眉睫的挑战。

一、定义“生物安全威胁环境”

在继续探讨生物安全威胁环境之前，有一个重要的理论问题需要解决。这很重要，因为我们将在下面的讨论中看到，在描述和理解什么被称为“威胁”时，有关生物安全、情报和国家安全问题的学术研究使用了许多不同的视角。本书中，我不会偏好某一种理论视角。正如社会科学学科的许多其他领域一样，不同的视角结合在一起，通常可以提供对复杂的社会建构问题的更全面的理解，比如“是什么构成了‘生物威胁’”？因此，在此简要回顾两个理论视角是很重要的，我认为这两个视角与学者、情报分析师和政策制定者如何确定是什么构成了“生物威胁”相关。

我将在这里讨论的两个视角是现实主义（realism）和建构主义（constructivism），因为它们似乎与情报机构、政府和学者如何看待生物威胁的产生、建构，以及其内涵和管理有关。当然，有人可能会辩驳，还有更多的理论视角与生物威胁是如何建构的相关。例如，自由主义者的视角、批判性安全研究和社会建构主义。但本书不是一部关于国际关系理论的作品，因此我们将把讨论仅局限于现实主义和建构主义。

传统的现实主义者倾向于强调，在没有一个全球性政府的情况下，是无政府状态塑造了国家之间的国际关系。在一个混乱的世界里——一个几乎没有约束性法律的世界，某些国家会从其他国家那里寻求安全。这就产生了权力竞争，而竞争又决定了国际体系结构。因此，国家生存本质上是国家之间的竞争，而不是国家内部威胁（Morgenthau, 1967; Mearsheimer, 2001; Waltz, 1979）。后来，随着另一代国际关系学者［新现实主义者（neo-realists）］的出现，这种方法有所“软化”，新现实主义者虽然同意传统现实主义者的观点，即国际体系定义了国家的行为方式，但同时也看到了与各国如何应对彼此息息相关的国内因素（Burchill et al., 1996: 87–90）。

现实主义的视角在某种程度上有助于解释一些用于生成基于国家的生物战计划的战略决策，尤其是在冷战对手苏联和美国之间，尽管现实主义并不足以理解冷战结束后制定的一系列应对不断发展的生物威胁的国家安全政策。如本章下文所述，冷战后的生物安全威胁环境已经从一系列几乎完全基于国家的潜在威胁转变为越来越多的非国家行为者的威胁。这一转变需要额外的国际关系理论视角才能充分理解不断发展的威胁，并确保国家安全政策也能做出调整和适应，以管理这一系列新的威胁。因此，建构主义视角是描述冷战后生物威胁态势的另一种有用方法，因为生物恐怖分子等非国家行为者及其对国际体系的影响，核心不是国家之间的竞争，而是受群体社会建构和身份的驱动，从而影响世界政治（Wendt, 1999）。

总之，许多国际关系理论可能有助于理解过去、现在和新兴的生物威胁，包括现实主义和建构主义的论点。本书中，其他国际关系理论（比如人的安全）也被采用，旨在扩展读者的视角，加深其对过去和新兴的生物威胁的理解。因此，我并不认为某一种理论会优于另一种理论，只是建议我们把在这里讨论的理论看作是帮助我们更好地理解生物威胁环境以及情报和政策响应的众多工具之一。我不会再花更多的时间来详细分析国际关系理论，因为这与前言中列出的本书目标没有密切关系。在应用任何理论和分析性观点时，重要的是它们需要帮助情报分析师更深入地解构生物威胁的本质，以便更好地了解它们可能会如何发展。具体来说，我们将在第四章中看到，有效的情报分析（尤其是在战略层面）要求情报分析师权衡生物威胁的可能性和各种驱动因素对其产生的影响。换句话说，情报分析师需要了解可能导致生物威胁的各种因素（驱动因素）的重要性。根据生物威胁的性质，他们需要评估多重驱动因素的作用：技术、政治不稳定、心理社会问题、激进化、立法和政治影响。来自国际关系、安全研究和犯罪学等的理论视角可以帮助情报分析师识别驱动因素。

二、过去的生物安全威胁环境（1945 至 2001 年）

先前已经对生物安全加以定义，本节将对二战后和冷战（1945 至 1991 年）时期生物威胁态势做出简要的历史概述性回顾。对这一时期生物威胁如何演变的分析，有助于解释“9·11”事件之后，当前的政策焦点是如何产生的。我曾在别处讨论过（Walsh, 2014: 837–856），从 1945 年开始对生物威胁进行研究似乎有点武断，因为历史学家和科学家提醒我们，无论是自然发生的还是作为“武器”使用的疾病，几个世纪以来都对人类的政治文化史产生了重大影响（McNeil, 1998; Crawford, 2007）。然而，正是在 1945 年，现代微生物学有了长足发展，多个国家都有能力使用技术将各种生物制剂“工业化”为武器。尽管德国和日本在第一次世界大战期间就已拥有生物武器的生产能力，但这种武器的使用还很初级。然而，在第二次世界大战结束时，工业微生物学的发展和生物制剂气化技术的进步，为选择研究生物武器的国家提供了生产更为精准和致命的生物武器的条件（Geissler and van Courtland Moon, 1999; Walsh, 2014; Spiers, 2010）。

以国家为基础的生物武器计划，特别是那些由冷战主角——（对美国而言）1945 年至 70 年代的苏联，以及 90 年代的俄罗斯——发展起来的计划，主导着决策者对生物威胁环境的理解和框架构建。英国和加拿大等其他美国盟友也在进攻性生物武器项目上投入了大量资金（Spiers, 2010; Balmer, 2001; Regis, 1999; Carus, 2017）。例如，英国在 20 世纪 30 年代就已经发展了自己的进攻性生物武器能力，但在 1957 年放弃了将之作为一种报复手段的能力（Spiers, 2010: 56;

Balmer, 2001）。这些都是生成大量危险病原体（比如剧毒炭疽、鼠疫和兔热病）[1] 的大型工业项目。在美国总统尼克松（Nixon）终止美国的进攻性生物武器项目之前，美国陆军已经将两种致命制剂（炭疽杆菌、土拉热弗朗西丝菌）和三种失能生物制剂（猪种布鲁氏菌、贝纳柯克斯体、委内瑞拉马脑炎病毒）武器化。这些制剂在阿肯色州派恩布拉夫（Pine Bluff）兵工厂的陆军生物作战局大规模生产和储存（Regis, 1999: 210）。据里吉斯（Regis）称，该兵工厂的生产能力为 86000 加仑（Regis, 1999: 210）。派恩布拉夫兵工厂的发酵罐比印第安纳州的老维果（Vigo）工厂小，后者的生产能力为 240000 加仑，但其仍能生产大量的制剂（Regis, 1999: 211）。苏联在斯维尔德洛夫斯克（1946 年）、基洛夫（1953 年）和其他地方［比如斯捷普诺戈尔斯克（哈萨克斯坦）］建造了大型的生物武器工厂，由国防部和生物制药集团（一家私营制药机构）控制。当时，美国的情报机构对苏联这些计划的详情知之甚少，直到 1989 年，苏联科学家肯·阿里贝克（Ken Alibek）和生物学家弗拉基米尔·帕谢奇尼克（Vladamir Pasechnik）叛逃到英国，美国和其他北约盟国才得以知晓苏联这些计划的全部内容（Spiers, 2010: 62）。例如，根据肯·阿里贝克对他作为苏联生物武器首席科学家期间的描述，在斯捷普诺戈尔斯克（哈萨克斯坦）的六个生物武器生产设施中，仅其中一个设施就配有 10 个 20000 升发酵罐，每年能生产 1000 吨炭疽（Alibek, 1999: 229–301）。到了 20 世纪 60 年代末，当美国总统尼克松宣布终止美国的进攻性生物武器项目时，美国军方已经研发出“一个生物武器库，其中包括许多细菌致病原、毒素和真菌植物病原体，可以直接攻击农作物，导致农作物歉收和饥荒”（Christopher et al., 1997: 417）。然而，英国和美国对进攻性生物战计划的放弃，是基于伦敦和华盛顿的政策制定者的推算，他们认为原子武器的力量日益增长，提供了比生物炸弹更为可靠的进攻性选择方案（Balmer,

1　这些制剂被称为“A 类”生物制剂（之所以这样标示，是因为如果它们被用于生物恐怖袭击，具有最大的伤害能力）。读者可以参看世界卫生组织或美国疾病预防控制中心网站，以获得对这些制剂和其他在“A 类”名单上的制剂（比如天花、病毒性出血热和肉毒中毒）的概述。

2001: 157）。在英国和美国，有很多驱动因素影响政策制定者放弃基于国家的进攻性生物武器项目。此外，在 20 世纪 60 年代，“威胁的性质发生了变化，因为技术、经济、政治和法律方面的考量错综复杂地结合在一起”（Balmer, 2001: 184）。决策圈开始对国家主导的生物武器威胁的迫切性有着其他看法（Balmer, 2001: 184）。决策者曾经坚定地将生物武器等同于化学武器和核武器等大规模杀伤性武器，如今却不这么认为了。生物武器失去了进攻性大规模杀伤性武器的地位，同时也就失去了（发展）资源。然而，1945 年以及后来的冷战期间，人们也开始担心，其他不稳定国家（比如，伊拉克、伊朗、叙利亚和朝鲜）正在寻求发展生物武器（Koblentz, 2009: 17–18; Spiers, 2010: 102–125）。尽管在某些情况下，比如在叙利亚，关于生物武器计划的信息还很粗略，同时也缺乏具体性（Zanders, 2015: 152）。

而主要的一个例外是伊拉克。伊拉克（早在 1974 年）就对发展生物武器显示出兴趣，因为它们具有战略威慑价值。1990 年，侯赛因政权已使用 400 千克空投炸弹及侯赛因弹头测试炭疽和肉毒杆菌毒素并将其武器化。值得庆幸的是，这些对于传播生物武器来说并不是很有效，而且该政权从未生产过干粉制剂。干粉制剂覆盖范围更大，并可能具有更强的杀伤力（UNMOVIC, 2007: 768–790）。1991 年第一次海湾战争结束时，随着联合国武器小组入驻伊拉克，伊拉克政权大批量销毁了其拥有的生物制剂和弹药（Walsh, 2014）。

20 世纪 90 年代中期，政策制定者开始将他们的焦点从生物威胁的历史的、传统的理念（国家资助的常规生物武器计划）转移到非国家行为者——主要是恐怖分子——使用生物制剂上（Koblentz, 2009: 200–227）。安全环境中有许多政策和变化，这促成了决策者的注意力从冷战结束之前传统的以国家为基础的对生物武器的军事化应用转移开来。首先是担心苏联解体和 20 世纪 90 年代俄罗斯经济的迅速衰退会让许多失业的生物武器科学家成为恐怖分子和其他不稳定国家的“雇佣武器”。格伦瓦尔（Gronvall）认为，其他的一些事件（下文将详细阐述），比如，1995 年日本邪教组织“奥姆真理教”袭击东京地铁、1993 年恐怖分子袭击美国纽约世界贸易中心，以及 1995 年恐怖分子袭击美国俄克拉荷马城，向政策制定者表明，美国很容易受到恐怖主义袭击，以及一些团体组织可能会使用生物武器（Gronvall, 2012: Chapter 1）。与此同时，到 20 世纪 90 年代末，生物技术和生物医学科学的不断发展，比如人类基因组计划，引起一些政策制定者的关注，这些技术落入坏人之手可能会导致灾难性的生物攻击（NRC, 2004）。具体来说，布什（Bush）政府多次指出，不稳定国家和恐怖分子拥有生物武器并有使用它们的意愿（Spiers, 2010: 164）。布什政府还公开表示担心，生物技术和生命科学的进步将会使对手能够制造新的生物武器，对这些新型生物武器则“需要全新的探测方法、预防措施和应对方案”（Spiers, 2010: 156）。2005 年 4 月，布什政府表示：“这些趋势增加了意外的风险。由于生物技术和基础设施的两用性质，以及对手可能会利用否认和欺骗来隐藏其非法活动，使得通过情报工作来预测此类威胁变得更加困难”（Spiers, 2010: 156）。即使在披露了伊拉克拥有大规模杀伤性武器的错误情报导致 2003 年美国主导的对伊拉克的入侵以后，其他美国高级议员仍然强调他们的评估，即生物武器的威胁正与日俱增，转基因技术将“使得制造更糟糕的生物武器成为可能”（Silberman and Robb, 2005: 34）。下文和第四章的进一步讨论认为，1999 至 2009 年，关于非国家行为者使用或研发生物武器的危险的政策声明，并非基于“复杂的威胁评估”，对该领域的许多研究人员来说，（危险）是“系统地、蓄意地被夸大了”（Leitenberg, 2005: 88）。

克布伦茨在 2009 年给出了一个有用的总结，解释了“生物恐怖主义”如何成为这一时期的政策优先考虑的重点，这也反过来又重新定义了生物威胁空间。本书没有足够的篇幅来探讨导致这种政策利益导向转变的所有事件，但在此，我们将讨论三个重要事件，因为它们有助于提供一个对背景环境的理解，即为什么政治领导人开始将他们对生物威胁行为者的关注从国家转移到了团体组织甚至个人身上。

第一个事件发生在 1995 年，“奥姆真理教”向东京地铁系统释放沙林神经毒气，造成 12 人死亡、5000 多人受伤（Rosenau, 2001; Leitenberg, 1999: 151–153）。罗塞瑙（Rosenau）指出，“这次袭击标志着恐怖主义历史上的一个转折点，因为这是第一次由非国家团体组织对平民使用化学武器”（2001: 289）。虽然这次袭击的后果已经相当严重，但后来的调查显示，该邪教组织还获得了炭疽和肉毒杆菌毒素，并试图将其用于对付日本政府的多个政治、军事和公共机构。该邪教组织未能培育出足够致命的肉毒杆菌毒素和炭疽菌株。它的计划被其他技术上的挑战所挫败，包括无法将炭疽病传播到产生大量伤亡所需的适当气化和大小的孢子中（Leitenberg, 1999）。正如罗塞瑙指出的，尽管该邪教组织有动机和资源将生物制剂用作武器，但他们仍然缺乏“有助于确保他们成功的全部科技技能”（Rosenau, 2001: 296）。

提升政策制定者对生物恐怖主义重要性认识的第二个事件是，2001 年美军入侵阿富汗后，美国士兵在坎大哈附近一个正在建设的生物武器实验室中发现了大量技术文件和设备。“基地”组织训练营附近也发现了其他一些文件，详细描述了恐怖组织发展生物武器能力的计划。自 1998 年以来，奥萨马·本·拉登（Osama Bin Laden）一直声明“获取大规模杀伤性武器是一项宗教义务”（Pita and Gunaratna, 2009: 10）。在美国中央情报局前局长乔治·特尼特（George Tenet）的回忆录中，他提到了两个人——拉乌夫·艾哈迈德（Rauf Ahmad）和亚兹德·苏菲特（Yazid Sufaat），他们是被“基地”组织二号头目艾曼·扎瓦希里（Ayman al-Zawahiri）招募来发展这种能力的。当时发现的文件和对实验室的搜查表明，“基地”组织的计划方案仍处于初期阶段，该团体组织尚未获得一种致命的炭疽菌株，也未掌握将其气化的技术（Tenet, 2007: 278–279）。

抓获、审讯或击毙与“基地”组织刚刚起步的生物武器计划有关的大部分重要“基地”组织成员，限制了该组织继续沿着这条道路前行的进一步努力。尽管如此，在接下来的十年里，政策制定者和情报机构仍然对“基地”组织中心可能已经与世界各地的其他分支机构分享了其所积累的专业知识表示担忧。例如，一些证据表明，“基地”组织的许多旨在支持世界各地圣战者行动的技术网站分享了一些制造生物武器的专门知识。此外，在美国主导的对伊拉克的入侵之后，联军找到了一套三卷本的手册，概述了在伊拉克北部一个以前被“基地”组织的分支伊斯兰辅助者组织（Ansar al-Islam）占领的地区进行化学和生物实验的步骤。其他报道称，伊斯兰辅助者组织参与了蓖麻毒蛋白的生产，但没有证据表明其达到了可能造成大规模伤亡的大规模武器化的阶段（Salama and Hansell, 2005: 622）。然而，几乎没有令人一致信服的证据表明，“基地”组织的其他附属组织也有发展生物武器的意图或能力（Salama and Hansell, 2005: 618; Tucker, 2012）。

人们还担心，“基地”组织的分支机构或“自己动手的圣战分子”可能会利用其他圣战分子在互联网上发布的越来越多的现成的“配方”，开始研发生物武器。这些配方通常很粗糙，不太可能导致大规模伤亡（Koblentz, 2009: 223–224; Tucker, 2012）。总之，第二个事件表明，尽管“基地”组织强烈希望发展生物武器，但他们在此方面所需的能力，特别是资源、知识和技能都很短缺。稍后在讨论新兴的威胁时，我还会重申知识和技能对理解生物威胁的重要性。这个事件反映出的另一个重要方面是，在 2001 年战争前和入侵阿富汗后，美国的情报机构和生物防御专家对“基地”组织在生物武器发展方面的威胁和能力到底有多大存在着不同的看法（Silberman and Robb, 2005; Leitenberg, 2005）。我们将在第四章中具体分析并评估这些不同的意见分歧。

与“基地”组织在发展生物武器方面普遍缺乏先进知识和技能形成对比的是，第三个生物恐怖事件涉及 2001 年在美国邮政系统中释放炭疽孢子。这表明，当个人或团体组织确实拥有制造和武器化危险病原体的专门知识时，他们制造的生物制剂是具有致命性的。2001 年 9 月、10 月，七个装有干粉状炭疽孢子的信封被送达几个媒体机构，以及美国参议院参议员托马斯 · 达施勒（Thomas Daschle）和帕特里克 · 莱希（Patrick Leahy）的办公室。这些信件导致了 22 例炭疽病例——其中 5 例为致命的吸入性炭疽病例。炭疽邮件也使得美国几个主要邮局受到污染并关闭。

与“奥姆真理教”和“基地”组织试图使用炭疽作为生物武器相比，美国联邦调查局（FBI）的调查显示，2001 年炭疽邮件袭击事件中使用的炭疽是这种细菌的一种高度浓缩、可气化的“武器级”形式。

随后对此进行的七年调查是复杂且旷日持久的，美国司法部最后认定，由美国陆军传染病医学研究所的炭疽专家布鲁斯·艾文斯（Bruce E. Ivins）博士创造的一批孢子是炭疽邮件所使用的孢子的母体材料。2008 年 7 月，艾文斯在被起诉前自杀身亡（Walsh, 2011: 49）。

三、当前的生物安全威胁环境（2001 至 2017 年）

艾文斯案件在许多方面都具有重大意义。虽然它没有造成大规模伤亡（通过邮件递送方式并不会造成大规模伤亡），但它确实强调了生产足够数量纯净的、气化的生物制剂是需要高超技能的。艾文斯是炭疽专家，从事炭疽方面的研究已有二十多年，但联邦调查局对他的指控称（尽管他知识渊博，具备最佳的实验室条件），他在制造被认为是此次袭击的罪魁祸首的炭疽时也遭遇了众多挑战（DOJ, 2010）。美国炭疽邮件事件令人不安——发生在“9·11”事件仅一周之后。艾文斯案件中的几个事实，特别是他在制造炭疽时所面临的质疑，使得情报机构对其正在进行的一些评估重新进行了调整，即他们原本认为“基地”组织等非国家行为者制造和传播用作武器的生物制剂是相当容易的。这可能会让一些政策制定者略感欣慰，尽管它确实引出了另一个生物威胁场景——恐怖分子可能不是局外人，而是局内人——甚至更令人担忧的，他可能是一个有能力开发生物武器的科学家。

“袭击者”是一名能够接触到高度受控的危险生物制剂的科学家，这一事实使情报机构将重点放在与两用研究和技术相关的威胁和风险之上。稍后，在新兴的生物威胁的背景下，我们将花更多的时间来探讨两用研究的重要性。简而言之，两用研究和技术是指用于合法研究的活动、知识和设备（比如疫苗开发），但也可能被那些出于政治或犯罪动机的人不恰当地使用。对两用研究和技术的重要性的评估在美国炭疽邮件事件后成为焦点，主导了当前关于生物威胁的讨论。

其他影响后“9·11”时代威胁环境的生物安全问题，包括一连串的“生物犯罪”。我们在前言里讨论过，生物犯罪包括多种多样的问题，非国家行为者通常利用生物制剂作为武器进行勒索、谋杀或牟利，而不是出于生物恐怖主义的政治动机。赛斯·卡鲁斯（Seth Carus）在2001年进行了一项研究，通过调查1900年以来的重大案件，试图区分生物恐怖分子和生物犯罪分子的动机。他的结论是，与生物恐怖主义不同，生物犯罪袭击往往是针对个人或小团体，使用粗糙的传播手段。例如，食品污染、使用蓖麻毒蛋白谋杀配偶或非法向受害者注射病原体HIV（Carus, 2001: 6–10）。还有其他作者描述了一些出于政治动机的暗杀，比如暗杀著名的保加利亚作家、记者乔治·马科夫（Georgi Markov）的案件，他在伦敦被保加利亚秘密警察的一把伞刺中，同时该伞将一颗被蓖麻毒蛋白浸泡过的子弹射入了他的大腿（Burnette, 2013: 35–36）。伯内特将美国炭疽邮件事件列为生物犯罪的一个例子，而其他人则将其视作生物恐怖主义行为（Burnette, 2013: 35–36）。

然而，实际上，目前对于这两种威胁级别之间的差异，仍然“缺乏专业共识”，且如前所述，“对威胁的认知仍在不断演变着”。英格利斯（Inglis）和他的同事倾向于将生物犯罪和生物恐怖主义领域的许多生物威胁混为一谈，将它们统称为“一群怀有恶意的犯罪行为者（生物犯罪、生物恐怖主义、蓄意生物释放、大规模杀伤性生物武器、谋杀、蓄意杀人和严重的身体伤害）”（Inglis et al., 2011: 18）。

然而，自从卡鲁斯在2011年的研究以来，生物犯罪威胁格局已经发生变化，主要是犯罪分子发起的针对个人的小型生物攻击。尽管生物犯罪分子将继续利用生物制剂勒索钱财或对个体受害者进行报复，但全球食品质量、环境压力和寻求“偷工减料”的公司在未来会带来另一层面的更为复杂的生物犯罪威胁，这种威胁除了针对个人、群体和国家，还可能会对经济和公共卫生造成更大的影响。例如，近年来与食品生产有关的事件越来越多，表明这一领域很容易受到犯罪分子的攻击利用。2013年2月，全球食品公司芬达斯（Findus）在被发现其一些即食肉类产品是100%的马肉之后（Neville, 2013），遭受了严重的声誉损失。2013年8月，新西兰乳制品巨头恒天然（Fonterra）在被发现其部分乳清蛋白可能被肉毒杆菌污染后，不得不从亚洲市场召回婴儿配方奶粉（Trevett, 2013）。同样，在澳大利亚和新西兰等具有较大初级产业部门的国家中，有组织地非法操纵进出口市场法规或非法引进受管制的动植物物种，对这些经济体构成了严重的生物安全威胁。

最后，一系列生物安全问题已经开始成为后“9·11”时代政策制定者关注的焦点，这些问题可以说既不属于“生物恐怖主义”、也不属于“生物犯罪”的级别范畴。其中，比如 2003 年非典疫情、2009 年 H1N1 流感大流行、2014 年西非埃博拉疫情和 2015 年寨卡病毒在南美的蔓延，被更准确地视作公共卫生突发事件，因为它们是由自然原因造成的，并不是威胁行为者的故意或恶意行为[1]。尽管如此，所有这些事件都造成了广泛的影响，超出了公共卫生范围。这些事件展示了所涉及的病原体如何导致动物源性疾病（zoonotic，即有能力将病原体从一个物种转移到另一个物种），并且每一种病原体都对全球经济和国家财富产生了重大影响。例如，非典疫情迫使机场关闭，全球旅行锐减，许多国家（雇员）休病假的时间延长[2]。因此，从“国家安全”的最广泛意义上来说，这种可以跨越物种，尤其是从动物到人类的流行病，对各个国家的经济安全也会带来深远的影响。

由于自“9·11”事件以来的一些自然发生的疾病大流行，澳大利亚、加拿大、新西兰、美国和英国政府也宣布，需要更广泛地关注并将其他的非生物恐怖威胁和风险纳入考虑范围。如前言所述，越来越清楚的是，在某些情况下，对其中一些问题的生物安全响应

1　非典（即严重急性呼吸综合征）的病原体是一种冠状病毒。它会导致严重的、危及生命的肺炎，具有高度传染性。2003 年非典疫情导致全球 8000 多人感染、近 1000 人死亡。早期的 H1N1 流感始于北美，到 2009 年 6 月，当病毒开始在全球传播，并导致 16000 多人死亡后，世界卫生组织宣布该疫情为全球大流行。

2　全球投资公司摩根士丹利在 2003 年预测，非典疫情将使亚洲经济体的产出减少 150 亿美元以上，而世界卫生组织预测全球为此的花费可能超过 300 亿美元（Watts and Stewart, 2003）。

是相当分散的。农业科学家、动物和人类健康专家倾向于只从他们自己的角度来看待动物源性疾病带来的风险，但现在需要的是用一种更加融合的整体方法发现和管理这种跨越物种的流行病。在澳大利亚、加拿大和新西兰，研究人员和政策制定者开始将这种必要的政策响应称为一体化健康方法或一体化健康统一体（Walsh, 2011: 53–67）。

然而，目前还不清楚这些国家与其他国家的农业、动物和人类健康部门，在多大程度上实施了“一体化健康方法”对流行病的响应措施。这是一个讨论要点，将在随后的章节中进一步阐述，因为它与我们如何在更广泛的生物安全背景下优化情报的作用有直接的关联。但更加不清楚的是，卫生情报或流行病学搜集到的关于流行病（由跨物种壁垒产生）的信息在多大程度上被传送到这些国家的情报机构，用以增加他们对那些很有可能被威胁行为者利用的及自然发生的病原体的了解。

四、新兴的生物安全威胁环境（2018 至 2023 年）

鉴于上述对后“9·11”时代生物威胁的基线调查，在未来五到十年内，可能会出现哪些类型的威胁和威胁行为者呢？科学家和安保专家对将什么评估为新兴的生物威胁存在着很大的不确定性。约翰·凯夫斯（John Caves）和赛斯·卡鲁斯对到 2030 年为止大规模杀伤性武器的未来分析，包括了其他专家的一系列观点——许多人得出了同样的结论，即“生命科学的变化速度如此之快，以至于他们无法自信地预测未来五年内技术的发展方向，更别说二十年以后了”（Caves and Carus, 2014: 26）。凯夫斯和卡鲁斯在他们的研究中得出结论，不可能预测到 2030 年可以获得的特定生物武器能力，但他们确实评估了生物科学的发展意味着未来的可能性将会比今天更大，“包括在识别和摧毁现有防御措施的能力方面”（Caves and Carus, 2014: 26）。有趣的是，凯夫斯和卡鲁斯评估了几十年来一直有争议地存在着的一些现有的能力，这些能力并不涉及可能被恐怖分子利用的基因操作或生物工程，包括从使用互联网上带有地理标记的图像到从天然致命疾病中采集病原体，使用互联网上可获取的生物反应器等设备进行选择性培养，以识别毒性特别强或对现有医疗措施更有抵抗力的菌株。他们还看到了普通农用喷雾器的潜在用途，这种喷雾器无须特殊改造就能高效传播液体病原体溶液（Caves and Carus, 2014: 26–27）。凯夫斯和卡鲁斯还简要讨论了新型生物武器的发展，特别是通过分子模型和工程化开发，可以生成在自然界中不再容易获得的病毒，比如天花。他们认为，对这种技术的利用很可能体现在国家级别的项目中，当然，他们也意识到恐怖分子可能会利用这种技术。在他们的评估中并没有指出哪些国家和非国家行为者可能会利用新兴的生物技术。我们不可能对所有潜在的及新兴的生物威胁做出完整的描述，因此本节将会提供一个主要的新兴威胁的专题列表。事实上，新兴的威胁不会隶属于简单的子类别，而且“威胁区域”可能会相互重叠。例如，从具有生物安全等级的政府实验室窃取的生物制剂，也可能是具有两用性质的合成制剂（即它可以用于合法的科学研究，也可以用于非法目的）。

考虑到这一点，我认为以下两个生物安全威胁专题领域对情报机构、决策者和未来的第一响应者提出了挑战。第一个专题是“失窃的生物制剂”，包括从供应商、大学、研究实验室、医院或动物健康机构盗取的材料。第二个专题是“两用研究和合成生物学”。我们将在后续章节中对这些威胁专题领域展开进一步的详细讨论，但在此我们将对它们进行一些简要的概述。

首先，谈到“失窃的生物制剂”，我们之前讨论过的“9·11”事件和炭疽邮件事件导致旨在加强美国对危险生物制剂、毒素的控制和获取的政策、立法、道德准则发生了一些变化。澳大利亚、加拿大、英国和欧盟等其他一些西方国家也制定了类似的政策和举措。我们将在第七章中更详细地讨论这些政策和举措，及其在生物安全背景下对情报如何支持并受到政策影响所产生的作用。然而，在此对一些里程碑式的政策和举措进行简短的讨论是很重要的，这样才能使我们了解在未来五到十年内可能会出现什么类型的新兴的生物威胁。尽管第七章将对其他“五眼联盟”国家的政策和举措进行更充分的讨论，但在此我将把讨论限制在美国的关键政策变化之上。这是因为美国倾向于领导其他国家制定生物安全监督政策——部分原因来自“9·11”事件和炭疽邮件事件。

这两个事件导致了新的政策和立法规定，增加了对危险生物材料的监督、控制和获取。具体而言，2001年《美国爱国者法案》（USA Patriot Act 2001）和2002年《公共卫生安全和生物恐怖主义防备与响应法案》（Public Health Security and Bio Terrorism Preparedness and Response Act 2002）的颁布，要求对被允许参与此类制剂工作的人员进行登记（具体见该法案第201节和第351A节）。

还有其他一些倡议，比如《生物担保》（Biological Surety，美国陆军，2008）、2004年由美国国家科学研究委员会［主席是杰拉尔德·芬克（Gerald Fink）］提出的《防止生物技术破坏性应用的研究标准和实践》（Research Standards and Practices to Prevent the Destructive Application of Biotechnology）[1]，也在识别由安全实验室工作人员造成的内部风险方面发挥了作用（NRC, 2004）。这些政策和举措共同提供了如何改善内部监督的指导，包括对科学家的背景调查，以及对危险病原体的获取、生产和转移进行适当风险管理的其他安全协议。因此，了解政策、立法和问责机制如何演变，以及它们是否减少或增加了威胁行为者在生物科学企业中可以利用的漏洞是非常重要的。

（一）失窃的生物制剂

撇开对微生物学家布鲁斯·艾文斯的调查和之前讨论的美国炭疽邮件事件不谈，迄今为止，科学家盗窃或阴谋盗取受控生物制剂的“内部威胁”似乎既罕见又极难察觉，尽管的确有些许案例。例如，

1 美国国家科学研究委员会在2004年发表了一份名为“恐怖主义时代的生物技术研究”（Biotechnology Research in an Age of Terrorism）的报告（有时也称为“Fink报告”）。该报告里有七项建议，以确保对具有潜在生物恐怖主义应用的生物技术研究进行负责任的监督。其中之一是建立国家生物防御科学咨询委员会，为所关注实验的审查和监督系统地提供建议、指南和领导。

1999 年，一名日本研究员从他供职的实验室（Mayo 诊所）窃取了数据和材料（Cass, 1999）。伯内特在 2013 年、萨勒诺（Salerno）在 2015 年也记录了其他一些案例。不断完善的政策和生物安全法规环境为生物安全三级实验室（BSL-3）和生物安全四级实验室（BSL-4）的设计、建造、操作提供了指导，使得无论工作场所的意外事故还是病原体的盗窃比 2001 年要困难得多。生物安全三级实验室和生物安全四级实验室是两种最为安全的生物安全实验室名称。针对这两种实验室，有着严格的指导方针，规定其物理布局、安全设备以及对在实验室工作的科学人员的培训。在生物安全三级实验室和生物安全四级实验室，科学家研究能导致严重或潜在致命疾病的病原体。一般来说，最致命的制剂，即没有（能与之对抗的）疫苗或传播风险未知的制剂，都是在生物安全四级实验室中研制的。然而，在西方国家的官僚机构中，关于生物安全三级实验室和生物安全四级实验室的生物安全标准是否足够的争论仍在继续（GAO, 2013）。在第六章中，我们将对生物安全标准和“内部威胁”做更详细的讨论，但 2014 年、2015 年美国疾病预防控制中心（CDC）和美国陆军在处理与转移高防护实验室中的危险病原体（前者涉及 H5N1 禽流感和炭疽，后者仅涉及炭疽）时发生的几起事件就足以证明，生物安全标准仍有改进的空间（Schnirring, 2014; Burns, 2015; Salerno, 2015: 191–204）。尽管自“9·11”事件以来实施了很多新的生物安全措施，但是人们仍然很难预测、检测某人是否有意图和能力从安全的实验室场所窃取生物制剂，原因可能是为了获取利润、达到某种政治动机或出于精神健康问题。

对科学家的背景审查可能有助于对那些被任命之前就存在安全风险的员工进行标记——尽管这一过程无法完全筛选出那些道德和意图在职业生涯后期发生变化并带来安全挑战的个人。在个别情况下，个人使用安全实验室生物制剂进行犯罪行为的动机可能会有所不同。从生物犯罪角度来看，利润回报是犯罪动机，实施盗窃的意图也取决于犯罪分子同谋可能获取的制剂的性质，以及该行为转化为“利润”的速度有多快。在大多数西方国家，比如澳大利亚、加拿大、新西兰、英国和美国，从私人或政府的生物安全三级实验室和生物安全四级实验室窃取炭疽等受控生物制剂，虽然并非不可能，但对此类活动感兴趣的犯罪团伙而言，要面临物理安全屏障和暴露风险方面的诸多安全挑战。

理论上讲，一些犯罪分子可能对交易炭疽、兔热病或鼠疫等受控生物制剂感兴趣。正如2001年艾文斯案件所揭示的那样，对那次袭击中使用的炭疽杆菌埃姆斯（Ames）菌株的基因序列分析，使得追踪其中一些物质的来源成为可能——调查人员能够确定它们来自哪些实验室，以及是谁在研究它们。对于任何个人犯罪分子或有组织的犯罪集团来说，这是一种高风险投资。即使犯罪集团能够接触到科学家或实验室，他们也会盘算，相比之下，传统的犯罪收入来源，比如毒品、欺诈和洗钱，可能是风险更低的赚钱方式。然而，对于一些犯罪集团或为生物技术公司工作的科学家来说，窃取新的具有科学突破性的知识产权可能在金钱方面更有吸引力，在运送方面也比从高防护实验室窃取管制生物物质的行为更容易实施。我们知道，经济间谍活动由来已久，尤其是在生物技术领域。有许多商业秘密被窃取的案例，例如，涉及小干扰RNA分子技术的传递、阿尔茨海默病的潜在治疗方法和新的免疫抑制药物，“局内人”在其中发挥的作用是很关键的。窃取研究数据也很常见（Elliott, 2007: 293; Cass, 1999）。从研究机构或生物技术公司窃取知识产权的另一个方面当然是远程窃取数据，这是一种网络犯罪。虽然威胁“使用”盗取的生物制剂作为武器可能会造成恐怖分子所追求的心理恐惧，但使用简单的自制设备仍能更有效、更廉价地对无辜个体目标造成伤害——比如2013年波士顿爆炸案中察尔纳耶夫（Tsarnaev）兄弟使用的高压锅。然而，我们不能假设非国家行为者今后没有兴趣和能力从“安全”的生物设施中窃取危险的生物物质或相关数据。实际存在的或潜在的漏洞，以及威胁行为者窃取生物材料和信息的企图显然需要仔细监测，这对于国家安全有着极其重要的意义。未来设施盗窃案是否表明我们对非国家行为者个人或团体组织的威胁轨迹的理解发生了转变，情报机构对此需要保持开放的态度，但也要有足够的证据支持。我们在“伊斯兰国”崛起的过程中，看到了“伊斯兰国”是如何打破了许多甚至连“基地”组织都没有逾越的规则。

虽然实体的“伊斯兰国”已经基本解散了，但叙利亚乃至伊拉克的普遍不稳定可能为其他非国家行为者创造机会，从生物安全屏障在实体上或虚体上存在漏洞的设施采购生物武器。我们知道，截至 2013 年，叙利亚政府拥有中东最大的化学武器库存，并在内战期间对本国平民使用了化学武器（沙林神经毒剂）（Zanders, 2015: 150–157）。叙利亚还没有批准 1972 年《禁止生物和毒素武器公约》（Biological and Toxin Weapons Convention，简称 BTWC），尽管没有证据表明，叙利亚政权“除了一些基础研究，还建立了一个完整的生物武器计划”（Zanders, 2015: 152）。虽然叙利亚持续不断的冲突使得那里不利于成为非国家行为者从事生物武器开发的地点，但从理论上说，如果价格合适，在那里是可以非法转让科学知识或材料的。

总之，如果物理安保不是最优配置，或者科学家认为他们所做的研究工作没有得到应有的报酬，发展中国家的实验室控制可能更容易被犯罪分子利用（Friedman, 2015: 176–180）。像中东这样脆弱的地区很少有区域机构能够让各国参与应对生物威胁。弗里德曼（Friedman）提供了中东传染病监测联盟（Middle East Consortium on Infectious Disease Surveillance，简称 MECIDS）的例子，该联盟由来自以色列、约旦和巴勒斯坦权力机构的公共卫生专家和卫生部官员组成，并已经取得了一些进展，特别是在 2009 年 H1N1 流感大流行期间，促进了各国的联合行动。然而，仍需更多的努力来建设该区域应对任何来源的生物威胁的能力，包括识别生物设施的物理安全威胁的早期迹象，以及该区域内卫生官员和安全官员之间更大力度的合作（Friedman, 2015: 179）。

除了评估盗窃动机的困难之外，衡量从生物安全四级实验室盗窃“A 类”病原体的后果也不太可能。这种困难部分仍归因于动机。盗窃的目的仅仅是对社区构成威胁或向政府勒索钱财，而没有实际使用该物质的意图吗？或者意图是将病原体被武器化并在港口、车站或机场传播？撇开大气温度、阳光和传播媒介选择等问题不谈，还有一些其他变量在起作用，它们影响着危险病原体进入一个地区后的整体致病性和“传染动态”。尽管对流行病学建模和监测有积极的研究议程，但是仍然很难预测“全球大流行的可能性，并减轻其后果”（Bombardt, 2000; Stattner et al., 2011; Nicolaides et al., 2012: 1; Goncalves et al., 2013; Bravata et al., 2004; May et al., 2009; Lucero et al., 2011）。在全球、区域和地方卫生水平上，可用于监测新兴的流行病的流行病学数据、实验室数据的存储、实时共享和协调方面仍然存在许多挑战。挑战包括审查数据缺乏训练有素的人员，不同部门和管辖区的不同当局之间的官僚互不信任，以及没有足够的实验室和研究能力来资助大流行病的防范与监测机制。在发达国家和发展中国家，这些挑战或多或少都存在（Edge and Hoffman, 2015: 157, 179），我们将在第六章中对此进一步加以讨论。

（二）两用研究和合成生物学

尽管从生物安全四级实验室盗窃诸如炭疽等众所周知的受控病原体的可能性似乎更小（至少在“五眼联盟”国家），关于两用研究和合成生物学可能如何滋生出许多潜在的及新兴的威胁、风险和漏洞的争论仍在继续。这些威胁可能有两个来源：第一，有人担心高技能和训练有素的个人会利用他们的知识，在合法研究的幌子下制造生物制剂，以达到非法目的。第二，令人担忧的来源是，有兴趣的“外部人员”利用常规生物研究、合成生物学和生物技术的合法进展达到非法目的。这两种潜在的及新兴的生物威胁途径都凸显了对两用技术的担忧。每个途径都定义了两用研究的关键维度，但实际上，这个术语在科学、政策和安全领域有多种定义方式（McLeish and Nightingale, 2007: 1636; Shea, 2006, summary; Tucker, 2012; Williams-Jones et al., 2014: 4）。虽然两用技术的概念已在军备控制和军事文献中出现了几十年，但它在生物安全领域的应用却相对较晚。不管人们采用什么样的“两用研究”定义，它在生物安全领域的应用主要集中在对可能被武器化的危险生物制剂的研究，以及该研究成果的发表。从理论上说，这些研究成果可能被传播给生物犯罪分子或生物恐怖分子，从而达到他们的邪恶目的。

近年来，公开发表的两用研究成果引起了生物安全政策界和媒体的关注——这种关注也许比文章描述的实验本身还要大。从21世纪初开始，麦克雷什（McLeish）和南丁格尔（Nightingale）认为，已经发表的三篇论文被广泛解释成它们为恐怖分子提供了蓝图，并导致公众呼吁改变研究和发表程序。第一篇是塞洛（Cello）的关于“无天然模板的脊髓灰质炎病毒cDNA的合成”（The Synthesis of Polio Virus cDNA without a Natural Template, 2002）；第二篇是罗森加德（Rosengard）等人的关于“天花病毒是如何侵入免疫系统的”[How the Variola virus (Small Pox) Can Invade the Immune System, 2002]；第三篇是杰克逊（Jackson）等人的关于“克服对鼠痘的抵抗力”（Overcoming Resistance to Mousepox, 2001）（McLeish and Nightingale, 2007: 1636）。

随之而来，还有其他一些已经发表的文章，比如详细描述“用1918年流感病毒的所有已识别的基因序列重建流感病毒”（The Reconstruction of an Influenza Virus with all the Identified Gene Sequences of the 1918 Influenza Virus, Tumpey et al., 2005: 77–80），以及2005年的一篇研究文章，该文章描述了“用肉毒杆菌毒素污染牛奶供应的潜在影响”（The Potential Impact of Contaminating the Milk Supply with Botulinum Toxin, Wein and Liu, 2005）。此外，还有两篇研究文章(一篇发表于2012年,另一篇是2013年8月的一封信)也提出了两用研究的安全问题，以及这些研究的公开成果是否会被用于生物恐怖主义等非法目的。2012年的那篇文章阐述了科学家如何能够识别H5N1禽流感在雪貂之间有效传播所需的基因变化（雪貂是人与人之间传播的替代品）。

美国国家生物安全科学顾问委员会（NSABB）必须确定这种研究的益处是否超过了意外或故意释放一种致命新病毒的风险。2011年11月，美国国家生物安全科学顾问委员会建议对有关这项研究的两篇文章进行修订和编辑，还呼吁论文数据和方法只能与获得批准的科学家和临床医生共享。正如马希尔（Maher）所言，这对于美国政府来说是一个尴尬的处境，因为美国国家生物安全科学顾问委员会可能会审查由政府资助的研究（Maher, 2012: 431）。

美国国家生物安全科学顾问委员会最初的决定后来被推翻，他们最终建议（尽管不是一致同意）这两篇论文（不做修订）于2012年3月发表。H5N1禽流感研究文章在发表时面临的难关展示了在识别和监督两用研究方面所面临的持续挑战。关于什么样的实验风险太大，因而不能进行研究和发表成果，以及政府将如何有效管理这种风险，目前仍然不清楚。2013年8月，来自世界各地实验室的22名研究人员——其中一些与之前提及的H5N1禽流感研究有关——向《自然》（*Nature*）和《科学》（*Science*）杂志提交了一封信，详细介绍了一系列拟议中的实验，这些实验将对H7N9禽流感病毒进行“功能的增强”。与2012年的事件相反，即将参与这项研究的科学家通过利用这封信件，先解释了他们的研究风险缓解计划，并清楚地说明了他们希望完成的实验，期望以此来获得政府科学监督机构的早期支持。他们的目标是制造更强的H7N9禽流感病毒毒株，使其更容易在人与人之间传播，这样他们就能理解这种病毒是如何在自然界中变异而导致大流行的。这些实验还将增加他们对如何开发更好的危险菌株的早期预警监测和更好的疫苗的了解（Fouchier et al., 2013: 612–613）。

上面讨论的所有“敏感的”两用研究的例子以及第七章中的其他例子，说明了与合成生物学和微生物遗传学操控相关的潜在威胁和风险。对自然发生的病毒（比如H5N1禽流感或马痘）的操控，使它们更容易变异成剧毒变种，更容易从动物传给人类，或从人类传给人类，以及利用化学合成的基因组制造危险的病原体，诸如这种知识可以引起对此感兴趣的生物犯罪分子和生物恐怖分子的注意。生物技术的快速发展，或者是一些人说的“生物学工业化”（Center for Biosecurity of UPMC, 2011），可以为卫生、化学制造、生物燃料和采矿带来更快、更廉价、更有效的科学突破，但它也凸显了许多可以被其他新的犯罪或恐怖主义利用的威胁场景。

生物安全监管机构和国家安全情报机构也担心，不仅是知识，而且包括一些设备和技术（过去主要由在生物安全三级实验室和生物安全四级实验室从事政府资助的研究项目的科学家使用），对更广泛的公众来说，正变得越来越容易获得。随着生物技术的不断发展，自动化生物技术和相对便宜的设备（比如用于DNA测序和合成的设备）越来越容易获得，这使得科学实验对“平民科学家”或对“自己动手”（DIY）的生物实验感兴趣的人而言变得触手可及，这是十年前还未曾出现过的（Center for Biosecurity of UPMC, 2011: 7; Caves and Carus, 2014: 27）。为了说明这一点，科学家曾在 2003 年对整个人类基因组进行了测序，一个科学家团队花了 13 年时间、近 5 亿美元来识别大约 205000 个人类基因。相比之下，如今像生命科技（Life Technologies）这样的公司声称，他们只需花 1000 美元就可以用更小的设备（比如台式离子质子测序仪）在一天内解码出人类基因组序列，这些设备可以从他们公司订购（Life Technologies, 2012），其他致命病原体的 DNA 序列也可以在网上买到。例如，2006 年，《卫报》（*Guardian*）的一名记者在网上购买了一小段天花 DNA 序列（Randerson, 2006）。

美国国家研究理事会的一份报告《全球化、生物安全和生命科学的未来》（*Globalization, Biosecurity and the Future of the Life Sciences*, NRC, 2006）详细总结了引发生物安全问题的先进生命科学技术的全球驱动因素和发展轨迹。在这里，我们没有足够的篇幅提供生物技术领域所有潜在威胁和风险场景的完整列表（感兴趣的读者可以参阅 NAS, 2017; NRC, 2006; Tuck, 2012: 19–45）。总之，由于合成生物学所涉及的叠加技能和技术，潜在的生物技术威胁场景可能是无穷无尽的。生物技术不断发展的特性也阻碍了对这种技术可能引发的安全问题进行全面的威胁和风险评估。

此外，试图评估生物技术威胁场景边界的部分困难在于，在许多情况下，科学家和国家安全机构的工作人员之间就评估的问题是否能称之为威胁或风险的理由，没有进行充分的讨论和分析。这是我们将在第三、四、六章中要讨论的问题。然而，为了提供可能存在的威胁的一些背景，古德曼（Goodman）和赫塞尔（Hessel）在 2013 年调查了许多场景，包括他们所称的不良的生物技术专家、生物垃圾邮件、针对 DNA 的网络钓鱼、身份盗用、生物盗版和鱼叉式网络钓鱼。在此，我将把讨论限制在三点——不良的生物技术专家、身份盗用和生物盗版，以此来说明，他们如何评估这种威胁环境的可能演变。

在过去的十年中，生物技术公司的数量稳步增长。例如，美国巴特尔研发公司（Battelle）在其第六次生物科学行业的两年期报告中估计，2012 年，有 162 万人受雇于 73000 家从事生物科学领域工作的个体企业，比如医学与研究实验室、农业与制药企业（Battelle, 2014: v）。这并不包括公共资助的生物科学工作者。因此，古德曼和赫塞尔认为，仅根据统计数据，生物工程领域工作人员数量的绝对增加，其中就可能有一些“疯子”意图制造伤害。他们的分析得到了其他一些生物安全专家的支持，他们认为，有意图制造伤害的专家或“生物炸弹客”（bio Unabombers）比隐藏在郊区的业余生物黑客更令人担忧（Center for Biosecurity of UPMC, 2011: 16; Ellis, 2014: 216）。虽然“炭疽等受控物质的储存相对安全，但古德曼和赫塞尔认为，其中许多物质的 DNA 密码存在于公共数据库中，合成生物学的进步使得合成生物体的构建成为可能——从而规避了目前保护储存在安全地点的特定制剂的安全措施”。

古德曼和赫塞尔描述的第二种威胁场景（身份盗用）是一种老旧的犯罪促成因素的“新外衣”。他们认为，随着各国在国家犯罪鉴定数据库中 DNA 持有量的增加，这些 DNA 也有更多的机会遭到破坏——从而导致人们的身份被窃取，引发与身份盗用相关的犯罪和其他犯罪。此外，古德曼和赫塞尔还评估了未来的一系列情况，基因身份盗用可以使人们根据其基因数据来规避健康和就业限制。基因克隆或伪造（在犯罪现场留下另一个人的 DNA）也可能会阻碍情报行动或执法调查。例如，2009 年，以色列科学家证明，通过制造含有来自血液和唾液捐赠者以外的人的 DNA 的血液和唾液样本，可以在犯罪现场伪造 DNA 证据（Frumkin et al., 2011: 95–103）。

第三个有趣的威胁场景是生物盗版。它提出了许多在安全、道德、政策和法律方面的挑战，这些挑战在很大程度上仍未得到解决。古德曼和赫塞尔认为，未来各种各样的生物和基因材料将会像数字媒体一样被盗版使用。合成生物学领域已经在致力于开发癌症和其他疾病的治疗方法，但这也为有组织的犯罪集团提供了盗版的机会（Goodman and Hessel, 2013）。基因编辑技术的最新发展，比如，锌指核酸酶（ZFN）、转录激活因子样效应核酸酶（TALEN）和规律成簇的间隔短回文重复序列（CRISPR），使我们现在可以操控人类生殖细胞中的DNA，并消除或纠正导致疾病的基因突变，但是也可以反过来对它进行操纵，使人们更容易感染疾病或降低疫苗接种的效果（Corbyn, 2015）。

与上文对历史上的和后“9·11”时代生物威胁的讨论类似，我们还需要通过分析威胁评估的两个方面——意图和能力，来探究新兴的威胁。然而，这只是挑战的起点。生物技术的工业化以如此动态和快速的步伐发展，威胁行为者可能会对利用生物技术犯罪或实施恐怖主义行动感兴趣，但我们仍然很难对他们的未来意图和能力做出可靠的预估。正如在一个研讨会上专家指出的那样，“攻击的角度几乎有无数种可能，而且很难预测”（Center for Biosecurity of UPMC, 2012: 15）。

部分挑战与国家安全机构和生物安全研究人员用来理解威胁和风险的框架类型有关。一些框架主张生物技术稳步线性增长，结果是生物犯罪分子和生物恐怖分子获得了更多的技能和技术（Chyba, 2006; Carlson, 2013; Petro and Carus, 2005）。相比之下，另有其他一些人采用了预估生物技术线性增长较少的框架。他们认为，仅仅获得技术甚至是“诀窍”，并不能自动转化为生物犯罪分子或生物恐怖分子利用生物技术达到有害目的的动机或能力。这一框架的支持者们认为，未来生物技术的发展还有很多不确定性，因为其他非技术变量，比如社会、经济和组织因素，也同样会影响技术的发展，以及个人或团体组织出于不法目的利用技术的程度（Vogel, 2008）。

认真考虑新兴的生物安全威胁环境将如何演变，还需要一项评估，即我们有可能看到的是更多的个体行为者还是群体威胁，以及这些威胁给决策者和第一响应者带来的后果。例如，随着生物技术知识变得越来越商品化，设备越来越便宜，成熟的国际恐怖组织（比如“基地”组织授意的一个分支——阿拉伯半岛“基地”组织或“青年党”）会不会越来越多地宣称，他们有意使用自己合成的或通过第三方获得的病毒或细菌？或者我们是否会看到国内不太成熟的恐怖组织，甚至是有着不同目的的个人（圣战分子、极端民族主义者、无政府主义者、生物黑客或出于环境动机的个人）表达有意使用生物合成制剂的意愿？

如前所述，生物恐怖袭击的案例很少。因此，（谢天谢地）不足以对各种团体或个人希望将常规生物制剂武器化的具体动机进行分析并得出总结性结论。同样令人怀疑的是，从这些案例中推断出的结果在多大程度上有助于评估威胁者使用由诸如合成基因组学等生成的病原体的意图。然而，对于恐怖分子和犯罪分子使用其他袭击手段（包括网络攻击）的意图和操作决策的一些剖析，可能会对他们如何将他们宣称的言辞转化为实际行动，从而使用某种特定武器而不是其他武器提供指导。例如，对网络助长的知识产权盗窃的了解，可以提供对生物犯罪分子或生物恐怖分子如何以非法方式获取生物技术的见解（Perman et al., 2013: 90–110）。在第四、六章中，我们将继续讨论其他学科和领域如何指导我们提高对新兴的生物威胁的分析理解。即便如此，我们仍然需要面对这样一个现实，即“钻入”那些还未被国家安全机构和执法机构探测到的威胁行为者的头脑中是极其困难的。

评估威胁行为者的意图是相当困难的——有些威胁行为者自己可能都没有考虑过生物技术制剂的吸引力。评估生物犯罪分子和生物恐怖分子是否有能力获取或制造那些在实验室合成过的有害生物制剂似乎更加困难，其困难程度与评估威胁参与者的未来意图是一样的。实际上，这种评估几乎是不可能的，我们将在第三、四章中看到更为具体的阐述。情报分析师及更广泛的情报业界确实需要努力为可能的生物威胁建立意图行为模型。例如，潜在威胁行为者的意图在一定程度上可以“从生物医学和微生物学领域的现有案例研究中得到部分模拟，以努力建立行为和策略的趋势”（Perman et al., 2013: 91–92）。佩尔曼（Perman）阐述了一项国家司法研究所委托的旨在更好地了解攻击政治领导人的行为特征的研究，该研究最终导致在美国特勤局（US Secret Service，简称 USSS）内部展开了特殊案例的研究。特殊案例研究是一项持续完善对对手和其行为特征的理解的工作，从而可以预测威胁行为和暴力风险（Perman et al., 2013: 92）。佩尔曼等人认为，特殊案例研究的结果适用于生命科学，因为同样的行为特征也在发挥着作用。

与威胁等式的意图方形成鲜明对比的是，一些负责评估生物武器威胁和风险的情报机构在估计行为者在武器化各种生物制剂方面所需的能力方面已经做了很多工作——包括由基因工程或生物技术带来的能力。当然，这其中大部分是机密的，但重点是实施不同的基于生物技术的威胁场景所需的专业知识和设备水平。这项工作的一部分也涉及发展更好的科学和技术，特别是微生物法医分析技能，以发现和调查潜在的生物犯罪和生物恐怖主义威胁（Murch, 2003; Bhattacharjee, 2009; Budowle and Williamson, 2009; Shea, 2006; Inglis et al., 2011）。这似乎是一个很有用的起点。如果各个机构对个人意图的可见性仍然有限（在攻击之前），那么重新仔细审视与能力（知识和设备）相关的变量，可能会对各种“高科技生物恐怖主义威胁”的可能性做出更准确的评估（Suk et al., 2011: 1）。如果情报机构能够开发出一种更基于证据的方法来评估生物威胁能力，那么他们就能更好地为负责制定减轻这些威胁的策略的决策者、公共卫生专家、科学家和安保管理人员提供评估。至少在某些情况下，他们能够提供更精细的分析，以确定哪些功能组合可能会比其他功能组合更容易被威胁者利用。

然而，如前所述，在威胁等式的能力一方（知识和设备）进行工作时的困难在于，可能过多或过少地强调了获取实施攻击所需的专业知识水平和设备的困难程度。例如，一些作者承认，合成危险病原体需要完成多种技术步骤，但他们认为这些步骤可能没有“自己动手”的生物学家或恐怖分子看起来那么难以克服（Burr, 2012）。然而，如前所述，知识不仅仅是阅读一本关于合成基因组学的图书，行为者还必须打好技能基础，并拥有实践隐性知识（科学过程中的反复试验）。

总之，只关注各种行为者可以利用的技术（和设备）可能会导致某种技术决定论，这种决定论会蒙蔽对潜在威胁的情报分析——从而导致对威胁的低估或高估。科学界和生物安全界的一些人可能低估了未来威胁行为者在生物攻击中使用合成生物学和生物技术的能力。例如，在美国匹兹堡大学医学中心下属生物安全中心进行的

"地平线扫描"项目中，大多数受访的科学家表示，熟练的技术人员可以通过简单的方法制造生物武器，"从而使技术难度更大的方法变得缺乏吸引力，因此不太可能被采用"（Center for Biosecurity of UPMC, 2011: 16）。或者如项目团队报告中所述："坏人不会把时间浪费在复杂而难以实现的事情上"（Center for Biosecurity of UPMC, 2011: 16）。在大多数情况下，评估实际能力仍然具有挑战性，需要一种循证方法来避免高估或低估知识、设备和技能。我们将在第四章中讨论采用基于证据的方法评估新兴的生物威胁的重要性。

五、小结

在本章中，我们探讨了过去、当代和新兴的生物威胁环境，以说明现有威胁和风险的复杂性。正如探讨中所展示的，鉴于许多潜在的威胁场景，完全了解新兴的威胁环境是非常困难的。有许多驱动因素（技术、心理社会因素、生物安全、合规性问题和政策）在起作用，并且随着时间的推移，我们仍然很难确定这些因素单个或整体对特定威胁类型所产生的影响。这种困难是否意味着那些在情报业界工作的人不能为决策者提供任何关于潜在生物威胁的理解呢？答案必须是明确的否定。目前，还有许多其他不同的威胁类型，例如，很难解读网络威胁中哪些可能是关键的新兴威胁，但决策者仍然需要在了解、预防、瓦解或减少此类威胁方面得到支持，以便更好地理解这些威胁。

情报机构不能简单地对决策者说"对不起，这太难了"，因为这不是它们继续获得资金支持的秘诀。因此，接下来的三章要探讨的问题是，鉴于这种不确定的、复杂的生物威胁环境，情报机构应该扮演什么样的角色？自"9·11"事件以来，情报的作用发生了怎样的变化？生物安全情报实践面临哪些挑战和机遇？第二章将开始着手处理这些问题，探讨对了解生物威胁和生物风险感兴趣的决策者如何分配情报任务，以及在改进每个"五眼联盟"国家对复杂的、不确定的生物威胁和生物风险的响应方面存在哪些挑战和机遇。

参考文献

Alibek, K. (1999). *Biohazard: The Chilling True Story of the Largest Covert Biological Weapons Program in the World—Told from the Inside by the Man Who Ran It*. New York: Random House.

Balmer, B. (2001). *Britain and Biological Warfare. Expert Advice and Science Policy, 1930–65*. Basingstoke, UK: Palgrave Macmillan.

Battelle. (2014). *Battelle/Bio State Bioscience, Jobs, Investments and Innovation*. Columbus, OH: Battelle.

Bhattacharjee, Y. (2009). News of the Week. Paul Keim on His Life with the FBI During the Amerithrax Investigation. *American Association for the Advancement of Science*, 323, 1416.

Bombardt, J. (2000). *Contagious Disease Dynamics for Biological Warfare and Bioterrorism Casualty Assessments*. Alexandria, VA: US Department of Defense.

Bravata, D., et al. (2004). Systematic Review: Surveillance Systems for Early Detection of Bioterrorism Related Diseases. *Annals of Internal Medicine*, 40(11), 910–924.

Budowle, B., & Williamson, P. C. (2009). *Microbial Forensics Wiley Encyclopaedia of Forensic Science*. John Wiley & Sons, Ltd.

Burchill, S., et al. (Eds.). (1996). *Theories of International Relations*. Basingstoke, UK: Palgrave Macmillan.

Burnette, R. (Ed.). (2013). *Biosecurity Understanding, Assessing, and Preventing the Threat*. Hoboken, NJ: Wiley.

Burns, R. (2015). US Military Says It Mistakenly Shipped Live Anthrax Samples. From http://www.nbcnewyork.com/news/national-international/Pentagon-Shipped-Live-Anthrax-Samples-305221031.html. Accessed March 13, 2017.

Burr, J. (2012). The Mad (and Not So Mad) Scientist Next Door: A Holistic Approach to Addressing Do-it-Yourself Biology. *Journal of Biosecurity, Biosafety and Biodefense Law*, 3(1), ISSN (Online) 2154–3186. https://doi.org/10.1515/2154-3186.1035.

Carlson, R. (2003). The Pace and Proliferation of Biological Technologies. *Biosecurity and Bioterrorism: Biodefense Strategy, Practice, and Science*, 1(3), 203–214. https://doi.org/10.1089/153871303769201851.

Carus, S. (2001). *Bioterrorism and Biocrimes: The Illicit Use of Biological Agents Since 1900*. Washington, DC: National Defense University.

Carus, S. (2017). Occasional Paper 12. A Short History of Biological Warfare: From Pre-history to the Twenty-First Century. *Center for the Study of Weapons of Mass Destruction*. Washington, DC: National Defense University.

Cass, S. (1999). Researcher Charged with Data Theft. *Nature Medicine*, 5, 474. https://doi.org/10.1038/8350.

Caves, J., & Carus, W. (2014). The Future of Weapons of Mass Destruction: Their Nature and Role in 2030 (Occasional Paper No 10, pp. 1–75). *Center for the Study of Weapons of Mass Destruction*. Washington, DC: National Defense University.

Center for Biosecurity of UPMC. (2011). Center for Biosecurity. US Government Judgments on the Threat of Biological Weapons: Official Assessments, 2004–2011 (pp. 1–26). Baltimore, MD: Center for Biosecurity of UPMC.

Center for Biosecurity of UPMC. (2012). *The Industrialization of Biology and its Impact on National Security*. Baltimore, MD: Center for Biosecurity of UPMC.

Christopher, G., et al. (1997). Biological Warfare: A Historical Perspective. *Journal of the American Medical Association*, 278(5), 412–417.

Chyba, C. (2006). Biotechnology and the Challenge to Arms Control. *Arms Control Today*, 36, 11–17.

Corbyn, Z. (2015, 10 May). *Crispr: Is It a Good Idea to Upgrade? The Observer*. Retrieved from http://newsrule.com/crispr-is-it-a-good-idea-to-upgradeour-dna/.

Crawford, D. (2007). *Deadly Companions*. Oxford: Oxford University Press.

DOJ. (2010). *The United States Department of Justice. Amerithrax Investigative Summary*. Washington, DC.

Edge, J., & Hoffman, S. (2015). Strengthening National Health Systems Capacity to Respond to Future Global Pandemics. In S. Davies & J. Youde (Eds.), *The Politics of Surveillance and the Response to Disease Outbreaks* (pp. 157–179). Surrey, UK: Ashgate.

Elliott, S. (2007). The Threat from Within: Trade Secret Theft by Employees. *Nature Biotechnology*, 25(3), 293–295. https://doi.org/10.1038/nbt0307-293.

Ellis, P. D. (2014). Lone Wolf Terrorism and Weapons of Mass Destruction: An Examination of Capabilities and Countermeasures. *Terrorism and Political Violence*, 26(1), 211–225. https://doi.org/10.1080/09546553.2014.849935.

Fouchier, R., et al. (2013). Gain-of-Function Experiments on H7N9. *Science*. https://doi.org/10.1126/science.1243325.

Friedman, D. (2015). Towards WMDFZ in the Middle East: Biological

Confidence Building Measures. In H. Muller & D. Muller (Eds.), *WMD Arms Control in the Middle East. Prospects, Obstacles and Options* (pp. 176–180). Farnham, UK: Ashgate.

Frumkin, D., Wasserstrom, A., Budowle, B., & Davidson, A. (2011). DNA Methylation-based Forensic Tissue Identification. *Forensic Science International: Genetics*, 5(5), 517–524. http://dx.doi.org/10.1016/j.fsigen.2010.12.001.

GAO. (2013). High Containment Laboratories: Assessment of the Nation' s Need Is Missing. *Testimony Before The Subcommittee Emergency Preparedness, Response and Communications, Biosurveillance Observations on the Cancellation of Biowatch Gen-3 and Future Considerations for the Program*, 18 (2014).

Geissler, E., & van Courtland Moon, J. E. (Eds.). (1999). *Biological and Toxin Weapons: Research, Development and Use from the Middle Ages to 1945*. New York: Oxford University Press.

Goodman, M., & Hessel, A. (2013). The Bio-crime Prophecy: DNA Hacking the Biggest Opportunity since Cyber Attacks. *Wired*. From http://www.wired.co.uk/article/the-bio-crime-prophecy. Accessed March 14, 2017.

Gronvall, G. (2012). *Preparing for Bioterrorism. Baltimore*, MD: Center for Biosecurity of UPMC.

Inglis, T., et al. (2011). Forensic Investigation of Biological Weapons Use. In J. Gall & J. Payne-James (Eds.), *Current Practices in Forensic Medicine* (pp. 17–42). Chichester, UK: Wiley.

Koblentz, G. (2009). *Living Weapons*. New York: Cornell University Press.

Lucero, C., et al. (2011). Biosurveillance Applications. *BMC Medical Informatics*, 11, 1–12.

Leitenberg, M. (1999). Aum Shinrikyo' s Efforts to Produce Biological Weapons: A Case Study in the Serial Propagation of Misinformation. *Terrorism and Political Violence*, 11(4), 149–158. https://doi.org/10.1080/09546559908427537.

Leitenberg, M. (2005). *Assessing the Biological Weapons and Bioterrorism Threat*. Carlisle, PA: Strategic Studies Institute of the US, Army War College.

Life Technologies. (2012, 10 January). *Life Technologies Introduces the Benchtop Ion ProtonTM Sequencer; Designed to Decode a Human Life Genome in One Day for $1,000*. Press release at http://www.lifetechnologies.com/content/lifetech/us/en/home/about-us/news-gallery/press-releases/2012/life-techologies-itroduces-the-bechtop-io-proto.html.

Maher, B. (2012). The Biosecurity Oversight. *Nature*, 485, 431–434.

May, L., et al. (2009). Beyond Traditional Surveillance: Applying Syndromic Surveillance to Developing Settings—Opportunities and Challenges. *BMC Public*

Health, 9(1), 242. https://doi.org/10.1186/1471-2458-9-242.

McLeish, C., & Nightingale, P. (2007). Biosecurity, Bioterrorism and the Governance of Science: The Increasing Convergence of Science and Security Policy. *Research Policy*, 36(10), 1635–1654. https://doi.org/10.1016/j.respol.2007.10.003.

McNeil, W. (1998). *Plagues and Peoples*. New York: Anchor Books.

Mearsheimer, J. (2001). *The Tragedy of Great Global Power Politics*. New York: Norton.

Morgenthau, H. (1967). *Politics Among Nations* (4th ed.). New York: Knopf.

Murch, R. (2003). Microbial Forensics: Building a National Capacity to Investigate Bioterrorism. *Biosecurity and Bioterrorism: Biodefense Strategy, Practice, and Science*, 1(2), 1–5.

NAS. (2017). *A Proposed Framework for Identifying Potential Biodefense Vulnerabilities Posed by Synthetic Biology: Interim Report*. Washington, DC: National Academy of Sciences.

Neville, S. (2013, May 28). Horsemeat Lasagne Scandal Leaves Findus Reputation in Tatters. *The Guardian*. From https://www.theguardian.com/business/2013/feb/08/horsemeat-lasagne-scandal-findus-reputation. Accessed March 15, 2017.

Nicolaides, C., et al. (2012). A Metric of Influential Spreading During Contagion Dynamics Through the Air Transportation Network. *PLOS One*, 7(7), 1–10.

NRC. (2004). *Biotechnology Research in an Age of Terrorism*. Washington, DC: National Academies.

NRC. (2006). *Globalization, Biosecurity and the Future of the Life Sciences*. Washington, DC: Institute of Medicine and National Research Council.

Perman, B., et al. (2013). Basic Principles of Threat Assessment. In R. Burnette (Ed.), *Biosecurity: Understanding, Assessing, and Preventing the Threat* (pp. 89–90). Hoboken, NJ: Wiley.

Petro, J., & Carus, S. (2005). Biological Threat Characterisation Research: A Critical Component of National Biodefense, Biosecurity, and Bioterrorism. *Biodefense Strategy, Practice and Science*, 3, 295–308.

Pita, R., & Gunaratna, R. (2009). Revisiting Al-Qaeda's Anthrax Program. *CTC Sentinel*, 2(5), 10–13.

Randerson, J. (2006, May 28). Revealed: The Lax Laws that Could Allow the Assembly of Deadly Virus DNA. *The Guardian*. From https://www.theguardian.com/world/2006/jun/14/terrorism.topstories3. Accessed March 15, 2017.

Regis, E. (1999). *The Biology of Doom. The History of America's Secret*

Germ Warfare Project. New York: Henry Holt and Company.

Rosenau, W. (2001). Aum Shinrikyo' s Biological Weapons Program: Why Did It Fail? *Studies in Conflict and Terrorism*, 24, 283–301.

Salama, S., & Hansell, L. (2005). Does Intent Equal Capability? Al Qaeda and Weapons of Mass Destruction. *Nonproliferation Review*, 12(3), 615–653.

Salerno, R. (2015). Three Recent Case Studies: The Role of Biorisk Management. In R. Salerno, J. Gaudioso, (Eds.), *Laboratory Biorisk Management. Biosafety and Biosecurity* (pp. 191–202). Boca Raton, FL: CRC Press.

Schnirring, L. (2014, August 15). CDC Probe of H5N1 Cross Contamination Reveals Protocol Lapses, Reporting Delays. *CIDRAP*. From http://www.cidrap.umn.edu/news-perspective/2014/08/cdc-probe-H5N1-cross-contamination-reveals-protocol-lapses-reporting-delays. Accessed March 15, 2017.

Shea, D. (2006). The National Biodefense Analysis and Countermeasure Center: Issues for Congress *CRS Report* (Vol. RL32891). Washington, DC: Congressional Research Service, The Library of Congress.

Silberman, L., & Robb, C. (2005). *Commission on the Intelligence Capabilities of the US Regarding Weapons of Mass Destruction. Report to the President of the United States* (pp. 1–501). Washington, DC.

Spiers, E. (2010). *A History of Chemical and Biological Weapons*. London: Reaktion Books.

Stattner, E., et al. (2011). Diffusion in Dynamic Social Networks: Application in Epidemiology. In A. Hameurlain et al. (Eds.), *Database and Expert Systems Applications* (pp. 559–573). Heidelberg: Springer-Verlag GMBH.

Suk, J., et al. (2011). Dual Use Research and Technological Diffusion. Reconsidering the Bioterrorism Threat Spectrum. *PLOS Pathogens*, 7(1), 1–3.

Tenet, G. (2007). *At the Center of the Storm: My Years at the CIA*. New York: Harper Collins.

Trevett, C. (2013, May 28). Fonterra Chief Gets 'Frank and Thorough Grilling' . *New Zealand Herald*.

Tucker, J. (Ed.). (2012). *Innovation, Dual Use and Security*. Cambridge, MA: The MIT Press.

Tumpey, T. M., et al. (2005). Characterization of the Reconstructed 1918 Spanish Influenza Pandemic Virus. *Science*, 310(5745), 77–80. https://doi.org/10.1126/science.1119392.

UNMOVIC. (2007). Compendium of Iraq' s Prescribed Weapons Programmes in the Chemical, Biological and Missile Areas (pp. 765–1030). New York, UN.

US Army. (2008). Army Regulation 50–1. *Biological Surety*. Washington,

DC: US Department of Defense.

Vogel, K. (2008). Biodefense. In A. Lakoff (Eds.), *Biosecurity Interventions* (pp. 227–255). New York: Columbia University.

Walsh, P. F. (2011). *Intelligence and Intelligence Analysis*. Abingdon, UK: Routledge.

Walsh, P. F. (2014). Managing Intelligence and Responding to Emerging Threats: The Case of Biosecurity. In M. Gill (Ed.), *The Handbook of Security* (pp. 837–854). Basingstoke: Palgrave Macmillan.

Waltz, K. (1979). *Theory of International Politics*. New York: Random House.

Watts, J., & Stewart, H. (2003, April 22). Asia Unable to Mask SARS Cost. *The Guardian*.

Wein, L., & Liu, Y. (2005). Analyzing a Bioterror Attack on the Food Supply: The Case of Botulinum Toxin in Milk. *Proceedings of the National Academy of Sciences of the United States of America*, 102(28), 9984–9989. https://doi.org/10.1073/pnas.0408526102.

Wendt, A. (1999). *Social Theory of International Politics*. Cambridge: Cambridge University Press.

Williams-Jones, B., Olivier, C., & Smith, E. (2014). Governing 'Dual-Use' Research in Canada: A Policy Review. *Science and Public Policy*, 41(1), 76–93. https://doi.org/10.1093/scipol/sct038.

Yam, A. (2013, May 28). Memories Still Too Raw for Chinese Parents to Trust Baby Formula. *South China Morning Post*. From http://www.scmp.com/news/china/article/1273375/memories-still-too-raw-chinese-parents-trustbaby-formula. Accessed March 15.

Zanders, J. (2015). Biological and Chemical Weapons and the Prospective Disarmament Process in the Middle East. In H. Muller (Eds.), *WMD Arms Control in the Middle East* (pp. 149–157). Surrey, UK: Ashgate.

第二章　情报任务分配与协调

一、生物安全和情报

在本章中，我们将注意力从对生物安全环境的评估转移到对核心情报流程（任务分配与协调、搜集、分析）的详细分析。换句话说，第二至四章将阐述情报在应对第一章中讨论的新兴威胁时应该扮演什么角色。情报在生物安全的背景下，如同在任何其他情况下一样，是一个“服务行业”，其唯一的目标应该是为决策者解读威胁和风险环境，以便他们能够瓦解威胁或制定威胁缓解战略。也就是说，国家安全机构和执法机构在减少生物安全环境的不确定性以及与之相关的威胁和风险的影响方面发挥着作用。情报机构能够解读新兴的生物威胁的程度将取决于具体事件本身，以及情报机构能够在多大程度上及时地为决策者提供“增值”信息。在这一点上，历史表明，准确评估冷战期间的生物威胁时，情报机构有着好坏参半的记录，也许最引人注目的是 2003 年，在第二次海湾战争之前，对伊拉克拥有生物武器的可能性的评估（Koblentz, 2009: 141–199; Vogel, 2013）。

新兴的生物威胁具有动态、演变和两用性的特点，给情报机构带来了搜集和分析方面的多重挑战。虽然有可能跟踪计划攻击的某些步骤，例如，不正常的金融交易，或发现一系列可疑的设备供应订单，但将此与某个人或团体组织联系起来可能更为困难（尽管微生物法医学已有长足进步）。一个机构可能从未采取过决定性步骤，“事先考察”过不同生物武器的选择。它可能不是在大多数冷战期间和冷战结束初期的威胁感知中定义了的“经典的炭疽攻击”。生物攻击可能很简单，就像一周内多次跨大西洋飞行的航班上有计划、系统地污染食物一样。如果恐怖主义团体组织或个人从未受到监视，搜集和分析工作可能只会发现他们的“足迹”，最好的情况是在攻击之前，糟糕的则是在攻击发生之后才发现。

如此复杂的威胁和风险环境为决策者如何有效地向情报机构分配任务带来了多重挑战。如第一章所述，生物科学和生物技术的快速发展表明，尤其是在战略层面（当然，也包括在战役和战术层面），决策者并不一定是最有能力就他们最想了解的生物威胁和生物风险向我们的情报机构下达任务的人。同样，生物科学的进步也可能被“武器化”或“犯罪化”，这也对情报界和科学界完全跟上未来十年潜在威胁和风险发展步伐的能力提出了挑战。尽管决策者和情报机构在了解潜在的生物威胁和生物风险将在哪里发生方面存在固有的困难，但确实需要对情报生产过程给予一定的关注，这意味着需要就在何处应用有限的搜集和分析资源做出决策，也意味着政治领导人和情报机构本身需要为进一步的行动划定具体的任务领域。本章将结合对高级情报官员的采访和二手情报来源，在可能的范围内，明确“五眼联盟”国家情报机构的决策者所说的他们的生物安全任务的优先顺序以及如何对其进行协调。如果没有跨任务机构或部门对具体的要求进行协调，就不可能有有效的任务分配。因此，我们在下文对任务分配的讨论也将包括如何跨“五眼联盟”国家情报机构来协调政治领导任务。协调工作是否是最佳的？如果不是，挑战在哪里？我们可以为之做些什么？

尽管实际任务分配需求的许多细节都是机密的，但还是有可能获得一些关于优先任务分配领域的广泛概述（不是详尽的列表）。任务分配需求的示例将在战略、战役和战术层面进行讨论，以说明在现实中，一个层面（战略层面）的任务分配如何影响其他决策层面（战役和战术层面）的任务分配。如前所述，不能指望政治领导人完全理解未来十年可能出现的一系列复杂的生物安全威胁和风险轨迹。因此，情报机构本身就像他们过去经常做的那样，需要“上行管理”，以帮助政治决策者识别并做出更好的任务分配决策。本章将阐述在一些“五眼联盟”国家，情报机构如何提醒他们的政治领导人注意实际的、潜在的生物安全威胁的性质和特点。

本章的第三个目标是探讨情报机构对生物威胁和生物风险概念的理解在情报任务分配中所发挥的作用，以及威胁和风险评估方法在指导情报任务分配与协调方面是否足够有效。

二、生物安全情报任务分配优先级

如第一章所述，鉴于生物科学和生物技术发展的速度，生物安全威胁和风险范围是多种多样的，难以确定。每个“五眼联盟”国家都有各自的国家情报优先级设置程序，这一程序由政府行政部门制定，它大致列出了政府认为指导其执行国家安全政策所必须处理的首要国家安全问题。这一国家情报优先事项“清单”提供了国家政治领导人需要了解的基本信息，情报机构有责任搜集和评估一系列敏感的、公开的信息，以服务于这些优先事项。国家情报优先事项展示了国家情报行政消费者最关注的情报机构在情报搜集和分析资源方面的支出。

在美国，优先事项“清单”被称为国家情报优先事项框架，由总统和国家安全委员会成员（均为高级行政官员，比如国防部长和国务卿等）协商后签署。虽然国家情报优先事项框架可以被视为一个自上而下的过程，但它也是在国家情报委员会（NIC）官员的建议下完成的。国家情报委员会由国家情报总监办公室（ODNI）控制，它由国家情报官员组成，主要负责对新兴的或复杂的问题进行国家级情报评估。

同样，在澳大利亚、加拿大和英国，都有一个中央集权式的国家安全优先事项设定程序。就澳大利亚而言，国家情报优先事项由政府的最高国家安全政策制定机构内阁国家安全委员会（NSC）确定。在美国，国家情报总监办公室有责任确保整个情报界的搜集和分析活动符合框架中设定的优先事项；在澳大利亚，这是总理和内阁部内的高级别委员会［比如，国家情报协调委员会（NICC）和国家情报搜集管理委员会（NICMC）］的职责，以确保澳大利亚情报机构处理国家情报优先事项中规定的情报搜集和评估优先事项。然而，在写作本书时，澳大利亚情报机构的协调正在发生变化，成立了一个新的国家情报办公室（ONI），这可能会改变一些确定和协调情报优先级的机制。

同样，自“9·11”事件以来，在美国，以及某种程度上在其他“五眼联盟”国家，已经有了一系列关于生物安全和生物恐怖主义的核心政策声明，这些声明也为情报机构提供了关于如何提高其应对生物安全威胁和风险的能力的具体指导与建议，还有其他一些政策声明也旨在为情报机构提供更广泛的战略指导。其中一些是行政政策倡议，而另一些则是由立法者开展的议会审查或特别审查，这些审查为改进对生物威胁和生物风险的情报响应提供了具体建议。例如，西尔伯曼（Silberman）和罗布（Robb）委员会针对情报机构战前对伊拉克大规模杀伤性武器能力的判断失误以及对美国炭疽邮件事件的关注不足而向布什政府提交的报告中，用了整整一章（第13章）的篇幅讨论如何在整个情报界改进生物威胁和生物风险的情报任务分配与协调、搜集、分析（Silberman and Robb, 2005）。还有其他一些政策声明，比如奥巴马（Obama）政府的2009年《应对生物威胁的国家战略》（National Strategy for Countering Biological Threats），为美国情报界提供了情报机构可以如何发挥作用的广泛战略指导，同时也提供了公共卫生机构和情报机构之间的合作战略，以防止生物攻击（包括自然流行病和威胁行为者引发的生物攻击）。

因此，要了解自“9·11”事件以来情报机构在搜集、分析生物威胁和生物风险方面的任务是如何分配的，还需要了解“五眼联盟”国家政府实施了哪些政策和举措，来改善其对不断发展的生物威胁和生物风险范围内的情报决策支持。

“五眼联盟”国家的国家情报优先事项设置框架都使用字母或数字分类系统来表示决策者希望情报机构搜集和评估的优先事项。尽管可能存在无穷无尽的威胁和风险（例如，恐怖主义、网络攻击、有组织的犯罪和基于国家的威胁），但资源有限，政治领导人将所有问题作为同等优先事项处理的注意力也很有限。美国国家情报优先事项框架使用了一个矩阵，该矩阵将政治领导人关注的最高优先事项定为第1级，最低为第5级。美国的这一框架还将情报问题与特定的地理目标、组织和问题事件联系起来。出于显而易见的原因，在“五眼联盟”国家，国家情报优先事项设置框架都是机密的，尽管其政府发布的各种有关国家安全的公共政策声明合理地说明了某些问题在其机密列表中的相对优先次序。例如，参阅美国国家情报总监克拉珀的2016年《全球威胁评估》（World Wide Threat Assessment）、澳大利亚的2015年《反恐战略》（2015 Counter-Terrorism Strategy）或“五眼联盟”国家的“国家网络战略”。

在华盛顿特区、伦敦、渥太华、惠灵顿和堪培拉，很明显，政府关心的是基于国家的威胁。例如，中国在21世纪的角色；朝鲜大规模杀伤性武器的扩散；俄罗斯的复兴；巴基斯坦、阿富汗、叙利亚、伊拉克和利比亚政权的不稳定性。同样明显的是，国家领导人也非常关心非国家行为者的问题，特别是恐怖主义和恐怖事件，这些事件可能由国家和非国家行为者引发或被其利用，比如网络攻击。优先事项框架还包括对每个主题下决策者特别感兴趣的问题的广泛指导。比如，对于中国或朝鲜来说，决策者会对这些国家的领导人动态感兴趣，以及领导人对国家安全声明和行动的影响力。自冷战至今，大规模杀伤性武器这个广泛的主题领域一直是“五眼联盟”国家关注的重中之重。如第一章所述，冷战时期（1945至1990年），苏联基于国家的工业生物武器计划以及其他不稳定国家（比如，伊拉克、利比亚、伊朗、朝鲜、罗得西亚和南非）的更为温和的计划表明，具有大规模杀伤性的生物武器是情报搜集和分析的重点。对其他类别的大规模杀伤性武器——核武器和化学武器——的情报搜集和分析在传统上被给予了更多的关注。在后“9·11”时代，就情报搜集与分析优先权而言，“五眼联盟”国家情报机构中的许多人认为大规模杀伤性武器的生物特性并不重要。如前言所述，部分原因是，从情报角度监测核扩散比评估两用生物技术是否正在被武器化更加容易，还因为除了在少数情况下（美国炭疽邮件事件，以及伊拉克的大规模杀伤性武器），“五眼联盟”国家历届政府的决策者对生物武器的兴趣并不总是很高。

的确，从布什政府在“9·11”事件后早期对美国炭疽邮件事件和恐怖分子或伊拉克使用生物武器的可能性的关注开始，“传统的生物武器”（大规模杀伤性武器）就成为美国情报界的首要情报关注重点。正如克布伦茨特别指出的，情报支持对布什政府发起的一系列生物防御计划至关重要。然而，自布什政府以来，对传统生物武器情报支持的重视程度，似乎有所降低了。如果我们看一下奥巴马政府的 2010 年《国家安全战略》（2010 National Security Strategy），就会发现“核武器的扩散是最高优先级”，对其的描述用了将近一页半的篇幅，相比之下，关于生物武器的描述仅为一段（Obama, 2010）。虽然在末尾有提及奥巴马总统对全球卫生安全的重新关注，但战略中并未谈及情报在与其他重要利益攸关者（比如公共卫生官员或科学界）合作中所发挥的关键性作用。西非埃博拉疫情暴发一年后，奥巴马的 2015 年《国家安全战略》（2015 National Security Strategy），更加注重改善“全球卫生安全议程”（Global Health Security Agenda，简称 GHSA），以管理卫生安全威胁，特别是通过构建预防能力和检测能力。但在这种对流行病和传染病更大程度重视的情况下，该战略中依然并未特别提及情报所发挥的作用。与 2010 年《国家安全战略》声明一样，2015 年《国家安全战略》声明也详细说明了美国政府对遏制核扩散和化学扩散的高度重视。对生物武器的关切减少到只有两个词——“生物武器”（biological weapons），出现在关于大规模杀伤性武器问题一节的末尾（第 11 页）。看来，大规模杀伤性武器的核扩散及越来越多的化学扩散层面（特别是自 2014 年在利比亚、2013 年及近来在叙利亚发现化学武器以来）是奥巴马政府高级官员更为关注的焦点。其他潜在的非大规模杀伤性武器的生物威胁或生物风险（除了对 2016 年关于基因编辑技术 CRISPR 的关注之外），似乎没有引起“五眼联盟”国家领导人的注意。一名美国高级官员在 2016 年与我的一次讨论中说道，“我们应该在这方面（生物威胁和生物风险）付出更多的努力，但这很困难，我们还面临其他多种挑战（恐怖主义、网络攻击和俄罗斯）。”另一名美国高级官员也表示，非大规模杀伤性武器的生物威胁和生物风险（包括两用生物学的潜在威胁）将位列情报框架的最低优先级别，即第 5 级（如果这些威胁出现）。

如果说在国家安全声明等核心政策文件的公开版本中，用于讨论生物威胁和生物风险的段落数量减少，意味着奥巴马政府不再将这些问题视为情报优先事项，这是错误的。事实上，我在美国与关键岗位高级情报人员的讨论表明，生物威胁和生物风险仍然是情报机构的优先事项。这些高级情报人员曾在布什政府和奥巴马政府参与生物安全威胁和风险问题。尽管这些情报人员中的一些人曾暗示，美国并没有把生物威胁和生物风险与其他威胁［比如，“常规（非大规模杀伤性武器）恐怖主义”、网络攻击或朝鲜］同等看待。

然而，如果我们仔细研究一下布什政府和奥巴马政府的生物安全政策，就会清楚地发现，自“9·11”事件以来，对生物威胁和生物风险的看法，以及对它们的重视程度都发生了变化，从而影响了美国情报界对这些事件的任务分配。正如克布伦茨指出的那样，布什政府的生物防御政策制定主要是为了抵御由恐怖分子和国家行为者引起的疾病暴发所带来的国内威胁。克布伦茨指出，“高达40%（或236亿美元）的生物防御支出（2001至2009年）用于研究和开发对抗措施、诊断和传感器，以及建造高防护实验室”（2012: 136–137）。

我们将在接下来的两章（第三、四章）中看到，美国情报界在帮助发展对这种生物防御措施的支持方面都发挥着其应有的作用，包括联邦调查局和国土安全部（DHS）。布什政府的生物防御重点，当然也包括了美国国防部希望改进其对生物武器的战争探测能力；但在布什政府时期，全球卫生和生物防御问题是分开的（特别是在政府早期）。这影响了情报机构的任务分配方式，以及它如何与同样在应对生物威胁和生物风险的公共卫生机构合作。一位在生物安全领域工作的美国高级官员确实曾向我暗示，尽管布什政府专注于生物防御，但到了2005年年中，其重点便开始转回到那些可能不是由国家或恐怖分子造成的公共卫生事件上。布什政府对“全球卫生安全议程”的关注逐渐演变成了奥巴马政府对全球卫生更为关注的前奏。随着政府关注焦点开始远离生物防御，美国情报界在全球卫生和流行病预防措施中扮演什么样的连贯性角色变得模糊不清。

奥巴马政府在继续实施布什总统提出的多项生物防御措施的同时，将重点转向了预防（即实验室生物安全、出口控制和海外生物威胁削减项目）（Koblentz, 2012: 136–137）。政策兴趣导向也更多地集中在“一体化健康方法”，以及制定全球卫生安全措施的需求之上——而不仅仅是预防、发现和快速应对埃博拉和寨卡等日益严重的生物威胁的国内措施。

从上文的讨论中可以清楚地看出，自“9·11”事件以来，随着感知到的生物威胁和生物风险的发展及决策者兴趣的变化，“五眼联盟”国家情报机构的情报优先事项设置或任务分配已经发生改变。此外，如前所述，虽然生物安全情报任务分配是在每个“五眼联盟”国家的内阁级别设定的，但定期的任务分配通常是由部长级别（在美国是国务卿级别）、副部长级别（副内阁级）、机构负责人级别，以及一系列负责管理生物威胁和生物风险的机构中（包括情报机构和非情报机构）的较低级别完成的。美国拥有世界上最大的情报共同体（17 个情报机构），而新西兰则是另一个极端，只有 3 个官方核心情报机构。因此，情报机构的规模和数量对政府如何在生物安全领域确定情报优先事项，以及如何实施这些事项都将会产生影响。

此外，在第三、四章中，我们会进一步谈到，每个“五眼联盟”国家的情报界的不同成员机构都有其不同职能。有一些像美国中央情报局这样的机构会主要关注外国情报，而其他的像澳大利亚安全情报局（ASIO）这样的机构则更关注国内安全情报的搜集。一些机构，比如美国国家安全局或英国政府通信总部（GCHQ），有搜集情报的职责；另外一些机构，比如澳大利亚国家评估办公室（ONA）和新西兰国家评估局（NAB），则有着对全部情报来源评估的职责。同样，一些机构既负有情报搜集、也负有情报评估的责任，尤其是澳大利亚安全情报局、加拿大安全情报局（CSIS）或英国军情五处等机构。在传统情报机构的传统“核心圈”之外，还有其他一些机构，比如国家执法机构或调查机构——澳大利亚联邦警察局（AFP）、美国联邦调查局或加拿大皇家骑警队（RCMP），它们负有搜集、评估和起诉的职能。

在“五眼联盟”国家的国家情报机构之外，还有一些机构，它们也可能在管理生物威胁和生物风险方面发挥着一些情报搜集、分析的作用。这些机构包括但不限于移民、海关和边境保护、农业和食品安全、公共卫生和动物卫生当局。

如此众多的政府机构可能参与搜集、评估每个“五眼联盟”国家的生物威胁和生物风险，使得我们很难及时准确地了解每个机构将如何参与管理此类威胁，他们将如何承担这些任务或将任务分配给他人。所有案例中涉及的任务分配流程因机构不同而异——取决于各个机构赋予支持针对生物威胁或生物风险的国家情报工作的优先级。上述的任务分配还取决于机构能够为了解当前或新兴的生物威胁或生物风险带来哪些独特的搜集或分析资源。例如，在一次突发而可疑的疾病暴发中，给国家公共卫生机构分配任务，要求适当的流行病学情报人员与诸如美国联邦调查局之类的调查机构一起搜集相关数据，可能比部署（例如至少在初期）有用程度较低的情报资源（比如信号情报搜集）更为合适。

因此，我们不可能在每一种情况下都清楚地描述决策者如何分配情报任务，从而对当前或新兴的生物威胁和生物风险优先事项形成完整的了解。同样，也不可能在每种情况下都能准确地描述出是哪些决策者在分配任务。事实上，尽管国家情报机构被赋予了优先工作事项的任务，但任务分配的过程往往更具动态性、流动性甚至是临时性的。生物威胁和生物风险可以实时变化，当然，距离现在越远，就越难对它们进行评估。在这些方面，它们与安全环境中的任何其他威胁和风险（例如，恐怖主义、网络攻击、有组织的犯罪、大规模杀伤性武器、基于国家的威胁）没有区别。例如，我们已经看到恐怖主义威胁是如何演变并分裂成各种新的团体和存在方式的，从“基地”组织中心到“青年党”（东非），从马格里布“基地”组织（西北非）到“伊斯兰国”（叙利亚和伊拉克），以及“独狼式”恐怖袭击在西方国家的增长。

此外，自“9·11”事件以来，原有的国内、国外威胁的界限变得更加模糊，尤其是恐怖主义、贩毒和武器交易等跨国威胁。全球化和数字通信的快速发展变化创造了一个更加多变的威胁和风险空间。“基地”组织和“伊斯兰国”可能会造成国际影响，但是如果想一想他们（尤其是后者）在过去的十年里如何引发多起“独狼式”恐怖袭击，那么也可以说他们带来的威胁和风险是区域性的、全国性的甚至是地方性的。

如果此类威胁在不同但相互关联的层面（全球、地区、国家和地方）出现，那么自“9·11”事件以来，情报任务分配也更加明确地集中于处理在这些不同层面的威胁。

尽管上文指出，在理解后“9·11”时代安全环境中如何完成情报任务分配方面存在着固有的挑战，但我们仍有可能对任务分配与协调过程有一些深入的了解。所有情报任务分配都会受到以下两个因素的影响：需要做出的决定的时间框架；需要做出的决定的类型。决策的时间框架始终取决于各个政府、部门或机构。例如，军方可能需要因两用技术产生的潜在的及新兴的生物威胁的情报，他们可能需要为此在未来五至十年内准备疫苗。相比之下，在一个大城市的地铁站发现的可疑白色粉末遗留，很可能需要城市警察即刻的情报支持。这两种情况都需要决策者寻求不同类型的情报支持。因此，情报任务分配会因发生在不同的时期，涉及不同层次的决策者而有所不同。尽管很难在每种情况下都准确地区分“给谁”、“由谁”和“如何”分配情报任务，但明确的一点是，任务分配是发生在战略、战役和战术层面的。

战略层面的任务分配通常被认为是具有“新兴的”或“即将来临”特点的任务；战役层面的任务分配通常是几周或一年；战术层面的重点通常是当前或一周左右。这些只是粗略的时间框架，如上所述，每个决策层面的实际时间框架取决于威胁或风险背景和所涉及的机构。在某些机构中，一年以上的威胁的发展很可能被视为战略任务事项，而在军队中，它可能被视为战役威胁事项。

在我们之前提及的场景中，可疑的白色粉末被遗留在三个地铁站中，在战术、战役和战略层面的任务分配可能看起来会有很大区别。在战术层面，当地执法机构和其他第一响应者（消防部门或危险品紧急处理小组）将会立即对该事件做出反应。在地面上，警长会立即从监控录像中搜集情报，并开始询问目击者。在每个地点（地铁站）发现白色粉末的同一时间即向警方报告，这是不寻常的。因此，最初的战术情报可能不会立即显示某一事件的重要性或它与另外两个事件之间的联系。随着更多信息的获取，具有专门调查能力的公共卫生官员和国家执法机构将参与其中，支持此类调查所需的可用情报的深度和广度将更加详细，并服务于更广泛的决策者——

包括地方和州政府，在此阶段可能还包括国家政府。当天晚些时候，对这种物质进行的生物法医检验可能会证实这种粉末是活炭疽，调查范围将变得更为广泛，并依赖远离事件现场的情报搜集和评估。

在某个阶段，证人证词和对该物质的法医分析可能会提供有关涉案人员的进一步信息。同样，情报界的更多机构将会搜集和评估有关涉案人员的进一步情报，包括他们的身份、动机和能力。外国情报搜集资源（信号情报、人力情报）以及与其他“五眼联盟”国家的联络也可能会被启动，以评估有关涉案人员是否在国内工作，或者威胁是否具有国际层面的因素。在我们假设的场景中，假设调查得出的结论是一名单独行动的恐怖分子参与其中。那么，在调查接近尾声时，内阁级决策者将寻求情报支持，以确定此次袭击是否代表了恐怖分子在战术方面的重大转变，即不再使用简易爆炸装置等更简单的方法；或者此次袭击是否代表了恐怖分子使用生物武器的兴趣或意愿有所增加，以及某个特定团体组织的能力有所增强。在这一层面，总统和总理以及他们的高级内阁成员将下达更高层次的情报评估任务，以了解是什么战略驱动因素导致个人甚至恐怖组织对获取炭疽并将其用于生物武器感兴趣。各国政府的决策者可能想知道在此场景下的一些战略层面的问题。是否有更多的个人或团体组织拥有制造炭疽的内部能力？该炭疽是从生物安全三级实验室和生物安全四级实验室窃取的吗？是如何窃取的？该炭疽是在一个生物安全管控薄弱的国家（恐怖组织在那里活动，而且很可能拥有众多同情者）生产的吗？

三、协调

仅仅分配了任务并不能保证不同级别的决策者在决策过程中（战术、战役和战略层面）能在他们需要的时间内获得所需的情报支持。如果没有一个系统（或多个系统）来帮助确保所分配任务的搜集和分析响应能得到很好的协调，就不可能进行有效的任务分配。针对所有生物安全威胁和风险，任务分配的协调并不是只有一种单一的方式，它在很大程度上取决于生物威胁和生物风险的性质（植物、动物、人类），以及它是无意的还是有意的。如果是前者（无意的），那么国家安全机构或执法机构将在公共卫生方面承担更大的责任。例如，在 2015 至 2016 年整个美国爆发寨卡病毒时，人们会预料到这是美国疾病预防控制中心、各州和地方卫生机构的分内之事。然而，若在之前显然没有发生过疫情的地区突然暴发口蹄疫，可能至少在一开始会引起美国联邦调查局、国土安全部、当地执法机构、动物卫生与农业部门的兴趣，至少在更多的人了解这种威胁之前是这样的。

因此，不同的威胁或风险状况将引起不同的卫生当局、科学家和机构的关注，它们拥有一系列情报能力来完成任务。这会带来问题吗？并不一定会。并非所有的生物安全任务都需要遵循相同的流程，但重要的是，协调可以尽可能地以整合的方式在所有的三个决策层面（战略、战役和战术）进行。这种整合是“五眼联盟”国家情报机构在所有情报任务分配中持续面临的挑战，不仅仅是在生物安全领域。自“9·11”事件以来，情报任务分配的协调方式有了重大改进，例如更好地协调了针对恐怖主义的任务分配，使得高层级决策者有信心相信他们所使用的情报是从多个来源获得和评估的，并被整合到一起，对关键分析判断的有效性已提出过质疑并且经过了同行评审。美国国家反恐中心（NCTC）和英国联合恐怖主义分析中心（JTAC）等国家恐怖主义融合中心的设立，极大地改善了搜集和分析与恐怖主义相关的情报任务的协调工作。

尽管有了这些改进，但不同的信息通信技术平台、立法、组织文化态度和治理问题仍然不利于“五眼联盟”国家针对恐怖主义事件的无缝、整合的协调响应（Walsh, 2015）。如前所述，美国情报界的庞大规模使得情报工作的协调变得相当困难。同样，在核心的国家安全机构之外，执法机构和其他可能在搜集或分析有关恐怖主义的情报方面发挥作用的机构的规模也很大，且具备多样性，协调起来也相当困难。如果说像恐怖主义这样的最高优先级的事项都仍然存在这种协调方面的问题，那么对与生物安全相关的事件更是如此，因为这些事件的优先级要低一些。当然，在情报搜集和分析方面也做了一些努力，特别是在美国，以便更好地协调生物安全方面的任务分配。美国国家情报总监办公室已经开始进行这些努力——其细节将在第三、四章讨论。然而，对高级情报领导人的采访表明，需要更好地协调“五眼联盟”国家情报机构之间的情报工作，以及更好地协调非国家安全情报来源，比如科学研究、专业知识和流行病学的情报。同时，还需要进一步的证据来证明“五眼联盟”国家情报机构如何能改善生物安全情报的任务协调。鉴于自美国炭疽邮件事件以来没有发生任何重大袭击，政治家们对生物威胁和生物风险基本不感兴趣，也无心监督这一领域的情报工作是否有更好的协调。他们似乎很乐意收到关于潜在的及新兴的威胁的周期性情报，在某些情况下，这些情报可能不是由情报机构以协调的方式生产的。结果可能是向决策者提供了一个不太全面的特定生物威胁或生物风险的画面。对于决策者来说，不只是协调过程或是缺乏协调过程会导致糟糕的任务分配结果。在很多情况下，生物威胁和生物风险的复杂性对于许多决策者甚至他们的顾问来说都是难以理解的。结果，要么是没有任务分配，要么是模糊的要求。这些模糊的要求可能没有反映出实际的甚至潜在的相关生物威胁或生物风险。由于决策者不了解他们要分配的任务到底是什么，情报机构可能会发现自己不必要地陷入了困境，浪费了有限的资源。尽管很容易将没有任务或任务下达不充分的责任归咎于决策者，但情报机构在“正确执行任务”方面也面临另一个关键的挑战，那就是在如何评估生物威胁和生物风险方面缺乏知识。更好地分配与协调生物威胁和生物风险任务，还取决于如何将威胁和风险方法应用于生物安全背景，以及这些方法是否足以指导任务的分配与协调。

四、威胁和风险评估

在本书有限的篇幅内，我们不可能对所有“五眼联盟”国家使用的所有威胁和风险方法进行全面的讨论。“一体化健康统一体”中的潜在威胁或风险空间是如此之大和多样化，需要几卷书来客观描述用于评估它们的各种方法。此外，我在讨论情报机构如何使用特定威胁和风险模型方面受到了限制，因为它们通常是保密的。然而，我们可以讨论广泛的基本原则，许多保密方法也都基于这些原则。因此，本节将讨论在许多公开的威胁和风险方法中使用的关键性因素。讨论将强调应用这些方法有多么困难，特别是因为之前生物威胁和生物风险的可用数据通常很少或根本不存在，而且关于潜在威胁行为者的意图和能力（威胁评估）以及生物攻击的后果（风险）仍存在着基本的、未解决的争论。我们将在第三、四章中看到，整个情报界缺乏一致的、严格的威胁和风险评估，这确实影响了情报机构能够就生物威胁或生物风险向决策者提供的情报搜集和分析。

在总结生物威胁和生物风险方法学的一些主要趋势之前，重要的是对诸如"威胁"和"风险"评估这样的术语将如何在本章中使用加以定义。在前言中包括了对生物威胁和生物风险的定义，下文将对构成生物威胁和生物风险的变量进行更详细的讨论，以减少在不同的威胁和风险环境中使用这些术语的混淆。正如伯内特在讨论威胁评估的基本原则时指出的，当"生物安全是在生物安全或科学环境中讨论"时，就会出现混淆。用他的话说："区分生物安全风险和生物安保风险很重要"（Burnette, 2013: 91）。

五、定义生物风险

广义而言，风险是指"涉及特定危险或威胁的不良事件发生的可能性及其后果"（Caskey and Sevilla-Reyes, 2015: 45）。简而言之，卡普兰（Kaplan）和加里克（Garrick）认为："评估一个风险包括回答以下问题：会出现什么问题？它发生的可能性有多大？我们看到它发生的可能性有多大？后果是什么？"（Kaplan and Garrick, 1981; Caskey and Sevilla-Reyes, 2015: 45）狭义一些，在生物安全和生物安保的背景下，伯内特将生物安全风险定义为："它取决于对蓄意行为的漏洞和后果的衡量，以及影响系统或其资产的动态威胁……而生物安保风险则涉及非邪恶原因引发的事故的概率和后果"（Kaplan and Garrick, 1981; Caskey and Sevilla-Reyes, 2015: 91）。生物安全风险和生物安保风险之间的主要区别在于，虽然两者都基于漏洞，也都产生后果，但前者（生物安全风险）是蓄意行为的结果，自然是完全属于国家安全机构和执法机构的任务范围，因而是我们讨论的重点。

评估生物安全背景下的风险，某些情况相较于其他情况可能更容易一些。例如，在一个实验室里，一个雇员偷窃一件辅助设备（比如笔记本电脑）以在自己家中使用的可能性和后果，可能比同一个人是否会从实验室窃取敏感的知识产权更“可量化”。有关前者（普通盗窃）的发生及其影响的数据可能会更多，从而使该实验室能够改进防盗缓解政策和程序。

相比之下，由于“对危害的可能性、规模、性质和媒介缺乏可靠的了解”，因而使用传统的风险评估方法来计算雇员盗窃敏感的知识产权所带来的风险可能会更加困难（Helm, 2015: 103）。然而，近来由生命科学家和健康研究人员组成的小型咨询公司——美国鹰头狮科技公司（Gryphon Scientific，主要咨询方向为全球卫生和国土安全问题）向国家卫生研究所提供了应对风险的建议报告，包括恶意行为者和以研究或存储功能获得性（GOF）病毒的实验室为目标的行为带来的风险，以及恶意行为者独立复制已发布的功能获得性研究结果带来的风险（Gryphon Scientific, 2016）。他们的报告提供了全面的风险评估方法。这种方法是定量和定性措施的融合，基于历史案例、情景假设、立法、生物安全条例，以及采访科学家、总顾问、联邦调查局大规模杀伤性武器协调员和其他执法人员而搜集的详细数据。然后（根据这些数据），他们有条不紊地确定潜在的恶意行为者，以及每种行为的攻击媒介和后果。例如，就恶意行为者和恶意行为对从事功能获得性研究的实验室造成的风险而言，被认定的恶意行为者包括独立的局外人、独立的局内人、有组织的犯罪分子、国内恐怖分子、极端分子、跨国恐怖分子，以及像恐怖团体组织和外国情报实体这样的国家。已经确定的攻击媒介是多种多样的，包括武装袭击、炸弹或纵火、病原体盗窃、策反员工和网络秘密进入（Gryphon Scientific, 2016: 847）。对卫生、科学和安全领域的一系列专家进行的深入研究与访谈最终生成了一个恶意行为者的威胁矩阵，它提供了一种有用的全局性方法，可以根据攻击行为者和攻击媒介来了解每个行为的可能性与后果。鹰头狮科技公司的研究得出结论：“最有可能针对封闭实验室实施的恶意行为，包括盗窃病毒库存、实验样本、设备或被研究的动物，故意污染实验室设备中工作人员的个人防护设备，以及在适当的封闭设施之外将已感染的样本与未感染的样本或动物进行混合”（Gryphon Scientific, 2016: 4–5）。他们做出如下评估：“尽管有监管和安保环境，发生在高防护实验室的最合理的恶意行为将可能涉及恶意的内部人员，因为他们有权访问实验室和其中存放的病毒”（Gryphon Scientific, 2016: 4–5）。鹰头狮科技公司认为：“内部人员可以独立完成这项工作，也可以与外部团队协调合作完成。他们的动机从情绪困扰到国内和跨国恐怖组织诱发的意识形态激进化不等”（Gryphon Scientific, 2016: 4–5）。鹰头狮科技公司的研究代表了在开发更可靠的风险方法方面取得的进展，这些方法搜集了与一系列恶意攻击场景（在从事流感功能获得性、中东呼吸综合征冠状病毒和非典病毒研究的安全实验室中）的攻击意图、能力、后果相关的经验性科学数据和情报评估。

与鹰头狮科技公司的研究成果一样有用的是，它仅限于功能获得性研究带来的生物安全风险和生物安保风险。高等级的风险，比如一些更复杂、发生概率更低、影响更大的生物风险，比如在大型地铁站中发生的生物恐怖袭击，并不一定能用与我们用来评估某人从安全的实验室环境中窃取某些敏感信息的可能性和后果相同的风险评估工具来进行“衡量”。一般来说，与地铁等开放环境中的生物恐怖袭击可能产生的无数个威胁因素、媒介和后果相比，我们对实验室物理安保环境、安保措施和员工的了解要多得多。工程学的系统思维可以为理解许多复杂的生物风险事件中的风险评估提供一些帮助。我们在第六章将谈到其他学科，包括工程学在理解风险和提高情报能力方面所发挥的作用。基本的风险管理方法不足以评估许多复杂的及潜在的生物风险，特别是两用生物技术带来的风险，因为这些风险大多没有发生或仍然非常罕见，从而缺乏评估风险通常需要的历史数据。

简而言之，工程学的系统方法可以有效地用于应对新兴的风险，因为它们考虑到了不确定性和复杂性，并承认一个人不可能管理所有潜在的生物威胁和生物风险。此外，正如赫尔姆（Helm）所言，许多复杂的风险无法用标准数据方法进行分析，部分原因是它们并不遵循正常的因果行为方式（Helm, 2015: 106）。例如，没有人能够预见 2014 年埃博拉疫情在西非造成的所有公共卫生、政治、社会和经济后果。对于复杂的风险，比如大流行（有意或无意造成的），在缓解某些风险方面可能会有一定程度的失败。以整合的方式来评估风险、复原力和适应力的一种更全面的系统方法，可能会使许多复杂的、可能出现的生物风险得到整体的处理和缓解。复原力或对不利事件的规划、吸收、恢复和适应能力，对于理解复杂的生物风险很重要，因为我们需要了解某个地方、国家、地区或全球范围内一系列部门的漏洞。情报机构需要了解在运输、城市建筑、食品和水供应或机场等特定领域存在哪些具体漏洞？虽然管理复杂的风险在一定程度上是为了在事件发生之前减轻不同部门的经济风险，但风险管理的系统方法和建立有效的复原力，还需要了解一旦事件发生后公共和私营部门如何应对。

消解未来所有潜在的生物风险是不可能的，因此，政策制定者们必须做出艰难的选择，即对可能不会发生的、外来的、概率低、影响大的风险进行成本效益分析；试图通过对进入本国的每一名乘客进行 24 小时不间断的健康筛查来减轻未来的风险，从长远来看是不可行的，可能会对一个国家的经济状况产生影响。适应力是风险管理系统方法的最后一步，它与提高复原力的措施相关联，但它寻求通过“整合各种主动和被动的措施，以管理不确定性”（Helm, 2015: 116）的方式来扩展对风险的分析。

六、定义生物威胁

生物风险包括事故和蓄意行为的漏洞。与之不同，生物威胁在所有情况下都涉及人，因而对其进行量化可能更加困难。如第一章所述，自“9·11”事件以来，决策者、官员、情报机构对攻击性国家生物计划和生物恐怖主义的威胁评估的观点发生了显著的变化，这使人们对威胁评估方法产生了质疑，而这些威胁评估方法对威胁的性质做出了各种大相径庭的表述。例如，2002年10月，《关于伊拉克大规模杀伤性武器的国家情报评估》（US National Intelligence Estimate on Iraq's weapons of mass destruction）高度确定伊拉克的进攻性生物武器计划被视为对美国构成直接威胁（美国国家情报委员会，2002）。如果研究一下后来关于生物恐怖分子所造成的威胁和国家资助的生物武器项目的公开声明，我们就会发现，从非国家行为者的角度来看，情报机构似乎还没有完全吸取对伊拉克生物武器计划分析失误，从而导致美国主导的联军对伊拉克的入侵的教训。例如，麦克尔·麦康奈尔（Michael McConnell）在参议院情报特别委员会就国家情报总监办公室的年度威胁评估发表讲话时说，“基地”组织和其他恐怖组织正试图获取化学武器、生物武器、放射性物质和核武器（CBRN）（McConnell, 2008: 6）。

2008年，国会发布了大规模杀伤性武器委员会报告，以评估美国预防大规模杀伤性武器的计划，给出了生物攻击的时间线，指出：

> 除非国际社会果断和紧急地采取行动，否则到2013年底，大规模杀伤性武器很可能会被用来对世界某个地方进行恐怖袭击。委员会还认为，与核武器相比，恐怖分子更有可能获得和使用生物武器（Graham and Talent, 2008: xv）。

国家情报总监麦康奈尔的继任者、海军上将布莱尔（Blair）在他的2009年度威胁评估报告中，同意他的前任所做出的关于恐怖分子使用生物武器的威胁将会越来越大的评估，同时也指出，没有这种计划的国家也可能会获得这种武器（Blair, 2009: 19）。

虽然很难从公开来源推断出对威胁评估方法的全面理解，但不同决策者所发表的各种声明之间存在着差异，对不同威胁场景（例如基于国家的生物武器相对于生物恐怖主义）强调的重点不同，我们可以看出，在威胁形成过程中，一些因素被考虑进来，而其他一些因素则被忽略了。对于不完整的威胁和风险评估所带来的影响，我们将在本章的最后加以讨论。可以说，改进威胁评估至关重要。正如斯特恩（Stern）所言（Stern, 2002: 94），它导致决策者“选择成本超过其收益的政策”。在向布什政府提供的对伊拉克大规模杀伤性武器能力分析的 2002 年《国家情报评估》（2002 National Intelligence Estimate）报告中，我们也能看到这一点。

威胁可以来自个人或群体。威胁可以是内部的、外部的、间接的、秘密的或公开的（Burnette, 2013: 95）。上文提到的内部威胁尤其令人担忧，因为它们涉及有权访问研究或安全实验室环境的雇员和访客。布鲁斯·艾文斯博士——美国炭疽邮件事件的头号嫌疑人——是“内部威胁”的典型案例。尽管联邦调查局的调查人员借助情报甚至精神病学分析的帮助评估了艾文斯所造成的威胁，但调查人员并不是总能获得此类信息，尤其是在生物事件发生之前。威胁评估方法试图从以前的案例中推断出未来的威胁行为，但在生物安全和生物安保方面，案例相对来说仍然很少，所以当前的威胁评估方法并非可靠。

伯内特说得对，过去的许多威胁案例都涉及有暴力倾向的个人，原因可能是感觉被同事冤枉、与配偶分居或针对某种动物的极端主义（比如，动物权利、政府政策分歧），但每个案例的背景和场景都不一样（Burnette, 2013: 92）。此外，出于个人意图而实施的暴力行为，这种行为如何演变也是环境驱动的。换句话说，不同威胁场景的背景不同，不同场景中不同个人的能力不同，都为暴力行为的演变提供了不同的可能性。在改进威胁评估方法时，案例之间的差异和相似性是至关重要的。

伯内特将“间接威胁”（indirect threats）定义为“在错误的时间出现在错误的地点”，它可能是对雇员或与攻击者有私人关系的人的直接威胁。伯内特引用了 2009 年艾米·毕晓普（Amy Bishop）的案例。亨茨维尔（Huntsville）[1]杀害了三名同事，作为对自己被剥

1 美国阿拉巴马大学生物学教授。

夺终身教授职位的报复（Burnette, 2013: 93）。最后，伯内特将“外部威胁”（external threats）描述为外部人员对机构或个人带来的威胁。比如，包括出于个人或恐怖主义动机对雇员的直接威胁，或者是对实验室、研究所或其他相关机构的某种直接攻击（Burnette, 2013: 96）。我们还必须记住，并非所有的外部威胁都涉及针对个人的暴力。威胁通常可能涉及盗取财产（特别是知识产权、滥用或破坏财产）。当然，外部攻击也可能涉及非研究性或实验室机构。其他潜在外部攻击目标几乎是无穷尽的，可能包括办公楼、机场、供水、食品供应，以及我们在美国炭疽邮件事件中看到的对邮件系统的攻击。

伯内特还对有针对性的暴力过程进行了描述，可以让我们理解威胁是如何从最初的简单抱怨演变成暴力行为的实施的。他认为，了解有针对性的暴力过程，有助于安保人员在暴力袭击实施之前确定干预的方法。威胁演变的关键发展阶段是：意图、能力、机会。尽管这三个阶段类别中的每一个都有一系列针对暴力过程的子类别，包括怨恨、构思、计划、准备、实施。怨恨是最初形成（暴力）意图的根源。例如，在实验室工作的某人可能会对他们被对待的方式有所抱怨或感觉被冤枉。下一个阶段，构思是某人确定纠正（他所认为的）错误的行动方案。这当然不是一个理性的行动选择。

在威胁演变发展的意图阶段，实验室内先发制人的安保措施，可能有望发现某个人的行为或言语不大对劲，可能有问题。例如，同事可能会注意到某个雇员对雇主或其他雇员说出了具有威胁性的话语。防止意图进一步发展的其他先发制人的措施是通过适当的安保审查和性格适应程序来完成的。在大多数西方国家的安全实验室和其他研究机构中，雇员在就任前以及就任后必须定期完成这些审查程序。这种审查并不是万无一失的，但随着时间的流逝，它们可能会在某些情况下发现雇员的不满情绪，可以在这种不满情绪进一步发展成为暴力行为或某种其他威胁（比如盗窃）之前对其进行处理。威胁演变发展的下一个阶段是能力阶段，代表威胁行为者制定明确的行动途径的努力。它有两个子类别（计划和准备）。计划“包括制定将要执行的行动方案，而准备是搜集、安排开展行动所需的工具和计划”（Burnette, 2013: 98）。在实验室工作人员的场景中，设施的安保办公室可能会发现（行为者的）一些早期计划，并采取缓解措施来消除威胁或降低风险。但在其他情况下，威胁评估流程无法在威胁行为者执行其计划的行动之前及早地发现他们的计划和准备活动。

伯内特所说的威胁演变发展的最后一个阶段（机会），是“行为者满足实施行动所需的所有标准的阶段”（Burnette, 2013: 98）。机会只包含一个子类别——实施，这是不言自明的。同样，在实验室工作人员的场景中，机会代表了一个节点，在此节点威胁行为者计划的暴力行为得以实施，并且是在环境中漏洞的助推下完成的。正是上述的行为者的威胁演变过程和环境中存在的漏洞，提供了对行为者实际的或计划的行动的全面风险评估。

情报或执法干预无法阻止的实际暴力行为，凸显了在生物安全和生物恐怖主义背景下威胁评估过程的难度和有效性。为了使威胁评估能够提高在早期（比如意图阶段或计划初期）评估潜在生物威胁的能力，显然，政府、情报机构、执法机构、大学、研究机构和生物技术公司都需要持续、主动地搜集关于潜在威胁场景的更好的信息和情报，以便制定应对措施或早期识别威胁行为者。在实验室生物风险管理的狭义背景下，对威胁的情报和信息搜集采取更具战略性与前瞻性的方法是整个机构需要做出的响应，而不仅仅是安保部门的责任。它要求在各种公共和私营部门中处理特定生物制剂与毒素的工作人员能够识别哪些行为可能指向有计划的暴力或盗窃的个人。开发更好的威胁评估，从而制定更积极主动而非被动的风险缓解策略，也取决于相关机构的行政领导是否能够制定适当的（信息）搜集要求。良好的信息搜集能够更快地将信息来源汇集在一起，从而提高威胁和风险评估方法的有效性和结果。

七、小结

从上文的讨论中可以清楚地看出，对于“五眼联盟”国家情报机构及其决策者来说，在如何更有效地针对生物安全威胁和风险事件来分配与协调任务方面，仍然存在挑战。在某些方面，这些挑战与其他威胁类型以及网络和不断演变的恐怖分子所造成的风险场景并无不同。在这两个领域（网络和恐怖主义），技术显然会带来威胁和风险，鉴于技术发展轨迹的迅速变化，情报机构需要竭尽全力去了解威胁和风险的本质特征。如第一章所述，要了解生物技术的快速变化（其中大部分具有潜在的两用性）将如何演变，会使参与其中的生物学家或科学家感到困惑，更不用说政治决策者。此外，目前的不确定性程度，以及与传统的恐怖袭击甚至网络攻击相比，相对较少的生物安全和生物恐怖主义事件案例确实会影响到“五眼联盟”国家情报机构在生物安全和生物恐怖主义事件上的任务分配。

除了对大规模杀伤性武器中的生物武器，以及对恐怖分子可能制造或获取生物武器的普遍的、周期性关注之外，针对更广泛的潜在生物威胁和生物风险的任务分配，看上去似乎只是临时的、前后不一致的。决策者在政策背景下对生物安全和生物恐怖主义事件的兴趣是前后不一致的，这一点在前面已经讨论过。在一个会产生大量潜在威胁和风险的领域，那些影响力度大但发生概率很低的威胁和风险场景很难获得决策者的关注，因为“此时此地”有更多问题占据着他们的头脑。目前尚不清楚，特朗普（Trump）政府如何“评价”生物安全和生物恐怖主义事件。尽管如此，“五眼联盟”国家情报机构在确保生物安全和生物恐怖主义事件没有完全从人们的视线中消失方面确实发挥着一定的作用。

任何一个情报机构的部分工作都是向上管理——而不仅仅是接受政治领导人正式分配的任务。从本章中，还可以清楚地看出，情报机构本身需要更好地了解潜在的生物威胁和生物风险如何在战术、战役和战略层面表现出来。次要和主要来源还表明，即使是正式的国家生物安全威胁任务，也可能没有明确的任务阐述，也可能没有被传达给地方一级的安保人员（州和地方警察、第一响应者，甚至私营部门），如果从国家到地方一级的任务分配与协调工作进展不顺利，将导致进一步丧失更好地了解潜在的、对国家来说具有重大意义的生物安全威胁的机会。

改进的生物威胁和生物风险的任务分配与协调，无论是自上而下（来自决策者）还是自下而上（来自情报机构），都需要增加对威胁和风险的理解，包括改进威胁和风险方法。

应用于生物安全威胁和风险的多种威胁和风险方法的冲突和准确性问题，使政治领导人对各种威胁的概率及其可能产生的影响有了不同的评估。用以提供包括高、中或低水平的总体风险评估的概率和后果衡量的不准确性，以及有时也缺乏一致性（例如，我们是否使用数学方法、定量、半定量或定性方法）（Caskey and Sevilla-Reyes, 2015: 51）——再加上资源有限，以及对从事威胁和风险的工作人员的培训问题，这一切都表明了生物安全威胁的任务分配与协调仍然不是最优化的。

换句话说，如果情报机构的威胁和风险模型得以改进，决策者可能会更知情，从而更好地进行任务分配。还需要在政府、实验室和私营部门之间就如何确定可接受的和不可接受的风险达成共识。这些决定都需要有详细的文档记录。与所有利益攸关者沟通风险决策非常重要，而且显然，重要的利益攸关者应该了解关键性风险评估和缓解决策（Caskey and Sevilla-Reyes, 2015: 59）。

最后，正如上文所建议的，“五眼联盟”国家情报机构需要将他们对威胁和风险的理解扩展到更全面的或系统的方法，以避免对风险进行过度简化、偏见性和线性的假设，因为这可能会导致决策者的决策失误。这说起来容易、做起来难，但许多未来的生物威胁和生物风险，无论是否由生物技术引发，都会出现无法预料的后果，很难完全缓解。风险管理只是第一步，情报机构需要与其他利益攸关者合作，发挥更大的作用，确定在一系列场景中可能出现的后果，以及他们能如何帮助社会提高对实际发生的及潜在的生物攻击的复原力与适应力。

为了改进生物安全和生物恐怖主义背景下的威胁和风险方法，基于证据的知识搜集方法至关重要。可以说，大多数知识很可能存在于情报机构之外，隶属于科学界或私营部门。这一点我们将在第六章中详细予以讨论。正如我们将在生物安全和生物恐怖主义等领域中看到的那样，获得这方面的知识，还需要“五眼联盟”国家情报机构反思当前的（情报）搜集策略以审查它们是否符合目的要求。在第三章中，我们将探讨一些关键的搜集方法，以及它们是如何应用于生物安全威胁和风险的，还会强调在搜集复杂的生物安全威胁和风险（情报）方面所面临的一些关键性挑战。

参考文献

Blair, D. (2009). *Annual Threat Assessment of DNI for the Senate Select Committee on Intelligence*. Washington, DC: ODNI.

Burnette, R. (Ed.). (2013). *Biosecurity Understanding, Assessing, and Preventing the Threat*. Hoboken, NJ: Wiley.

Caskey, S., & Sevilla-Reyes, E. (2015). Risk Assessment. In R. Salerno & J. Gaudioso (Eds.), *Laboratory Biorisk Management* (pp. 45–63). Boca Raton, FL: CRC Press.

Clapper, J. (2016, February 9). Statement for the Record. *Worldwide Threat Assessment of the US Intelligence Community. Armed Services Committee*. Washington, DC: ODNI.

Graham, B., & Talent, J. (2008). *World at Risk: The Report of the Commission on the Prevention of WMD Proliferation and Terrorism*. New York: Vintage Books.

Gryphon Scientific. (2016). *Risk and Benefit Analysis of Gain of Function Research Final Report. Takoma Park*, MD: Gryphon Scientific, LLC.

Helm, P. (2015). Risk, Resilience: Strategies for Security. *Civil Engineering and Environmental Systems*, 32(1–2), 100–117.

Koblentz, G. (2009). *Living Weapons*. New York: Cornell University Press.

Koblentz, G. (2012). From Biodefence to Biosecurity: The Obama Administration's Strategy for Countering Biological Threats. *International Affairs*, 88(1), 131–148.

McConnell, J. (2008). *Annual Threat Assessment of DNI for the Senate Select Committee on Intelligence*. Washington, DC: ODNI.

NIC. (2002). *Iraq's Continuing Programs for Weapons of Mass Destruction: Key Judgments*. Washington, DC. From http://nsarchive.gwu.edu/NSAEBB/NSAEBB129/nie.pdf. Accessed March 15, 2017.

Obama, B. (2010). *National Security Strategy*. Washington, DC: The White House.

Silberman, L., & Robb, C. (2005). *Commission on the Intelligence Capabilities of the US Regarding Weapons of Mass Destruction. Report to the President of the United States* (pp. 1–501). Washington, DC.

Stern, J. (2002). Dreaded Risks and Control of Biological Weapons. *International Security*, 27(3), 89–123.

Vogel, K. (2013). *Phantom Menace or Looming Danger?* Baltimore, MD: The Johns Hopkins University Press.

Walsh, P. F. (2015). Building Better Intelligence Frameworks Through Effective Governance. *International Journal of Intelligence and Counterintelligence*, 28(1), 123–142. https://doi.org/10.1080/08850607.2014.924816.

第三章 情报搜集

第二章展示了有效的情报任务分配与协调过程对于引导我们的情报机构应对优先的生物安全威胁和风险的重要性——或者至少是决策者最感兴趣的那些。第二章还强调，针对任何威胁和风险的任务分配与协调过程——无论是源自生物安全还是有组织犯罪、恐怖主义或大规模杀伤性武器扩散——都是复杂的和多层面的。

例如，特别是自“9·11”事件以来，我们看到许多跨国威胁，比如恐怖主义，往往发生在全球、地区、国家和地方等多个层级。国家安全机构和执法机构有效应对跨国威胁不同方面问题的能力有限，他们很难在所有情况下都能知道谁是决策者，以及决策者感兴趣的具体利益点是什么。因此，跨国甚至国内安全威胁的复杂性意味着，不仅是“五眼联盟”国家的政治领导人或内阁在进行“任务分配”。事实上，还有其他一些全球、地区、国家和地方行为者，他们可能直接或间接地为国家情报机构分派任务。例如，除了国家政治领导人以外，一个大都市执法机构的警察局长有他们自己特定的任务分配要求，特别是如果他们要为我们在恐怖主义中看到的那种复杂的、多机构参与的调查行动提供操作资源时，警察局长可能并不想阅读针对全球恐怖主义不断变化的、动态的高层级战略评估文件，但他们很想知道在其管辖范围内有多少恐怖分子在开展阴谋活动，以及他们的潜在目标可能是什么。同样，当地的自来水公司可能有兴趣从警察局那里了解他们是否因为恐怖分子的活动，对其运营中的任何漏洞、威胁和风险进行评估。鉴于决策者在战略、战役和战术层面有不同的任务分配利益，搜集策略和偏好将会因任务分配的不同而有差异。针对一个决意将炭疽武器化的跨国恐怖组织的搜集策略，很可能与一个试图在网上购买蓖麻毒蛋白来毒害隔壁邻居的精神错乱的人不同。前者可能涉及信号情报和图像情报，而后者可能涉及电信通话与电子邮件截获以及物理监视。在此我说可能，是指试图搜集针对恐怖组织的信号情报和图像情报，因为除非其他来源（比如人力情报）发现参与炭疽武器化的场所或人员，否则几乎不可能找到他们的通信或实际位置。不像冷战时期那样，基于国家的生物武器项目是在大型设施中进行的，现在的恐怖组织可能不需要大型的物理基础设施来进行大规模的炭疽生产。在一个小型建筑中用按比例缩小规模的方法，甚至是在一个弱国合法的政府实验室中秘密生产，使得信号和图像等技术搜集平台的应用（成本）与使用这些资产来应付基于国家层面的问题（比如俄罗斯和朝鲜）相比，变得更加困难和昂贵。

因此，对于更复杂的威胁或风险，同时使用不同搜集方法组合，可能会比仅仅依靠一种搜集方法带来更好的结果。除了上述的复杂性之外，当然，预算和相互竞争的搜集要求，也限制了动用诸如信号和图像等昂贵的国有资产来执行任务。

总之，威胁或风险的复杂性和决策者兴趣利益的多样性，使得国家情报机构几乎不可能为所有实际的或潜在的生物威胁和生物风险制定一个一刀切的（情报）搜集清单。因此，虽然正式的搜集优先事项可能由国家政府明确规定，但不同决策者在不同的威胁或风险、不同的决策层面（战术、战役和战略）要求的力度将在很大程度上取决于背景。从一个角度来看，你会认为这种现状可能会提高效率，因为决策者只需要在他们的层级上搜集他们所需要的信息来缓解威胁或风险，不需要从昂贵的搜集资产（比如，信号情报或人力情报）中直接获得信息。尽管现实情况没那么明确，但在某些情况下，地方一级的决策者仍可能需要或受益于国家情报搜集资产来支持其决策。因此，针对不同的威胁或风险、不同的决策层面（战术、战役和战略）阐明搜集的优先级是一件棘手的事情。因此，有效的情报搜集始终是一项正在进行中的工作，它依赖许多因素，包括利益攸关者、决策者和强有力的领导——特别是高水平的情报治理。

在情报搜集方面，不仅存在与每个搜集平台相关的技术和组织问题，而且也存在更广泛的治理问题，这些问题会影响情报界各机构内部和跨机构之间的搜集效率。此外，还有关于如何整合搜集及搜集到的情报在整个情报界共享程度的问题。此类搜集问题还与情报机构和情报界的情报治理的有效程度相关。“情报治理”（intelligence governance）这一概念，将在第五章中更详细地讨论，但我在此将其定义为“一组属性，比如强大的可持续领导、原则设计、评估、有效协调、合作和情报流程整合”（Walsh, 2011: 149）。

因此，本章将重点关注在可能被分配给生物威胁和生物风险的特定搜集平台中，有效情报搜集的复杂性和困难。具体来说，本章有三个目标。首先，将讨论国家安全机构和执法机构如何将传统的搜集方法（比如，信号情报、人力情报和地理空间情报）应用于生物威胁和生物风险。它将包括对每种搜集方法优缺点的简要评估。

其次，本章将集中讨论“非国家安全”（情报）的搜集方法，比如科学、医学和研究团体采用的方法，这些方法主要被卫生当局用来治疗、跟踪甚至“预测”流行病和大流行。现在我们有越来越多的卫生和生物监测搜集平台，它们也是国家安全机构和执法机构有用的情报来源。与“传统搜集平台”一样，这些平台对于我们理解各种生物威胁和生物风险也有其挑战性和局限性。

最后，本章将总结传统搜集方法以及科学、医学和研究团体采用的方法面临的常见搜集挑战。讨论还将确定情报分析师需要牢记的一些因素，以便改善搜集结果，尤其是在“五眼联盟”国家。

一、传统搜集方法

（一）信号情报

信号情报（SIGINT）是一百多年以前技术发展的结果。早期的发展是随着无线电的到来和各国（最初是英国和美国）具备截获空中信号的能力而出现的。第二次世界大战中技术的进一步发展使英国能够在布莱切利庄园截获并破译德国海军密码，从而使盟国能够更快地在大西洋上确定德国潜艇的位置。如今，信号情报可以用各种各样的平台（例如，飞机、轮船、卫星和地面站）来搜集。最大的信号情报搜集者是美国国家安全局，它搜集到的情报与其他“五眼联盟”国家共享。作为回报，这些国家也会通过各自的情报机构[比如，澳大利亚通信管理局（ASD）、加拿大通信安全局（CSE）、英国政府通信总部和新西兰政府通信安全局（GCSB）] 分享自己搜集到的信号情报。

信号情报是一个更为广义的术语，包括许多不同类型的截获。大多数人通常认为，对至少两个人之间的通信拦截（COMINT）就是信号情报。然而，（信号情报）也包括遥测情报（TELINT）和电子情报（ELINT）。遥测情报指的是拦截武器系统产生的数据，电子情报指的是截获武器和跟踪系统发出的电子信号。后者在“评估此类系统运行的范围和频率时非常有用”（Lowenthal, 2012: 96）。信号情报，尤其是通信拦截的一个明显的优势是能够直接洞察对手在说什么，这显然可以了解他们潜在的意图。这在监控军事通信中至关重要，但不仅仅要关注（对手）说的内容是什么，而且也要关注说的方式。现代信号情报越来越注重了解不同的通信代码，特别是恐怖组织使用的可能表明其行动计划的代码。信号情报的一个重要部分是对通信进行地理定位，以便确定通信发送者和接收者的具体方位。

像所有其他的搜集平台一样，通信拦截也有其缺点。电信卫星或地面拦截依赖开放的系统，但是自 20 世纪 90 年代以来，随着数字革命的出现，国家和非国家行为者加密各自通信的能力越来越强。例如，美国情报界在《华盛顿邮报》（*Washington Post*）泄露国家安全局如何截获本·拉登（Bin Laden）的卫星电话后意识到，“基地”组织头目已停止使用卫星电话，并依靠他们那些“隐身”的下属来传达他们的命令（“9·11”委员会报告，2004: 127）。

“9·11”事件之后，电信数据量（电话、电子邮件和越来越多的社交媒体）以及全球恐怖主义威胁的流动性要求催生一种新型的信号情报。我们需要新一代的信号情报去捕捉恐怖分子策划者之间的通信（他们可能在海外相互通信，在近海与“五眼联盟”国家的某个公民通信）——或者是能够拦截由美国电信公司发出的、跨越美国的国外通信。恐怖组织已不再使用原来的那种只要申请了授权便可允许国家安全局对其进行拦截的通讯方式。因此，布什政府早期对主动情报搜集产生了更大程度的关注，包括在“9·11”事件之后不久，美国国家安全局启动了元数据项目——“星风”监听计划（Stellarwind），希望防止类似“9·11”事件在美国本土再次发生。“星风”监听计划最初是一个未经授权的监视和大规模数据搜集项目，旨在捕获疑似“基地”组织和其他恐怖分子从海外、过境美国的通信或美国公民与疑似恐怖分子之间的通信。一个名为“棱镜”（PRISM）的独立子项目在2007年投入运行，下面将对此进行讨论。

元数据是与主体的身份无关的数据，但仍包含足够的基本信息（例如，电话号码、通话时间、通话地点和通话时长），可以帮助国家安全机构和执法机构推断出犯罪活动或恐怖活动涉案人员之间的联系。“9·11”事件之后，数据挖掘、分析技术以及其他技术的发展使得对电话和其他通信类型的拦截更加高效、快捷，并且能够将各种电子通信方法联系或关联起来，用于情报监视。随着恐怖分子等非国家威胁行为者使用多种比电话更安全的通信方式，“五眼联盟”国家情报机构对数据挖掘和分析技术的关注也在不断增加，以便从不同的数据源中“挖掘信息”（Walsh and Miller, 2016: 353–354）。最初，“星风”监听计划是由美国总统直接授权而非法律许可，每42天发起一次搜集，基于美国情报界准备的威胁评估，该评估表明“有合理的依据断定通信的一方是‘基地’组织成员、与‘基地’组织有附属关系或‘基地’组织分支机构成员”（Inspectors General of DOD et al., 2009: 6）。2005年，“星风”监听计划被《纽约时报》（*New York Times*）披露，这给布什政府和国会施加了一些压力，要求他们将该计划建立在更坚实的法律基础上（Risen and Lichtblau, 2005）。该计划在2007年通过并被纳入《保护美国法案》（Protect America Act）而被合法化，某些方面也包含在2008年《外国情报监控法修正案》（FISA Amendments Act）和2001年《美国爱国者法案》第215条中（Section 215 of the Patriot Act）。

美国国家安全局的“棱镜”项目允许该机构访问大量数字信息的内容，包括电子邮件、脸书（Facebook）和即时消息。2013年，美国国家安全局承包商爱德华·斯诺登披露了元数据和“棱镜”项目的内部运作。他向媒体透露了这两个项目的详细工作方式，这无疑是后冷战时代敏感情报搜集方法的一次最重大的曝光。斯诺登及其支持者们认为，基于法律和宪法的相关条款，将这些向公众曝光是正当的，因为这是对美国公民（和其他国家公民）隐私权的冒犯。而美国和其他“五眼联盟”国家情报机构的高级官员认为，这些项目是必要的，因为它们防止了恐怖袭击的发生。美国政府中的许多官员还认为，这一曝光只会为恐怖分子提供敏感信息搜集平台的更多信息，使他们能够找到更为加密的远程通信来策划他们的行动，从而使国家安全机构和执法机构更难发现、阻止或瓦解他们的计划。西方国家的情报机构至今在许多方面仍能感受到斯诺登泄密事件的影响。美国国家安全局、中央情报局前局长迈克尔·海登（Michael Hayden）称，此次泄密是“美国历史上合法机密的最大流失”（Hayden, 2016: 421）。虽然很难真正衡量它们对打击恐怖分子和其他威胁行为者的情报机构的业务活动所造成的影响，但不可否认的是，这次泄密使一些威胁行为者成为更难对付的目标，特别是他们会越来越多地使用更为精密的加密设备。

目前，人们有一个持续的担忧，即威胁行为者的通信会因为利用加密设备或使用“暗网”而变得“黑暗（隐秘）”，而“暗网”是互联网的一小部分，如果不使用诸如洋葱路由器（Onion Router）这样的特殊浏览器和密码，就很难进入了（Chertoff, 2017）。（威胁行为者）采用的这两种措施显然都会使国家安全机构和执法机构更难以截获他们的通信。自斯诺登事件以来，全球主要的电信、互联网和社交媒体公司（谷歌、脸书、微软和雅虎）均对国家安全机构和执法机构采取了不太合作的立场，在设计或启用其系统方面加以改进，使得这些机构很难利用可疑恐怖分子的手机和电脑通信，这无疑是雪上加霜。尽管现在人们对拦截新型电信设备的能力存在真正的担忧，但斯诺登泄密事件无论多么不幸，确实引发了一场关于西方国家中监控与保密的作用及隐私与透明的辩论。这场辩论固然有趣，但超出了本章所讨论的范围。有关现代信号情报搜集的法律、伦理和宪法问题，还可以进一步讨论（Walsh and Miller, 2016; Johnson et al., 2014）。我们还将会在第七章中探讨关于情报、隐私、透明度和问责制的辩论。

抛开上述的辩论不说，信号情报的另一个问题是，随着技术的进步，可获得的信息远远超出了可加工和利用的范围。正如洛文塔尔（2012: 75）所说，搜集到的情报与可加工和利用的情报之间已经形成了一种不平衡。“9·11”事件之后，随着人们越来越关注主动定位反恐通信以及美国主导的入侵伊拉克对战术和行动的需求，这种不平衡变得更具挑战性。考虑到有更多的信息需要被处理，信号情报机构对更大型的计算机进行了额外的投资，这些计算机可以过滤关键字或短语，这些关键字或短语可能会表明某个拦截的潜在价值超过另一个拦截。

特别是“9·11”事件之后，处理信号情报的另一个持续存在的问题是，没有足够的翻译人员来翻译大量进入美国国家安全局和其他“五眼联盟”国家的信号情报机构的阿拉伯语、乌尔都语或普什图语的外国通信。信号情报的翻译不仅仅是将一门外语翻译成英语，并立即理解两个或更多人之间的交流，翻译人员还需要了解异国文化、背景以及通信个体之间是否使用暗语——当大量未处理的信息被实时搜集时，所有这些都是挑战。

信号情报搜集的最后一个挑战与反情报（counterintelligence）有关。反情报的字面意思是（通常指）对抗敌对的外国国家力量、非国家行为者（恐怖分子、有组织的犯罪集团）和其他有事件动机的个人的情报工作。关于反情报的更全面的论述，可以在雷德蒙（Redmond）（2015: 305–316）、范·克里弗（Van Cleave）（2007）及西姆斯（Sims）和格伯（Gerber）（2009）中找到。对手对一个或多个“五眼联盟”国家情报机构发起的情报行动可以是搜集政治、军事和经济信息，以使他们相对于目标国家处于优势。反情报通常被认为具有两个维度——防御性和进攻性。防御性反情报是指一个国家为保护其信息系统不受渗透而部署的活动。相比之下，进攻性反情报是指国家对外国势力或非国家行为者开展的主动情报行动，通过进攻的方式防止、破坏或降低他们从本国搜集情报的能力。对于后者，一个关键的目标是对其在外国势力的情报搜集或更广泛的国家活动的任何干涉予以否认和欺骗。反情报活动历来包括通过针对敌对情报机构的各种间谍活动或执法调查来“抓捕间谍”。因此，它显然有着人力情报的元素，我们将很快对此加以讨论。

自冷战以来，数字技术和网络的迅速发展越来越显示出，现代信号情报搜集既促进了敌对国家（比如俄罗斯）、非国家行为者（恐怖分子和有组织的犯罪分子）和泄密团体组织或个人（比如维基解密和斯诺登）的反情报活动，同时也受到这些活动的挑战。在全球范围内，通信信号和数据的相对匿名性与快速移动，使网络空间成为一个难以持续准确地归属或防范敌对势力反情报行动的新领域。一些国家在反情报方面扮演的更具侵略性、进攻性的角色正在提升并明确地显露出来。在 2016 年美国总统选举期间，俄罗斯入侵美国民主党全国委员会通信服务器，并可能与维基解密共享这些信息。美国情报界的成员报告称，普京政府的动机是在大选中令民主党候选人希拉里·克林顿失势，这只是俄罗斯否认和欺骗美国的众多例子之一（Lee, 2017）。

（二）人力情报

顾名思义，人力情报（HUMINT）是由人来进行情报搜集。一些情报专家喜欢说人力情报是世界上第二古老的职业，其他人则无疑会说与最古老的职业（卖淫）相比更有道德。情报机构使用多种方法来完成人力情报的搜集：外交联络（公开的相对于未公开的）、秘密行动、间谍活动和反情报。对外行人来说，关于人力情报有几个很好的简洁资料来源：马克·洛文塔尔的《情报：从秘密到政策》，对人力情报提供了一个简短而全面的论述（Lowenthal, 2012: 102–110）；其他有用的资料来源（Hitz in Johnson and Wirtz, 2015; Gill and Phythian, 2012: 81–91）；亨利·A. 克伦普顿（Henry A. Crumpton）的《情报的艺术：来自中情局秘密行动的教训》（*The Art of Intelligence: Lessons from a Life in the CIA's Clandestine Service*），是对其在美国中央情报局国家秘密行动处（美国情报界的人力情报处）工作的、有趣的个人反思（Crumpton, 2012）。

普通大众经常关注人力情报的国外搜集方面——毫无疑问，这部分是受到流行文化的影响和间谍电影的吸引，包括詹姆斯·邦德

（James Bond）的角色和系列。的确，当人们一想到在“五眼联盟”国家运行的大型国外情报搜集（人力情报）机构，比如，美国中央情报局、英国军情六处（MI6）或澳大利亚秘密情报局（ASIS），就会发现人力情报充斥于国外情报搜集的空间。但是，人力情报也是国内安全情报机构的主要职能（比如，英国军情五处、澳大利亚安全情报局和加拿大安全情报局）。它也是具有更多执法职能的国家机构和专门机构的一项重要职能（比如，澳大利亚联邦警察局或美国联邦调查局）。

因此，这里对人力情报活动和方法的简要讨论，旨在考虑如何在国内和国外环境中运用人力情报搜集。最常见的人力情报活动是招募一个与目标、团体或组织关系密切的个人，这个人可以传递有关该目标、团体或组织意图的信息。换句话说，人力情报官员（有时被称为情报官员）招募的人将从事间谍活动，以获取通常无法获得或被消息来源隐藏的秘密信息。人力情报官员在招募过程中，会对潜在招募人员的敏感性进行评估，看他能否提供关于目标、团体或组织的意图和活动的可靠敏感信息。这种评估自然包括确定是什么动机驱使他做好成为国外情报机构间谍的准备。常见的动机包括金钱、自尊心、意识形态或个人对目标有某种仇恨（比如报复）。显然，招募与恐怖分子或有组织的犯罪集团关系密切、对他们的活动有第一手资料的人，可以提供不可或缺的情报，而这些情报并不总能通过单单使用信号情报或地理空间情报就可以获得。例如，雇用一名高级部长级顾问作为特工，他可以看到内阁一级的文件并参加同等级的会议，可以提供政治领导人打算如何行动的详细情报，而这些情报并不总能从信号情报或地理空间情报中获得。在其他情况下，招募特工可以帮助确认或否认通过信号情报或地理空间情报搜集的信息的可靠性和有效性。

如果我们看一下人力情报官员——美国中央情报局在全球部署的那种，他们通常是公开的或非公开的官员。公开的中央情报局官员通常隶属于美国大使馆，根据他们被部署的国家不同，东道国的情报机构可能会公开称其为中央情报局的站点官员，就像他们在其他“五眼联盟”国家一样。而未公开的官员在部署国可能有、也可能没有官方正式的外交地位。他们可能有外交头衔的掩护，比如“一等秘书”，或者他们可以完全独立于他们国家的大使馆，成为不受外交保护的秘密特工。在美国，后者这种人力情报搜集官员被称为非官方卧底，而在其他国家则使用“伪造身份”一词来描述他们。在非官方卧底或伪造身份的情况下，所涉官员都有掩护身份（包括新名字、护照或身份证件、职业），使他们能够开展反情报、监视、联络和对目标的利用活动，而目标、团体、组织或国家并不知道他们是外国情报官员。非官方卧底或伪造身份角色的变体是潜伏特工。

人力情报的另一个重要作用是秘密行动。像美国中央情报局和英国军情六处这样专注于人力情报的机构，长期以来一直在利用（间谍）人员来影响其他国家的政治、经济或军事状况。例如，在冷战期间，秘密行动的主要推动力是阻止共产主义在发展中国家蔓延。美国中央情报局所针对的国家，包括伊朗（1953 年）、危地马拉（1954 年）、安哥拉（1975 年）和智利（1964 至 1972 年）（Johnson, 2017: 85）。冷战期间，秘密行动的一个重要方面——直到现在的后“9·11”时代——是准军事秘密行动，即中央情报局的秘密特工要么与美国军方秘密合作，要么独自开展有针对性的军事行动。如果回想一下 1961 年失败的猪湾（古巴）事件，即中央情报局计划秘密训练古巴流亡者登陆古巴以推翻卡斯特罗政权，可得知这种准军事秘密行动并不都是成功的。中央情报局资助的古巴计划被肯尼迪总统采纳了，在猪湾一个不利于防御的地点敷衍地付诸了实施——其结果是一下子中止了中央情报局届时秘密行动的一连串成功（Hitz in Johnson and Wirtz, 2015: 109）。但布什政府和奥巴马政府积极利用了有情报人员和军事人员共同参加的准军事秘密行动，在阿富汗、巴基斯坦、伊拉克、利比亚和也门对高价值的恐怖分子目标进行了追踪。2011 年，美军海豹突击队在巴基斯坦击毙了奥萨马·本·拉登，这显然是一个近期的、具有历史意义的准军事秘密行动的例子，它动用了特种部队以及中央情报局的情报人员和分析师。当然，秘密行动也可能发生在国内情报搜集背景之下——尽管规模不如政治暗杀或试图颠覆外国政权那样庞大。澳大利亚联邦警察局、安全情报局或英国伦敦警察厅（MPS）、军情五处等国内安全机构和执法机构也参与了秘密的人力情报搜集活动。它可能采取物理或技术监视的形式，也可能涉及秘密进入目标（可疑恐怖分子或有组织的犯罪分子）所处的位置以搜索信息（数字或硬拷贝），或者安装监听设备和摄像机。

来自人力情报的收获可能很大，特别是当其他搜集方法（比如，信号情报或地理空间情报）对目标的穿透性较低时。我们之前在对信号情报的论述中提到，恐怖分子和有组织的犯罪集团等非国家行为者越来越多地使用加密通信，使得国家安全机构和执法机构更难洞察他们的活动。在恐怖组织或毒品交易集团中成功培养人力情报来源，有助于填补有关目标意图和活动的情报空白。同样，秘密行动包括许多人力情报搜集活动，这些活动可以为其政府提供很大的决策优势，因为它们披露了不能以任何其他方式获得的秘密信息，或者以有利于政府安全利益的方式操纵了当地威胁行为者的环境。具体来说，所有人力情报搜集运作的共同原则，特别是非官方的掩护和秘密行动，是合理推诿。这意味着政府通过第三方、伪造身份或准军事秘密行动来资助人力情报搜集，政府可以否认他们对这些活动负有直接责任或知情。当然，这种合理推诿并不适用于所有的人力情报搜集，在其他一些情况下，外国势力或目标最终可能会发现秘密情报机构已经打入他们的国家或组织。

使用人力情报进行情报搜集当然也有其缺点。其中一个与运作节奏有关。信号情报或地理空间情报搜集平台可以相对快速地用于应对新的或不断演变的威胁，而人力情报的灵活性较低，因为招募线人以及全面策划秘密行动都需要一定的时间。想想让一个恐怖组织信任或接受一个秘密的卧底可能需要多长时间吧。考虑到验证和招募线人所用的时间较长，与可用于更广泛的情报需求的技术搜集平台（信号情报或地理空间情报）相比，线人们可能能够提供的情报数量比较少（尽管深度更大）。

人力情报搜集也是一项高风险工作，因为所招募的“间谍”、未公开的秘密官员或秘密部队可能被目标个人、组织或国家发现。其最好的结果可能是秘密官员被称为“不受欢迎的人”，并被驱逐出东道国；最坏的结果则可能是准军事秘密行动人员受到监禁或丧命。另一个不太容易克服的挑战是对人力情报来源的验证。我们将在第四章中讨论，验证情报来源会影响到情报分析师能够做出的分析判断。人力情报招募的线人经常与潜在的（信息）来源打交道，他们有自己复杂的动机和不为人知的目的。在许多情况下，在有组织的犯罪或恐怖组织外围活动的线人，并不会是坚不可摧的堡垒。

这些线人可能具有很强的欺骗性，并向与他们联系的情报官员提供虚假信息，或者他们本身可能就是外国情报机构或目标的双重间谍。有关前者的例子（即提供虚假信息），已经有很多人描述过一个1999年抵达德国寻求庇护的伊拉克公民拉菲德·艾哈迈德·阿尔旺·贾纳比（Rafid Ahmed Alwan al-Janabi）所扮演的“弧线球”的角色。阿尔旺向德国联邦情报局（BND）报告称，他曾参与设计和管理萨达姆·侯赛因（Saddam Hussein）的移动生物武器实验室。后来，德国联邦情报局将对阿尔旺的质询报告转发给了美国国防情报局，后者又将此报告发送给美国中央情报局。阿尔旺的代号为“弧线球”，他是中央情报局对伊拉克生物武器计划评估的主要来源，其中包括众所周知的2002年《国家情报评估》，即巴格达拥有可移动的设施（Vogel, 2013: 132–147）。“弧线球”提供的信息后来被证明是虚假的。同样，有关后者的例子（即双重间谍），约旦情报总局（GID）招募的约旦人胡马姆·哈利勒·穆罕默德在阿富汗霍斯特的中央情报局前沿行动基地查普曼的一次会议上引爆了炸弹，将自己和7名中央情报局情报官员一同炸死（Oppel et al., 2010）。胡马姆愚弄了中央情报局和约旦人，他实际上为“基地”组织工作。

最后，人力情报搜集涉及一些伦理问题。毕竟，它既包括欺骗，也包括在别人不知情的情况下从（信息）来源处窃取信息。招募来的线人本身也可能参与过犯罪活动，这显然会带来道德和法律问题。此外，自“9·11”事件以来，“五眼联盟”国家的人力情报搜集机构，特别是美国中央情报局和布什政府，依赖道德和法律上均有问题的极端情报搜集方法，比如强制审讯（即酷刑折磨），以从抓获的恐怖分子那里获取信息。美国参议院情报特别委员会的调查也显示，强制审讯越来越多地外包给签约的第三方美国公司（SSCI, 2014）。此外，被抓获的恐怖分子会被转移到埃及、叙利亚和阿富汗的秘密地点，由当地情报机构在那里进行审讯——美国对此很少或根本没有监督（Walsh, 2011: 195–204）。由于过度的强制审讯越来越广为人知，“五眼联盟”国家情报机构对了解情报的来源更为重视，即情报是在哪里搜集的，以及是如何搜集的（Walsh, 2011）。

（三）地理空间情报

图像、图像情报（IMINT）或地理空间情报（GEOINT），是通过一系列方法拍摄照片，包括使用侦察机，比如，1962 年古巴导弹危机期间在古巴拍摄到苏联导弹照片而闻名遐迩的 U-2 侦察机。地理空间情报还包括由围绕地球旋转的卫星所拍摄的照片，这些照片被数字化后发送到地面站，地面站可以再将这些照片提供给决策者。越来越多的地理空间情报源，还包括无人驾驶飞行器或无人驾驶飞机（UAV），比如“全球鹰”（Global Hawk）、“捕食者”（Predator）和“收割者”（Reaper），它们在阿富汗、伊拉克、叙利亚和也门的后“9 · 11”时代反恐行动中所发挥的作用至关重要。卫星和无人机等地理空间情报源的分辨率提高后，可以为决策者提供令人信服的证据，在某些情况下，对迫在眉睫的威胁来说是无可辩驳的证据。在阿富汗、伊拉克、叙利亚和也门的敌对地区，无人机越来越多地被布什政府、奥巴马政府用来为反恐行动提供监视情报和侦察。无人机可以接近目标，而不是像卫星那样只能在高空轨道运转。此外，无人机越来越多地被用于准军事秘密行动，旨在摧毁高价值的恐怖分子目标（Walsh, 2017: 411–440; Johnson, 2017）。地理空间情报的好处还有很多。首先，它可以为决策者提供对潜在威胁或风险的近乎即时的信息。对情报评估而言，图片更容易被决策者解读。相比之下，文字则可能存在着多种解释。由于许多威胁行为者经常在户外活动，卫星和无人机可以很容易发现他们的活动轨迹，因此地理空间情报非常有用。例如，在军事演习中，大量的军队、坦克和海军舰艇是高度可见的，可以很容易被地理空间情报探测到。从历史上看，地理空间情报可以向国际社会提供关于大规模杀伤性武器扩散的准确信息。如前所述，在古巴导弹危机期间，美国驻联合国大使阿德莱·史蒂文森（Adlai Stevenson）通过“公开 U-2 侦察机在古巴拍摄的苏联导弹的清晰照片”，成功说服了其他一些西方大国（Johnson and Wirtz, 2015: 77）。但是，地理空间情报也有一些明显的局限性，特别是当目标较小（即一小群恐怖分子）时，卫星图像的局限性就显露出来了，因为小目标不一定有广泛延伸的物理基础设施，可以像大型军事设施一样被捕获到。搜集卫星图像时，欺骗性也是其面临的另一个挑战。许多以国家为基础的威胁，以及“基地”组织等老牌恐怖组织意识到有卫星在上空轨道中运行，因而他们会采取措施伪装甚至创建虚假站点，以防被及时和准确的地理空间情报搜集到。例如，2017 年 4 月，朝鲜丰溪里核试验场指挥中心的卫星图像显示，工作人员正在那里打排球（McGurry, 2017），而此时西方各国预期金正恩（Kim Jong Un）政权即将进行另一场核试验。显然，朝鲜对常规的卫星地理空间情报搜集有着清醒的意识，因此采取了欺骗行为（甚至可以说有些恶作剧式的）。卫星图像的另一个缺点是，图像只代表某个时间点，无法随着时间的流逝（实时）揭示威胁的演变过程或其迅速发展的趋势。

卫星（地理空间情报）的一些缺点已经被无人机能力的提高和使用所克服。首先，如前所述，与卫星相比，无人机能够近距离飞越目标并比轨道卫星停留的时间更长。其次，由于无人驾驶和远程遥控操作，无人机可以在敌对地点上空提取图像，消除了将飞行员驾驶的飞机暴露于敌方的危险。最后，无人机能提供可立即用于情报搜集的实时流（高清晰度视频图像）。许多携带导弹（比如“地狱火”）的无人机还被越来越多地用于利比亚、叙利亚、阿富汗和也门的反恐行动。

二、开源、科学、医学和研究搜集平台

（一）开源情报

在本节中，我们将讨论从“隐蔽”或“秘密”的情报搜集方法

转移到开源情报（OSINT），然后对应用搜集平台应对“生物威胁”存在的挑战进行评估。开源情报显然是可以公开获得的信息。其来源是多种多样的，可以说几乎是无穷无尽的。它可以从媒体（新闻报纸、广播、电视）、政府报告、学术或研究人员、社交媒体中检索到。开源情报不是一项新的“发明”，在二战、冷战期间直到现在的后“9·11”时代，它已经成为所有“五眼联盟”国家的重要情报来源（Bean, 2007: 240–257）。尽管在许多情报机构中一直存在着一种偏见，即隐蔽或秘密的情报来源优于开源情报，但很明显，后者在许多情况下提供了我们急需掌握的有关威胁和风险的知识与背景。此外，针对从隐蔽（机密）来源提供的信息的有效性和可靠性而言，开源情报也不失是一种竞争手段。例如，墨卡托（Mercado）认为，“在搜集到的关于苏联、中国和其他对手的所有情报中，开源情报占了主要部分”（Mercado, 2014: 121）。他以国外广播新闻处（Foreign Broadcast Information Service）为例，该处与国外文件科（Foreign Document Division）一起，对外国势力的无线电情报进行监督。这两个部门都是在美国中央情报局的领导下，通过解读 20 世纪 50 年代中苏两国的宣传材料，从而发现中苏分裂的迹象。与此形成鲜明对比的是，一些从事机密情报研究的分析师多年以来一直错误地认为开源情报提供的是假情报（Mercado, 2014: 121）。

自 20 世纪 90 年代以来，互联网的发展、数字革命和现在的社交媒体的发展为我们带来了更大量、更多样的信息——其中大部分可以实时提供给每个人，包括情报机构，用于分析各种威胁。随着信息交流平台和信息来源在公共领域变得越来越可用，一度敏感的情报搜集方法，比如地理空间情报、人力情报和信号情报的某些方面，也已经被私营部门和社区更广泛地用于非军事或情报目的。例如，各大公司可以将商业化的卫星信息用于农业和气象。

抛开研究报告等其他开源情报来源的潜在效用不谈，在过去的十年中，尤其是在西方国家，社交媒体开发和使用的升级，引起了许多情报机构的兴趣。随着国际社会减少对固定电话通信的使用，人们有的为了合法目的，有的则为了达到更为邪恶的目的，越来越多地利用其他各种社交媒体平台。例如，据估计，脸书每天新增

2.5 亿张照片，推特（Twitter）每天新增 2 亿条推文（Omand et al., 2012: 802）。显然，国家安全机构和执法机构现在都越来越依赖来自众多社交媒体平台的交流信息，以增强对时事的态势感知和对某些有可疑犯罪意图的平台的秘密干预，目的是搜集社交媒体信息以防止、瓦解或起诉犯罪行为。

欧曼德（Omand）等人（2012: 806）为情报搜集人员总结了社交媒体的一些明显用途和优势。第一，公众通过各种社交媒体平台不断发布的推文、消息和照片，为群体事件提供了背景和情境感知。因此，社交媒体对情报机构而言，作用非常大，尤其是在记录自然灾害、冲突、流行病，以及诸如“基地”组织、“伊斯兰国”等全球恐怖组织的活动和宣传方面。大众利用社交媒体对事件进行记录和交流，这在某些方面就使得他们自身要么成了“自由记者”，要么成了“公民情报搜集员”，从而使那些可能没有自己的地面或空中搜集资源的情报机构受益。第二，欧曼德等人提到，社交媒体的益处是它们不仅捕捉单一事件，而是会更深入地了解诸如激进化等复杂的现象（2012: 805）。第三，社交媒体是非常有用的情报来源，因为它们可以提供“实时情境感知”（2012: 805）。例如，2011 至 2012 年北非和中东的政治动荡在部分程度上是由抗议者利用推特和脸书促成的。目前，美国情报界正在努力理解不断增长的社交媒体推送量（Rovner, 2013），但大多数“五眼联盟”国家情报机构已经开发出了更复杂的监控平台，可以监控和聚集多个社交媒体推送的信息，并按照暴力或动乱等各种指标对其进行地理定位。这些系统虽然尚未发展到可以“预测”下一个“阿拉伯之春”（Arab Spring）的阶段，但它们可以在不同的地点对人群情绪进行追踪，这可能会暗示不利事件可能发生的地点。在这种情况下，情绪分析（sentiment analysis）常常依赖一种算法，这种算法会在文本中寻找某些词或属性，这些词或属性可以被认为与某种情感或“情绪”具有统计上的相关性。

能生成情绪分析的数据分析技术，最初是由私营部门的广告公司或大型公司开发的，这些公司希望获得相对于其他公司的竞争优势。它们基于对消费者偏好和态度的一般理解，而不是对他们的动机和行为以及由此带来的风险的更深层次的了解——而后者在情报背景中更为重要。虽然“五眼联盟”国家情报机构开发更复杂的情绪分析的能力正在不断提高，但这种分析信息仍需要通过其他搜集来源进行验证。尽管假情报和欺骗历来一直是现代情报实践的一部分（Hulnick, 2002），但我们近来在全球政治中看到了——特别是在美国，2016 年特朗普（Trump）当选总统之后——非事实社交媒体的兴起，不仅是政府所为，社区也不例外。这一发展态势为寻求验证这些信息的情报分析师提出了挑战。此外，虽然社交媒体分析可能会有进一步的发展，但这种技术仅代表了改进搜集、分析不断变化的威胁和风险的解决方案的一部分。仅信任针对文本的算法所产生的结果或情报机构可能感兴趣的“行为”，就需要对社交媒体传播的社会文化背景有更广泛的了解，以及这种背景对被认为有意义的或甚至具有欺骗性的内容会产生什么样的影响。因此，从方法论的角度来看，在大多数“五眼联盟”国家情报机构中，仍然存在技术和组织上的障碍，无法以能够持续实时揭示风险模式的方式充分利用日益增多的社交媒体（Walsh, 2011; Bean, 2007）。我们对于各种各样的威胁组织团体（包括我们有着更多了解的那些组织，比如“伊斯兰国”）在战术、战役和战略层面是如何使用社交媒体平台的仍然缺乏了解。

最后，在国家安全机构和执法机构要求截获相关通信交流（这些通信交流是不公开的，或者可能已经加密，但有合理的理由表明此类通信交流正被用于犯罪意图）的情况下，社交媒体搜集是一个重要来源。在这种情况下，截获社交媒体通信交流的目的是预防、破坏或起诉（犯罪行为），通常需要获得相关授权。虽然大量的社交媒体可以被认为存在于“公共空间”，但国家安全机构和执法机构对其的利用确实造成了一些围绕隐私的道德困境。鉴于社交媒体的公共性质，其用户不能期望电子邮件或电话数据具有高度的隐私性。尽管如此，社交媒体用户并未明示或暗示地同意“社交群体之外的人出于安全的目的（对群内的信息）进行截获或搜集”（Walsh and Miller, 2016: 355–356）。如果人们知道他们的通信交流被用于执法或情报搜集目的，他们可能会更加小心谨慎。社交媒体和对隐私的期望在其他情况下则会有显著不同，即“有理由怀疑存在性质严重的非法和不道德活动时”（Walsh and Miller, 2016: 355–356）。

（二）科学、医学和研究搜集

本章最后概述了开源情报的方法如何应用于执法和国家安全情报领域。我将简要介绍科学、医学和研究领域的学科如何提供大量与理解当前及新兴的生物威胁和生物风险相关的开源情报。对国家安全机构和执法机构可能感兴趣的开源情报的所有科学来源，在此我不可能一一提供详细的描述。第一，本节将从广义上讨论作为一系列开源情报的来源，科学界可以发挥的作用。第二和第三，本节将讨论两个学科（流行病学和法医学）以及它们在为国家安全机构和执法机构提供相关的开源情报方面所发挥的作用。在进一步讨论之前，需要注意以下两点：第一，如前所述，本节仅提供一个简短的概述，选择几个可能来自科学界的开源情报来源。在第六章中，我将结合不同类型的科技利益攸关者为“五眼联盟”国家情报机构提供的专门知识领域，讨论更多的情报来源和示例。第二，尽管来自科学界的许多信息可以通过同行评议的来源或参加会议这种公开方式获得，但并非所有科学衍生的信息都可以成为开源情报。显然，由于资金、伦理、立法或知识产权的原因，大量正在进行的科学研究可能会受到访问限制。来自公共卫生机构的信息以及在临床医生范围之外共享此类信息的能力也可能会受到隐私、法律和伦理方面的限制，因此，按照最狭义的定义，此类信息不能成为开源情报。

（三）科学界

在私营和公共部门的研究实验室、公司和大学中，科学界正在研究一系列生物制剂，用于医疗、卫生、国防和更广泛的生物技术应用。如第一章所述，此类研究活动包括在高防护实验室的工作和两用研究（比如功能获得性研究）。例如，近年来，一种高度传染流感毒株的研发引起了很大的争议，因为人们担心，尽管此类研究可能为开发更强大的疫苗提供了机会，但同时也存在着重大的生物安全风险。因此，国家安全机构和执法机构显然需要与广泛的科学界进行合作，以获取有关生物威胁和生物风险的对象、内容、地点、方式的专业知识（比如，分子生物学、病毒学、微生物学、公共或动物健康）。

科学界拥有生物制剂方面的专业知识，这些生物制剂在某些情况下会引发更大的风险。科学家拥有有用的且有据可依的见解，国家安全机构和执法机构可以利用它们来分析风险。例如，判断一个事件是意外（生物安全）事件还是与生物安全相关的事件（即可能存在威胁行为者如犯罪分子、恐怖分子故意滥用研究成果信息的情况）。例如，自“9·11”事件以来，许多科学家一直致力于改进生物传感器，它可以利用各种技术来检测城市中的危险病原体，比如培养物、聚合酶链反应和免疫测定（Kim et al., 2015）。科学家在特别敏感的工作环境中（比如高防护实验室）密切合作着，在某些情况下可能会对混迹于他们之中的潜在的威胁行为者有一些深入的了解。他们会注意到某些同事看起来情绪不稳定，显得过于激进化、政治化，或者可能用了意想不到的大量时间关注特定的生物制剂或审阅与此相关的知识产权文件。这种行为可能表明，“内部威胁行为者”有窃取生物材料或相关知识产权的意图。这种内部信息不会立即为国家安全机构或执法机构所知，而相关科学家报告这种信息的能力显然成为一个重要的（情报）搜集来源。当然，这并不是说国家安全机构或执法机构想要把在高防护实验室工作的科学家变成间谍。可以理解的是，大多数科学家都不太可能希望自己扮演这样的角色（哪怕是在形式上），除非在一些特殊情况下，国家安全机构也不会招募科学家对其在同一实验室工作的同事们进行监视。尽管有人会认为，大多数具有根深蒂固的生物安全道德观的科学家，可能会检举报告其他同事的不正常活动或安全违规行为，特别是如果这些行为危及机构的安全或专业声誉。

此外，如上所述，科学界提供了大量的生物知识，可以利用合成生物学、疫苗、制剂的武器化、致病性和传播性以及对（有意的或无意的）生物安全事件的公共卫生反应，繁殖出两用菌株制剂。

因此，科学家在同行评议期刊中发表的论文或他们与国家安全机构和执法机构的直接接触，成为另一个潜在的搜集来源。定期参加专业会议的科学家也会很好地了解同行们在研究什么，以及是否有任何两用研究领域看上去令人担忧或不容易解释。

（四）流行病学

如上所述，国家安全机构和执法机构对恶意的（蓄意的）生物威胁行为者的行为及其在当地和全球造成的风险非常感兴趣，但科学界中学科的多样性表明，这些机构可能要与大量的专家打交道，并需要了解大量的知识和技术信息。流行病学是一门重要的科学学科，安保部门需要具备此类知识以便了解疾病是如何以及为什么会在目标人群中传播的，特别是如果其他情报来源怀疑这种传播可能是故意犯罪行为的结果之时。流行病学研究长期以来一直是军方和民间决策者感兴趣的问题，他们试图评估由生物战和生物恐怖主义引发的疾病对民众产生的影响（Bombardt, 2000）。本书中，我采用了拉斯特（Last）对流行病学的广义定义："研究特定人群中与健康相关的状态或事件的分布和决定因素，并将其应用于对健康问题的控制"（Gordis, 2009: 3）。戈迪斯（Gordis）列出了流行病学的五个目标，这五个目标对于理解、预防、治疗、评估与疾病有关的公共卫生措施至关重要（Gordis, 2009: 3）。

第一，流行病学试图确定疾病的病因和相关的风险因素。换句话说，疾病是如何传播的（人与人之间传播，动物与人之间传播）？谁最有可能患上此种疾病或死于此种疾病？

第二，它有助于确定疾病在社区的传播范围，这显然对于规划控制疾病所需的卫生干预措施至关重要。

第三，流行病学研究可以提供关于疾病预后的基线数据，以及公共卫生干预后这些数据可能会如何改变。

第四，它可以帮助决策者评估当前或新兴的预防和治疗措施是否对健康结果特别是高致病性疾病的生存率产生影响。

第五，流行病学研究有助于制定"与环境问题、遗传问题和其他疾病预防与健康促进事项相关的公共政策”（Gordis, 2009: 3）。环境因素对于理解生物犯罪或生物恐怖主义事件显然很重要，因为气候、季节和物理（人为的）空间变化都会以不同的方式促成或抑制疾病的传播。关于流行病学的重要性，特别是其在用于预防、瓦解和处理生物安全威胁的国家生物监测计划中所发挥的作用，将会在第六章中详述。

（五）法医学

与其他刑事调查类似，从犯罪现场搜集传统的法证材料（比如，指纹、文件、照片、DNA、网络、弹道或爆炸残留物）或授权进入嫌疑人所在地点，将有助于对生物恐怖主义或生物犯罪进行调查。自 2001 年美国炭疽邮件事件开始采用微生物法证以来，微生物法证（有时也被称为生物法证或法医微生物学）越来越多地被相关的情报机构和调查人员所采用（Murch, 2003; Shea, 2006; Tucker and Koblentz, 2009; Koblentz and Tucker, 2010; Inglis et al., 2011）。在美国情报界，联邦调查局、国土安全部在调查实际发生的、潜在的生物恐怖主义和生物犯罪事件时，微生物法证发挥了其应有的作用。美国炭疽邮件事件一案耗费了九年时间，才将炭疽来源确定为美国陆军传染病医学研究所军事实验室（USAMARID）和被指控的犯罪分子布鲁斯·艾文斯博士（DOJ, 2010）。

联邦调查局在对实际发生的犯罪行为的调查中发挥主导作用，司法部负责起诉犯罪分子，而国土安全部则负责管理国家生物法医分析中心（NBFAC）。国家生物法医分析中心是一个生物法医实验室，负责分析生物法医调查案件中的物证。美国政府问责局（GAO）在 2017 年对国家生物法医分析中心的审查报告表明，自美国炭疽邮件事件以来，国家生物法医分析中心基于特定方法的能力有了显著提高（例如全基因组测序、分析化学）。国家生物法医分析中心现在不仅可以对众所周知的特定制剂（例如炭疽）检测和排序，“还可以在很短的时间内对许多其他生物制剂进行检测和排序”（GAO, 2017: 19）。联邦调查局接受了美国政府问责局的采访，说道：“技术和工艺的进步导致可获得信息的潜在增加，以及用来支持生物恐怖主义调查的分析时间显著减少”（GAO, 2017: 19）。然而，美国政府问责局的审查报告还得出结论，国家生物法医分析中心仍在若干能力上存在着差距，在此无法对其加以详细论述，但它们与三大领域范围相关（科学、技术和方法、生物信息学和数据）（GAO, 2017: 18）。美国政府问责局的审查报告还建议，国土安全部需要进行正式的能力分析，以“确定生物法医能力在科学和技术上的差距与需求，以帮助引导当前和未来的生物法医投资，并定期更新其分析结果”（GAO, 2017: 19）。

三、情报搜集面临的挑战

从我们对传统的情报搜集来源（信号情报、人力情报、地理空间情报和开源情报）以及来自科学界不同学科的专业来源的讨论中可以清楚地看出，针对特定的、不断发展的生物威胁和生物风险，制定和应用最佳的搜集策略仍存在多重挑战。作为本章的小结，我们需要对上文探讨过的各种挑战（比如，技术、组织障碍、搜集资产的整合）进行管理，以便情报分析师和调查人员能够提高对实际发生的、潜在的生物威胁和生物风险的认识。在进行任何情报搜集计划时，情报分析师需要记住以下五个要素，与任何其他威胁和风险类型一样，这些要素同样适用于生物安全环境背景。

第一，如前所述，搜集什么和如何搜集情报，首先要看所需的决策支持层级。例如，为便于说明起见，我们仅以一个“五眼联盟”国家调查某个恐怖分子团体获取炭疽以便将其武器化为例。在战术层面，逮捕涉案人员所需的信息可能较为表面化（即物理地址和检查警方数据库，以确定涉案人员是否持有武器或有暴力前科）；在战役层面，随着调查的进行，所涉及的国家安全机构和执法机构可能会依靠更广泛的搜集来源（例如，就所涉炭疽可能具备的性质和来源向微生物法医专家咨询，也可能还包括信号情报和人力情报）；在战略层面，重点可能不是具体的信号情报或地理空间情报，而是对所有现有的事件信息进行更高层次的综合，以寻找该团体如何参与炭疽制造并将其武器化的更广泛的驱动因素，并评估是否仍有类似团体可能将炭疽武器化。

第二，选择何种搜集方法和来源，也取决于威胁和风险的性质。一个当地的威胁行为者，比如一个愤怒的前雇员，向他的前老板递送蓖麻毒蛋白，虽然其行为后果很严重，但很可能只涉及上文讨论过的少量的搜集情报手段，比如可能涉及对前雇员的监视、取证和电话窃听，但考虑到其局部性维度，不太可能涉及信号情报、人力情报或地理空间情报，这些情报搜集平台通常是在威胁具有国内或国际关联时才会使用。

第三，国家安全机构和执法机构也会就不同搜集平台的各种局限性（例如，技术、法律或道德、覆盖范围、可靠性、有效性）而做出搜集来源的选择。如前所述，所有搜集平台都有其局限性。信号情报和地理空间情报从一开始可能就无法提供良好的通信覆盖或对一小群恐怖分子的定位，这一小群恐怖分子可能试图在大城市之外的工业园区内一个不起眼的仓库中制造炭疽。而通过人力情报，一个有责任心的安保人员可能会提供一些线索，比如他看到有人在夜间频频进出仓库，这一线索与物理监视和秘密进入仓库取回样本进行的微生物法证相结合，就可以对此威胁提供一个更为完整的评估。总之，在这个比前者（前雇员给前老板递送蓖麻毒蛋白）可能更危险的威胁场景中，在不同的时间点需要多种情报搜集来源，不仅是为了更准确地评估威胁，也是为了获取法庭可采纳的足够证据。鉴于上文讨论的大多数搜集平台的局限性，只有对各种方法进行三角组合，才能对威胁和风险有一个更有效、更可靠的了解，而不是仅仅依赖一种搜集来源。

第四，要克服在获取和评估多个搜集来源时面临的众多挑战，情报分析师必须记住，要灵活处理在生产情报产品的时间框架内可以获取的内容。考虑到政府的其他优先事项，一旦不可能动用更昂贵的国家情报资产（比如信号情报），那么需要快速确定其他来源以搜集信息。

第五，也许是更明显的一点，情报分析师需要更多的知识，以了解在生物安全和生物恐怖主义的专门领域有哪些搜集来源。这一点非常重要，尤其是如果情报分析师没有接受过生物科学、医学、公共卫生和动物卫生方面（仅举几个学科为例）的培训。在缺乏专业科学知识的情况下，情报分析师需要知道通过什么途径可以获取这些专门知识，以便为决策者提供更丰富、更有效的生物威胁和生物风险评估。在第四章中，我们将重点从搜集生物安全和生物恐怖主义相关情报时面临的诸多挑战转移到评估这些信息时同样会面临的困难上。分析信息时面临的挑战很多，包括但不限于组织领导问题、情报失误、人力规划，以及对生物科学工作者、生物犯罪分子、生物恐怖分子造成的相对威胁和风险的认识持续不足。虽然挑战很多，但第四章也提供了一项关于分析技术的改进会对生物威胁和生物风险评估的质量产生影响的调查结果。

参考文献

9/11 Commission. (2004). *The 9/11 Commission Report: Final Report of the National Commission on Terrorist Attacks Upon the United States*. Washington, DC: 9/11 Commission.

Bean, H. (2007). The DNI's Open Source Center: An Organizational Communication Perspective. *International Journal of Intelligence and Counterintelligence*, 20(2), 240–257.

Bombardt, J. (2000). *Contagious Disease Dynamics for Biological Warfare and Bioterrorism Casualty Assessments*. Alexandria, VA: U.S. Department of Defense.

Chertoff, M. (2017). A Public Policy Perspective of the Dark Web. *Journal of Cyber Policy*, 2(1), 26–38. https://doi.org/10.1080/23738871.2017.1298643.

Crumpton, H. (2012). *The Art of Intelligence: Lessons from a Life in the CIA's Clandestine Service*. New York: Penguin Publishing Group.

DOJ. (2010). *The United States Department of Justice. Amerithrax Investigative Summary*. Washington, DC.

GAO. (2017). *Bio Forensics DHS Needs to Conduct a Formal Capability Gap Analysis to Better Identify and Address Gaps*. Washington, DC: GAO.

Gill, P., & Phythian, M. (2012). *Intelligence in an Insecure World*. Cambridge: Polity Press.

Gordis, L. (2009). *Epidemiology* (4th ed.). Philadelphia, PA: Saunders Elsevier.

Hayden, M. (2016). *Playing to the Edge*. New York: Penguin Press.

Hulnick, A. (2002). The Downside of Open Source Intelligence. *International Journal of Intelligence and Counterintelligence*, 15(4), 565–579.

Inglis, T., et al. (2011). Forensic Investigation of Biological Weapons Use. In J. Gall & J. Payne-James (Eds.), *Current Practices in Forensic Medicine* (pp. 17–42). Chichester, UK: Wiley.

Johnson, L. (2017). *National Security Intelligence*. Cambridge, MA: Polity Press.

Johnson, L., & Wirtz, J. (Eds.). (2015). *Intelligence: The Secret World of Spies*. New York: Oxford University Press.

Johnson, L., et al. (2014). An INS Special Forum: Implications of the Snowden Leaks. *Intelligence and National Security*, 29(6), 793–810.

Kim, J., et al. (2015). Advances in Anthrax Detection: Overview of Bioprobes and Biosensors. *Applied Biochemistry and Biotechnology*, 176(4), 957–977.

Koblentz, G., & Tucker, J. (2010). Tracing an Attack: The Promise and Pitfalls of Microbial Forensics. *Survival*, 52(1), 159–186. https://doi.org/10.1080/00396331003612521.

Lee, M. (2017, January 5). Julian Assange' s Claim That There Was No Russian Involvement in Wikileaks Emails. *The Washington Post*. From https://www.washingtonpost.com/news/fact-checker/wp/2017/01/05/julian-assangesclaim-that-there-was-no-russian-involvement-in-wikileaks-emails/?utm_term=.bee14c837aef. Accessed March 15, 2017.

Lowenthal, M. (2012). *Intelligence from Secrets to Policy*. Thousand Oaks, CA: CQ Press.

McGurry, J. (2017). Volleyball Games Appear to Take Place at North Korean Nuclear Test Site. *The Guardian*. From https://www.theguardian.com/world/2017/apr/20/north-korea-volleyball-nuclear-test-site-punggye-ri. Accessed March 15, 2017.

Mercado, S. (2014). Open Source Intelligence. In L. Johnson & J. Wirtz (Eds.), *Intelligence: The Secret World of Spies* (4th ed., pp. 120–129). New York: Oxford University Press.

Murch, R. (2003). Microbial Forensics: Building a National Capacity to Investigate Bioterrorism. *Biosecurity and Bioterrorism: Biodefense Strategy, Practice, and Science*, 1(2), 1–5.

Office of Inspectors General DOD, CIA, NSA, ODNI, & DOJ. (2009). *Report on the President' s Surveillance Program Volume 1*. Washington, DC.

Omand, D., et al. (2012). Introducing Social Media (SOCMINT) Intelligence. *Intelligence and National Security*, 27(6), 801–823.

Oppel, R., et al. (2010, January 4). Attacker in Afghanistan Was a Double Agent. *The New York Times*. From http://www.nytimes.com/2010/01/05/world/asia/05cia.html. Accessed March 15, 2017.

Redmond, P. (2015). The Challenges of Counterintelligence. In L. Johnson & J. Wirtz (Eds.), *Intelligence the Secret World of Spies* (4 ed., pp. 305–316). New York: Oxford University Press.

Risen, J., & Lichtblau, E. (2005). Bush Lets US Spy on Callers Without Courts. *The New York Times*. From http://www.nytimes.com/2005/12/16/politics/bush-lets-us-spy-on-callers-without-courts.html. Accessed March 15, 2018.

Rovner, J. (2013). Intelligence in the Twitter Age. *International Journal of Intelligence and Counterintelligence*, 26(2), 260–271.

Shea, D. (2006). The National Biodefense Analysis and Countermeasure Center: Issues for Congress *CRS Report* (Vol. RL32891). Washington, DC: Congressional Research Service, The Library of Congress.

Sims, J., & Gerber, B. (2009). *Vaults Mirrors and Masks Rediscovering US Counterintelligence*. Washington, DC: Georgetown University Press.

Tucker, J., & Koblentz, G. (2009). The Four Faces of Microbial Forensics. *Biosecurity and Bioterrorism: Biodefense Strategy, Practice, and Science*, 7(4), 389–397. https://doi.org/10.1089/bsp.2009.0043.

Van Cleave, M. (2007). *Counter Intelligence and National Security*. Washington, DC: National Defense University.

Vogel, K. (2013). *Phantom Menace or Looming Danger?*. Baltimore, MD: The Johns Hopkins University Press.

Walsh, P. F. (2011). *Intelligence and Intelligence Analysis*. Abingdon, UK: Routledge.

Walsh, P. F. (2017). Drone Paramilitary Operations Against Suspected Global Terrorists: US and Australian Perspectives. *Intelligence and National Security*, 32(4), 429–433.

Walsh, P. F., & Miller, S. (2016). Rethinking 'Five Eyes' Security Intelligence Collection Policies and Practice Post Snowden. *Intelligence and National Security*, 31(3), 345–368.

第四章　情报分析

第二、三章讨论了与生物安全情报和生物恐怖主义情报生产相关的一系列因素。这两章都阐明，恰当地分配任务和搜集情报非常重要，这样才能保证及时地提供决策支持。同样明确的是，在分配任务和搜集情报时会遇到一些障碍，这些障碍对能够为高级决策者提供的情报分析和产品种类产生了重大影响。如前所述，因对伊拉克大规模杀伤性武器能力的错误分析（在 2003 年美国主导的对伊拉克的入侵之前），导致与之相关的任务分配与协调、搜集出现问题，这表明当情报机构出错时，风险是巨大的。

因此，核心情报流程的早期阶段（任务分配与协调、搜集）出现多大程度的失败，都会对“五眼联盟”国家对一系列生物威胁和生物风险进行的分析产生累积性影响。例如，政治领导人对潜在的生物威胁场景或由恶意使用如 CRISPR 这样的基因编辑技术而引发的风险的误解，不充足或被误导的搜集都将会浪费资源——导致我们对某个新兴的威胁缺乏应有的了解。换句话说，任务分配或搜集的失败会明显限制任何针对生物威胁或生物风险问题的分析产品的有效性和价值，也不可能针对任务和搜集中所有可能出现的故障点进行整改。在没有信息或信息不充足的情况下，决策者有时也会不恰当地要求情报机构提供关于威胁或风险的情报，尤其是在新兴的技术主导的领域（比如网络或生物技术领域）。此外，如第二章所述，决策者还有可能基于政治因素而不是基于循证的政策考虑来给情报机构分配任务。在搜集过程中，由于信息、通信和技术组织因素的影响，可能无法动用或不容易获取搜集资产用于执行任务。从某种意义上说，所有的分析结果，无论考虑的威胁或风险的性质如何，都受到当时可用的任务分配和搜集到的证据质量的限制。因此，要尽可能减少任务分配和搜集的失败，有赖于有效的、熟练的情报分析师使用强有力的分析方法，以及选择最能吸引决策者的产品形式。

本章将探讨自“9·11”事件以来，“五眼联盟”国家情报机构里在生物威胁和生物风险环境下工作的情报分析师发挥的作用。我将通过探讨以下三个目标来对其进行阐述：第一个目标是定义情报分析师的角色。与从事非生物恐怖主义或有组织的犯罪专题研究的同事相比，生物安全和生物恐怖主义威胁领域的情报分析师扮演的角色是否不同呢？第二个目标是关注什么方法和技术最有助于情报分析师评估复杂的威胁，从而能够提供更快的、更好的决策支持？第三个目标是对前两个目标的反思（情报分析师的角色和使用的技术），并探讨“五眼联盟”国家的情报分析师是否适合研究当前及新兴的生物威胁和生物风险。

一、生物威胁和生物风险领域的情报分析师

在探讨情报分析师在生物威胁和生物风险领域所发挥的作用之前，重要的是先从一般意义上定义情报分析师做的到底是什么工作？对于阅读本书的经验丰富的分析师来说，大可直接忽略此部分，直接跳转到下一小节，但是对于那些对该学科不熟悉的读者来说，对情报分析师的角色定义是非常重要的。分析是情报业界的核心。情报分析不仅仅是对信息（机密的和非机密的）进行综合整理，它真正的任务是回答“那又怎样呢？”的问题。这些信息对决策者来说意味着什么？此外，除了情报，决策者现在可以越来越多地获得大量的信息来源，因此，良好的情报分析必须证明其具备独特的价值。对“价值”的描述，往往并不一定是客观的。而对于情报产品的价值所在，决策者和情报分析师往往各持不同的观点。一般来说，虽然“价值”被归结为是一种分析性的产品，它能被及时交付，并告诉决策者一些他们尚未知晓的事情。在当今竞争激烈的知识和信息环境中，后者本身就是一个挑战。

情报分析也可以是指“五眼联盟”国家的某个情报机构中的专业人员（情报分析师）从事的专业分析工作。很明显，情报分析的结果是生产了产品。情报分析的这两个维度（专业人员和产品）有

助于我们理解情报分析中重要的方面。了解情报分析师角色的另一个方面是“根据构成其基础的一些关键方法论和认知分析法的方式来定义当代分析”（Walsh, 2011: 235）。我会在下文对方法论和认知分析法予以阐述。

迄今为止的讨论为我们如何概念化情报分析师的作用提供了一些参数。情报研究领域不断涌现的文献都反映了一个更为广泛的问题，即如何定义情报分析师的作用（Walsh, 2011: 235–254; Marrin, 2012; Lowenthal, 2012; George and Bruce, 2014; Gill and Phythian, 2012）。所有文献及其他来源都探究了情报分析的不同方面，对理解情报分析的作用大有裨益，但是从文献中也可以清楚地看到，并没有一种直接的方法来描述情报分析师发挥的作用。与情报一样，对情报的分析本身也是由背景驱动的，取决于它的实施地点，以及它所支持的决策层面（Walsh, 2011: 236）。例如，如果将情报分析在当地警察部门调查近来一连串的入室盗窃案中所扮演的角色，照搬到对朝鲜核扩散情报的分析中，会得出截然不同的决策结果（Walsh, 2011: 236）。鉴于有意义的分析是由背景驱动的，那么试图为在如此不同的领域（比如，国家安全、执法、私营、军事部门）工作的分析师进行“一刀切”的角色定义似乎没有任何意义。“更为相关的一点是，无论背景或所用信息的类型如何，都要说明分析通常指的是什么”（Walsh, 2011: 236）。“在我看来，分析是一种处理与评估信息（其中包括一些机密信息）的方法论和认知分析法——用以为决策者提供对有关安全环境的评估”（Walsh, 2011: 236）。

因此，在不同的背景下（例如，生物恐怖主义、生物犯罪、私营部门或科学界）评估生物威胁和生物风险的情报分析师的作用，也都将使用类似的方法论和认知分析法。在其他背景下（例如，非生物恐怖主义、洗钱、战略、军事威胁或反腐败领域）工作的情报分析师也会使用其中的许多方法。

那么，在“五眼联盟”国家情报机构中，从事生物威胁和生物风险研究的情报分析师身在何处呢？为撰写本书而进行的采访和次级研究并没有提供此类情报分析师的数量和工作地点的完整资料。

对一些机构来说，将“情报分析师的数量”或情报分析师的个人资料记录在案是相当敏感的，因为这会泄露机构所具备的能力。然而，从采访和次级研究中可以清楚地看出一点，鉴于军方在战略和战场大规模杀伤性武器反扩散中发挥的核心作用，每个国家的国防部历来都有专门的分析资源用于“生物事件”的分析工作。军方总是需要一些情报分析师来分析和评估大规模杀伤性武器（包括生物武器），以确保军方能够做好战斗准备，并保护士兵免受此类攻击——无论这些攻击来自国家还是非国家行为者。

除了防御之外，采访还显示有少量的情报分析师在全源评估机构工作，比如美国中央情报局和英国联合情报委员会（JIC）。澳大利亚、加拿大和新西兰全源评估机构中的生物武器分析师的数量历来很少，而且他们往往同时也是核武器和化学武器分析师。同样，如前几章所述，在后“9·11”时代，有很多关于美国中央情报局、英国联合情报委员会和澳大利亚国家评估办公室的情报分析师在对伊拉克生物武器计划提供错误的评估方面所扮演的角色的论述（Vogel, 2013a; Koblentz, 2009: 176–199; Flood, 2004; Walsh, 2011: 153）[1]。因此，很难评估在21世纪初期的那些日子里，在大多数“五眼联盟”国家的首都完成了详细说明伊拉克生物武器计划评估失败的多份报告和调查之后，有多少情报分析师能重新振作起来。

此外，毫无疑问，“9·11”事件之后，所有“五眼联盟”国家都进行了机构重组——其中要数美国的力度最大，新设立了国家情报总监办公室，国土安全部对从事生物威胁和生物风险研究的情报分析师的数量与技能也有了影响力。国家情报总监办公室的设立意味着国家情报委员会管控工作的移交，该委员会之前由中央情报局控制，现转由国家情报总监办公室掌控。国家情报委员会由国家情报官员（NIO）组成，他们负责为那些不在美国情报界工作的人员提供长期的国家情报评估或战略评估。就职于国家情报委员会的国家情报官员的工作大体上是按地域划分的，也有专门负责跨国威胁、

1　2017年，在澳大利亚政府发起对澳大利亚情报机构的独立审查后，国家评估办公室更名为国家情报办公室。

经济、大规模杀伤性武器和科学技术等专项领域的国家情报官员。例如，正是这些负责大规模杀伤性武器和科学技术的国家情报官员在 2016 年进行了一项评估，认为“基因编辑技术可能会增加产生潜在有害的生物制剂或产品的风险”（Clapper, 2016: 9）。

目前尚不清楚，“五眼联盟”国家的情报机构和融合中心是否有在生物威胁和生物风险问题方面具有专长的情报分析师。特别是尚未有（公开的）资料说明“五眼联盟”国家的多重反恐融合中心（比如，澳大利亚国家反恐评估中心、美国国家反恐评估中心、英国联合恐怖主义分析中心）是否有处理生物威胁和生物风险事件的专业分析师。我猜测是没有的。因为这些中心每天 24 小时全天候地进行分析运作，在那里情报分析师必须对大量的与恐怖主义行动相关的信息进行近乎实时的鉴别分类。在这种环境下，通才可能更为合适——一个能“把麦子从糠里挑出来的人”，可以向更广泛的情报机构发出警报，提醒要注意可能出现的恐怖分子行动的迹象指标。

鉴于自“9·11”事件以来，生物武器攻击的数量微不足道，而且对这种威胁和风险的描述是概率低、影响大，我猜测，在反恐融合中心工作的情报分析师并没有在寻找未来可能出现的生物恐怖分子。恐怖袭击的当前趋势是使用低技术含量、大规模伤亡的方法（车辆、武器、简易爆炸装置），而不是使用生物制剂作为武器（Walsh, 2016）。从国家执法的角度来看，调研再次表明，似乎没有多少情报分析师专门从事生物威胁和生物风险研究。但在某些机构中确有例外。例如，在过去的十年里，美国联邦调查局有一个非常积极主动的反生物武器计划，作为其大规模杀伤性武器理事会工作的一部分，与各大学和科学界进行了大量的外联活动。在第五、六章中，我们可以看到对美国联邦调查局和其他“五眼联盟”国家此项计划的进一步讨论。

自“9·11”事件以来，各国外交部也配有少数情报分析师从事生物威胁和生物风险方面的工作，特别是监测本国对《禁止生物武器公约》（BWC）的遵守情况和恐怖组织使用生物武器的情况。例如，美国国务院的情报力量——情报与研究局（INR）自“9·11”事件以来，一直在开发生物武器分析方面的专业分析技术，尽管现在具备此种技术的情报分析师数量不多。目前，还不清楚特朗普政府的国务院面临的预算压力将会对像这种专业领域的人员配置产生什么影响。

鉴于生物威胁环境的多样性，我们会发现在许多其他情报背景下，可能也会有情报分析师在从事生物威胁和生物风险问题的研究。例如，在农业和其他初级产业中，会有情报分析师在动物健康和边境保护部门工作。在所有“五眼联盟”国家中，针对进口动植物疾病的生物安全和农产品出口保护至关重要——尤其是对澳大利亚和新西兰等以初级产业为主的经济体。在澳大利亚过去的十年里，政府对动植物健康的生物安全方法的认识不断提高，进而要求发展更强大的生物安全监测和情报能力。澳大利亚政府近来投入了更多的资源发展先进的生物安全分析能力，并正在为农业和水资源部雇用更多的数据分析师进行系统运作。数据分析师当然并不等同于情报分析师。目前还不清楚这些数据分析师是否还会在更长的时间内承担起情报分析师更广义的角色，这会使他们能够询问并调用来自本部门内以及更广泛的澳大利亚情报机构的其他情报搜集来源（比如，信号情报、人力情报或地理空间情报）。数据和情报分析技能的融合更有可能帮助他们发现可以进一步预防、调查或起诉的目标（生物安全犯罪分子）。

总之，我们目前很难准确地了解每个“五眼联盟”国家情报机构里有多少情报分析师正在从事生物威胁和生物风险的研究。如前所述，从采访中搜集到的信息表明，在“五眼联盟”国家的民间情报机构中，专门研究此类问题的情报分析师的数量非常少。然而，在一些机构中，会有专家（专题事项专家）的存在——美国情报界更是如此——但在其他国家的趋势似乎是，情报分析师不是某个领域的专家，他们可能会在其他相关的大规模杀伤性武器的核武器和化学武器类别中工作，或者在这些武器类别的相关领域中进行工作的轮换。不管“五眼联盟”国家情报机构里到底有多少情报分析师，他们都可以获得很多分析方法和技术，这就是我们在下文将要讨论的问题。

二、分析方法和技术

情报分析师可能会将一些分析方法和技术用于对生物威胁和生物风险的研究。其中一些方法涉及情报分析师在开展工作时可能面临的认知问题，另一些方法则有助于提高分析的深度、可能性、可靠性和判断的有效性。在第一章里关于定义“生物安全环境”的讨论中，我们看到了分析视角是如何部分地被国际关系理论——特别是现实主义和建构主义——所框定的。然而，本节将讨论其他方法和技术的示例，这些方法和技术在情报分析师的认知与分析过程中会起到作用，并且对解释生物威胁和生物风险也会有影响。讨论将分为两个子标题——解释主义方法论和经验主义方法论——进行。

解释主义和经验主义都是宽泛的方法论框架，有助于理解学者们如何看待情报研究领域的情报生产和理论研究（Walsh, 2011: 284–287）。广义而言，这个术语来自社会科学，描述了社会科学家用来理解社会世界的主要方法。解释主义或后实证主义的社会科学家认为，人类行为与社会互动的复杂性不允许将行为简单地归结为假说，而这些假说可以通过类似于我们在物理科学中可能看到的实验进行实证检验。无论是从事犯罪学、心理学，还是生态经济学研究的解释主义者都认为，与其试图解释复杂的人类行为，不如在行为所发生的背景下去理解它。因此，这种方法论并不依赖生成假说，而是运用社会科学的方法来加深对社会世界的理解，并非建立能够解释人类行为的宏大理论（Walsh, 2011: 284–287）。与此相反，经验主义方法论强调“所有知识都是科学的，可以通过科学方法获得，包括在观察的基础上发展理论”（O’ Leary, 2007: 10）。情报分析历来一直是几种社会科学相关学科（例如，政治科学、犯罪学、国际关系、经济学、历史学、社会学）的融合，它的这种跨学科性质表明，上述两种广泛的方法学框架都会影响到分析和情报研究领域的发展（Walsh, 2011; Marrin, 2012）。因此，情报分析师为了有效地了解在生物威胁和生物风险环境中应该使用哪种分析方法和技术，需要先问两个问题：这种技术的具体用途是什么？它是否在寻求说明或解释威胁和风险行为？

将各种分析方法和技术简单归类为“解释主义或经验主义”，其益处自然是有限的。这种两极化的分类意味着，在情报研究领域和更广泛的社会科学中，这两个术语始终将处于理论上的对立面。实际上，如下文所述，在研究和分析实践中，学者和情报分析师经常会既使用解释主义方法论，也使用经验主义方法论。技巧在于明了哪种方法论在评估特定的威胁或风险时最为有用。例如，在某个假设的战术或战役情景下，一个已知的恐怖组织显示出开发生物武器的意图和能力，此时情报分析师有可能使用能帮助他们解释这一正在发生的、已经部分了解的事件的分析技术和方法。但是，同样的这些技术和方法，如果试图被用来评估一个恐怖组织将来是否可能对利用某种合成生物制剂表现出兴趣，或者是否有可能开发这种合成生物制剂的能力，可能没有多大用处。在这种情况下，能帮助情报分析师理解（而不是解释）利用合成生物学所需的、潜在的社会和技术驱动因素的分析方法可能会更有用。然而，要向决策者提供不断演变的生物威胁和生物风险的示警，需要情报分析师能够对其在当前情报空间中看到的事件和模式做出解释，并且能理解它们在战略情报空间是如何演变的。因此，在提供预警评估时，解释主义方法论和经验主义方法论相结合是最为有用的。

在使用解释主义者与经验主义者的术语来描述可能对从事生物威胁和生物风险研究的情报分析师有用的技术和方法时，最后要注意的是，并非所有情报分析师使用的技术都来自社会科学。从下文以及第六章更为全面的讨论中可以看到，许多技术来自物理科学（例如，微生物学、分子工程、法医学、化学、流行病学）。因此，同样重要的是，我们也要考虑从物理科学中采用的方法如何帮助说明或解释生物威胁和生物风险。

三、解释主义方法论

由于文章篇幅和安全方面的限制要求，我在这里无法对从事生物威胁和生物风险研究的情报分析师可能使用的所有解释主义方法论进行详尽讨论。有许多方法论可以帮助情报分析师理解当前及新兴的生物威胁和生物风险（Walsh, 2011: 241–246）。接下来，我将会对其中的一些方法论进行简要阐述，但鉴于大多数情报机构都在保密的安全环境中运作，所以我们很难知晓“五眼联盟”国家情报机构使用的所有解释主义方法论。因此，我在此仅对我们所知道的那些影响到生物威胁和生物风险分析的，以及一些我们不甚了解，但在分析过程中可能有用的社会科学方法论视角类型予以简要讨论。

政治科学长期以来一直对情报研究产生着影响，包括情报政治化、情报失误、官僚政治和决策（Betts, 1978; Zegart, 2007; Allison, 1971）。在某些情况下，这些理论观点有助于情报分析师理解诸如国家对生物武器计划的兴趣等问题，尽管其适用性有一定的限制。例如，理性行为者这一解释，在某种程度上强调了艾利森（Allison）在官僚政治方面的工作，但在理解某个外国势力如何进行决策方面则有其局限性。其他可能有用的政治科学观点，包括政治机构在衰败的国家中的作用，以及其在预防和应对流行病方面的能力。

大流行可能是自然或故意行为引发的结果，知晓政治机构应对卫生安全事件的能力，有助于情报分析师了解某一事件对该国家或地区造成的风险水平（Hirschfield, 2017）。政治科学视角也有助于情报分析师了解《生物武器公约》等军备控制措施对国家或非国家行为者利用生物武器的影响。此外，情报分析师还需要了解全球卫生安全倡议的政治思想。比如，2014 年奥巴马政府发起的“全球卫生安全议程”中围绕疾病监测而进行的辩论，以及将健康安全化的思想，即不仅仅是将健康视为医疗或人道主义优先事项。这些政治思想引导着捐助国和受援国应对疾病的政治、安全和经济议程（Davies and Youde, 2015; Horton, 2017; Lakoff, 2015）。

同样，经济学观点也会有助于情报分析师评估由生物威胁行为者引发的风险。比如，帮助决策者制定风险管理选择框架，从而对疾病预防和准备的各种政策干预进行成本效益分析（Millet and Snyder-Beattie, 2017）。近年来，还有许多社会科学方法对情报分析师如何看待技术在评估当前及新兴的生物威胁和生物风险中的作用产生了影响。我在第一章介绍了两种模式：（1）生物技术革命；

（2）生物技术演变。生物技术革命模式认为，生物知识和生物技术的进步正呈指数级增长，并呈线性轨迹。支持者认为这种技术的快速发展是决定国家或恐怖分子是否将生物制剂武器化的主要驱动力（Carlson, 2003; NRC, 2006）。进一步说，他们认为，生物威胁行为者更有可能利用生物技术的进步，因为技术的进步降低了获取生物技术的成本和障碍。反之，有其他一些学者——包括保罗·马丁（Paul Martin）这样的社会学家——主张用“生物技术演变”模式来理解当前及新兴的生物威胁和生物风险（Nightingale and Martin, 2004; Ouargrham-Gormley, 2012; Vogel, 2008, 2013a, b）。

生物技术演变模式不把物质技术视作决定生物技术革新和生物威胁行为者是否会利用物质技术开发生物武器的关键性因素。生物技术演变模式的支持者认为技术是理解生物威胁行为者如何以及是否会将生物技术武器化的一个重要方面。然而，他们认为，在理解生物技术的发展和使用的轨迹时，还需要了解其他驱动因素，比如社会、经济、政治和文化等方面的因素如何决定了生物技术的发展和被恶意行为者所利用。乌阿尔格莱姆-戈姆雷（Ouargrham-Gormley）认为，需要考虑其他一些非技术性因素，比如组织因素（组织结构、项目管理、知识转让）以及“隐性知识”——科学家在工作中根据长期的经验学习而得来的知识，而不仅仅是他们原本就具备的技术（理论）知识（Ouargrham-Gormley, 2012）。

社会科学的学科知识形成了关于技术在理解生物威胁行为者的意图和能力方面所起作用的分析框架，此外，在过去的几十年里也发展了其他一些定性的分析工具，这些分析工具对情报分析师评估生物威胁和生物风险的方式也产生了影响。一些分析工具已经从商业和管理部门引入到情报领域，包括环境（分析）工具，比如 PESTELOM 分析——政治、经济、社会、科技、环境、法律、组织和媒体分析，以及 SWOT 分析——优势、劣势、机会和威胁分析。PESTELOM 分析和 SWOT 分析都被认为是非常基本的分析工具，但它们在战略情报背景下特别有用，可以帮助情报分析师对可能影响到新兴的生物威胁和生物风险演变的多种驱动因素进行有序的思考。

其他一些更为复杂的分析工具，比如力场分析、竞争假设，部分或全部源于商业和工程学科。随着时间推移，所有这些分析工具被统称为结构化分析技术。霍耶尔（Heuer）和弗森（Pherson）在2010年为不熟悉所有可用工具的读者提供了对结构化分析技术的全面介绍。我在澳大利亚和其他“五眼联盟”国家也教授过许多包括结构化分析技术在内的战略分析课程。当情报分析师收到不同的信息来源并要评估其重要性时，会不可避免地产生认知偏差，结构化分析技术旨在帮助他们应对这一挑战。理查兹·霍耶尔（Richards Heuer）的经典著作《情报分析心理学》（*Psychology of Intelligence Analysis*）为20世纪90年代美国情报界结构化分析技术的发展提供了大量的知识基础。霍耶尔的工作借鉴了心理学的研究，证明了人们在做出判断和决定时会如何利用“心理捷径”来减少处理信息的思维负担（Heuer, 1999: 111）。但是这些捷径经常会导致情报分析师形成错误判断或认知偏差（Heuer, 1999: 111）。历史上曾有过认知偏差影响了情报分析师对重大历史事件看法的例子，比如1962年的古巴导弹危机。此外，如前几章所述，认知偏差也影响到了近年来与生物威胁和生物风险相关的评估，特别是对伊拉克萨达姆·侯赛因政权是否拥有进攻性生物武器的评估。因此，采用结构化分析技术可以帮助情报分析师在分析中更明确地指出其中的一些偏差，从而有望提高评估的有效性和可靠性。

虽然“五眼联盟”国家的许多情报机构已经对情报分析师进行了结构化分析技术的培训，但在其中的许多机构中，结构化分析技术在分析实践中的运用和有效性仍然不均衡且不明确（Coulthart, 2016）。结构化分析需要一定的时间才能完成，而情报分析师往往要在紧张的时间框架内工作，主要是得到当前的而非战略的情报产品（Walsh, 2011）。沃格尔（Vogel）表明多种因素的组合在对生物武器进行分析判断时，可能会给美国情报界带来不利的风险，以及时间和资源方面的限制（针对生物武器威胁，情报机构动用的资源相对较少）也会影响到从事生物威胁和生物风险研究的情报分析师使用结构化分析技术的方式（Vogel and Knight, 2014: 14–15）。总之，在一些生物威胁和生物风险评估分析任务中，结构化分析技术很可能是一个非常有用的辅助工具，但是它们不能代替情报分析师生成更准确的分析判断所需要的详尽的专门学科知识。其他一些几十年前起源于军事背景的相关定性方法工具，比如情景生成、指标和早期预警，现在也被情报分析师应用于其他的国家安全甚至执法背景中（Grabo, 2004; Walsh, 2011）。情景生成使情报分析师可以通过评估各种驱动因素随着时间的推移如何相互作用，从而生成不同的“未来状态”，进而尝试为新兴威胁的一些不确定性设定边界。这样，情报分析师就可以搜集针对各种场景的情报，以监控这些场景中的一个或多个是否可能正在出现威胁，从而能够在足够的时间内向决策者发送示警报告，以防止、瓦解或缓解新兴的威胁或风险。开发良好的情景生成、指标和早期预警系统自然取决于许多因素。时间框架、威胁或风险类型、搜集到足够情报的能力，以及确定某一种场景可能演变为另一种场景的明确指标，都是为新兴的威胁和风险提供有效的战略预警时所面临的挑战。

我们将要讨论的最后一项技术是社交网络分析（SNA），它可能会对研究某些生物威胁的情报分析师有用处。社交网络分析的先驱来自社会学和社会心理学，但它现已被应用于一系列其他领域，包括反恐怖主义、有组织的犯罪、生物学、流行病学和计算机科学（Walsh, 2011: 243）。在维持治安和国家安全方面，社交网络分析可以使人们对在集团或网络中运作的威胁行为者之间的关系形成全面的了解。在社交网络分析中，不同个体之间的关系以及他们在网络中的作用是最为重要的。例如，在反恐网络中，了解每个行为者所扮演的角色（比如，金融家、运输或物流、炸弹制造者等）对情报和调查人员至关重要，因为只有了解网络中的哪些节点最容易受到破坏，才可以更好地防止恐怖袭击（Leuprecht et al., 2017）。情报分析师使用社交网络分析技术，可以向决策者提供战术或战役层面对有关生物犯罪或生物恐怖组织利用生物制剂的信息。然而，社交网络分析技术也面临一些挑战。比如，即使情报分析师使用自动化分析软件，也需要花费一些时间才能对威胁行为者网络有一个全面的了解。如果没有足够的情报搜集工作来填补网络中的空白，社交网络分析技术也可能很快成为历史，在实际操作中用处不大。因此，有效的社交网络分析还依赖搜集工作，情报搜集可以提供关于网络中每个行为者角色的信息，情报分析师需要这种信息来评估节点中每个行为者可能造成的相对风险。

抛开其中的一些挑战不谈，社交网络分析技术为情报分析师提供了一个有用的桥梁，使他们既能够了解生物威胁网络的安全方面的情报（例如意图和能力），也能够了解与行动相关的流行病学风险（例如疾病动态和影响）。几十年以来，流行病学家一直在研究社交网络的影响和疾病的传播（Klovdahl, 1985）。近期的研究也开始更多地关注疾病网络变化的影响，以识别高风险个体，从而达到预防疾病的目的（Stattner et al., 2011: 559–573; Christley et al., 2005: 1024–1031）。这种社交网络流行病学的方法可能对情报分析师有用，因为在大多数计划的或实际发生的生物恐怖主义事件中，他们都需要使用搜集到的有关威胁行为者意图和能力的安全情报，以及有关公共卫生风险的流行病学情报来判断总体威胁和风险。

我们在这里对社交网络分析技术的讨论也提供了一个很好的示例，说明从事生物威胁和生物风险研究的情报分析师实际上可能会综合运用定性的、解释主义的，以及定量的、经验主义的方法技术，比如在第三章中详细讨论过的法医学和流行病学方法。第六章将会对这两种方法加以进一步讨论，因而在此没有必要赘述它们在改善生物威胁和生物风险的分析中所发挥的作用。现在我们的焦点将转向对经验主义方法论框架的更广泛的回顾，这些框架可以有助于情报分析师向决策者解释生物威胁和生物风险。

四、经验主义方法论

自“9·11”事件以来，越来越多的科学家参加各种研讨会，了解滥用生物技术和合成生物学所带来的威胁和风险情景（Center for Biosecurity of UPMC, 2011; NAS, 2016, 2017a, b；Gryphon Scientific, 2016）。其中一些已经形成了对生物技术和合成生物学的潜在威胁和风险轨迹的一般性观察结论，结论认为，威胁行为者更多会利用“简单的途径”，比如天然生成的生物制剂，而不是将合成生物学技术和应用武器化（Center for Biosecurity of UPMC, 2011）。其他还有一些科学报告，它们试图开发更为详细的分析框架，以便为与特定合成生物学技术和应用相关的安全事件提供更好的评估。

例如，乔纳森·塔克（Jonathan Tucker）开发了一个决策框架，他认为“决策者可以利用该框架来评估个别新兴技术被滥用于敌对目的的风险，并制定有针对性的治理结构”以帮助缓解这些风险（2012: 67）。塔克的框架主要包括两个需要进一步评估的方面：滥用风险；新兴的两用技术的可治理性（2012: 68）。对于这两个方面，都使用了许多参数对其进行考察。例如，滥用风险是通过考虑四个参数（可及性、易用性、潜在危害的程度、潜在滥用的紧迫性）来进行评估，而可治理性是通过五个参数（具体化、成熟度、趋同性、推进速度、国际扩散）来评估的（2012: 69）。对滥用风险的四个参数中的每一个均按所有分数的平均值进行排序（高、中、低），以给出塔克所说的“对某个特定技术相关风险的粗略估算”（2012: 70）。平均分高意味着“该技术既有迫在眉睫的滥用风险，又有造成大规模伤害的巨大潜力，而平均分低则意味着该技术构成的风险远在未来，或者就造成大规模伤害的可能性而言并不重要”（2012: 70）。在塔克的框架中，低滥用风险将默认为暂时继续对该技术进行监控，而中、高风险将需要对其他方面再进行评估——可治理性，以确定可能需要哪些治理措施来管理这些风险，包括政策、合规性、行为准则、培训、监管、法律和可能的执法行动（2012: 70）。

需要何种治理干预措施将取决于关注目标的类型（比如，国家、机构、个人、产品或知识）（2012: 77）。在确定了适当的治理措施后，塔克模型的最后一个方面是对这些措施做进一步的成本效益分析（2012: 78）。不同的治理措施可能产生不同的成本和效益。更严格的立法或出口管制可能会增强安全性，但对可能受益于两用技术的其他部门，比如生物技术行业、经济或公共卫生机构，则会产生不利的影响。因此，考虑到对两用技术感兴趣的重要利益攸关者（比如，生物技术公司、研究人员、政府等）的不同观点，对采取的治理措施可能会做一些权衡处理。正确执行治理和“监管”是我们将在第七章中讨论的主题。

塔克的应用决策框架，体现在他主编的开创性的文集中，即《创新、两用性和安全性》（*Innovation, Dual Use and Security*, 2012）。在这部文集中，该框架被应用于 14 种新兴的两用技术，以评估滥用风险和可治理性。其中有几个非常有趣的评估结果，例如 DNA 重组、病毒基因组的定向进化和合成被评定为高风险，而个人基因组学和基因治疗被评定为低风险（Tucker, 2012: 306–310）。塔克的分析框架提供了一种有用的方法，可以对各种新兴的两用技术的滥用进行风险评级，其中包括了情报分析师在评估生物威胁行为者滥用的相对风险时需要考虑的诸多因素。塔克框架对滥用风险和可治理性的评估对于战略分析师来说是一个特别有用的方法，因为他们必须为决策者确定干预机会。尤其是对“五眼联盟”国家来说，战略分析师不仅要对不断发展演变的威胁（两用技术的滥用）进行预估，还要帮助决策者确定有效的政策干预的领域。

在评估恶意使用合成生物学造成的生物威胁和生物风险方面，还有其他稳健的方法。如第二章所述，美国鹰头狮科技公司曾发布了一份关于功能获得性研究的风险和收益的报告。该报告对三个因素进行了考察，以评估功能获得性研究的风险和收益，包括事故与自然灾害风险分析、生物安全风险评估和效益评估（2016: 12）。报告中使用的方法是一种复杂的混合方法，其中包括用于自然灾害和流行病学风险评估的高级定量概率风险评估。该方法还包括对涉及生命科学实验室和医院的事件进行定性的历史分析，以了解各种恶意行为者的动机和能力，以及在此类环境中可能发生的任何未来事件的概率和风险。分析最后会生成一个恶意行为者、行为及其后果的矩阵，情报官员和执法官员也对其进行了评审（Gryphon Scientific, 2016: 13–15）。

2017 年，美国国防部授权国家科学院开发一个框架，用以指导与合成生物学进展相关的安全问题的评估。国家科学院成立了识别和解决合成生物学造成的生物防御漏洞战略委员会（Committee on Strategies for Identifying and Addressing Biodefense Vulnerabilities Posed by Synthetic Biology），以拟定一个框架，用于识别合成生物学带来的潜在漏洞（NAS, 2017a）。委员会的框架制定尽管仍在进行中，但已经被很好地概念化了。[1]它首先列出了一系列的合成生物学技术和应用（例如，自动生物学设计、代谢工程、表型工程、横向转移和传播性、基因或基因编辑和定向进化），然后引入三个附加因素——技术的使用、作为武器使用的属性和行为者属性——来评估恶意使用特定合成生物学功能的能力（NAS, 2017a: 7）。对每个因素的考察会进一步深入到讨论其他相关问题，以确定恶意行为者的进一步特征以及他们是否会使用特定的合成生物学技术或应用。

这些问题相当全面，包括：与那些被专家认为遥不可及的未来技术相比，该项技术是否正在迅速发展？该项技术有望长期存在，还是会被下一代创新所取代？该项技术的哪些方面正在改进（例如，处理时间、成本、实验室空间）？与技术被采用速度相关的另一个因素是，该项技术是否有多个不同的市场，可以激励技术进一步发展和创新？该项技术仅仅局限于某一个特定的市场？（NAS, 2017a: 7）。我在此无法提供一份详尽的问题清单，但是可以看出，这些问题需要对技术本身的性质进行更深层次的思考。例如，常见的技术可能比逐步淘汰的技术更容易获得。与只有一个狭小应用市场的平台相比，更容易获得的、可用于合成生物学中多种不同的应用和阶段（设计、构建或测试）的技术，对恶意行为者来说更有吸引力。

委员会制定的框架中列出的评估恶意使用能力的第二个因素是作为武器使用的属性。该框架还列出了在评估威胁行为者个人或团体是否会使用合成生物学或更广泛的生物技术作为武器时需要牢记的几个考虑因素。虽然该框架提出了一些需要回答的重要问题，用以评估某个特定的合成生物学技术或应用是否会被武器化，但在此我们没有足够的篇幅对所有这些问题和因素进行详细的讨论。如第一章所述，国家（例如，萨达姆·侯赛因政权的生物武器计划）和非国家行为者（例如，“奥姆真理教”或“基地”组织）都难以可靠地生产出类似炭疽这样可作为生物武器的病原体。关键的问题是合成生物学能否“减少炭疽等经典生物制剂在生产、稳定、测试和运送方面的障碍”（NAS, 2017a: 26）。此外，一些合成生物学技术

1　该工作已在 2019 年完成。——编注

是否可以通过增强现有病原体、创造新的病原体，或通过部署基因构建体、毒素及其他实体完全消除使用病原体的必要性，从而克服武器化的障碍（NAS, 2017a: 26）？

用于确定各种合成生物学技术和应用是否会被恶意使用的最后一个因素是对行为者属性的探究。委员会的框架列出了几个对了解行为者很重要的问题，包括获取专业知识、获取资源和组织足迹需求（NAS, 2017a: 30–31）。获取专业知识指是否需要专业知识来利用特定的合成生物学技术，或者相关领域的知识是否可以转用于任务的执行。其他考虑因素还包括通过与合法的科学界的合作，对生物技术的开发利用是否会得到加强？或可以自主进行对生物技术的开发利用？（NAS, 2017a: 29）获取资源在任何情况下始终是评估威胁行为者整体能力的一部分，而不仅仅是在生物威胁和生物风险背景下。资金、时间、设备、人员和专业知识都是与资源相关的问题。

委员会的框架简要讨论了可能影响资源获取的问题。例如，对生物技术的一些更为简单的应用，“自己动手”的方法可能可行，而对更为复杂的技术和应用的利用，则需要窃取资源或勒索拥有资源的科学家。获取资源的其他一些替代途径，可能包括注册一个研究生课程或生物技术公司，使获得技术成为可能（NAS, 2017a: 29）。评估行为者属性的最后一个关键问题是组织足迹需求。对生物技术的利用是一个人使用基本技术和常用设备甚至在家里就可以完成的事情，还是需要一个更大的、设备精良的实验室由若干参与者共同来完成？威胁行为者能否对现有的（两用）环境加以利用，或者是这项工作需要一个秘密设施以确保其不被发现？（NAS, 2017a: 31）

委员会的框架中，要确定可能使用合成生物学技术和应用的生物威胁行为者所引起的总体关注水平，第二步是探索“评估缓解能力的因素”（NAS, 2017a: 7）。该框架再次列出了四个因素（威慑与预防能力、识别攻击能力、归因能力、后果管理能力），这些因素均提供了衡量标准，以确定相关的国家安全、执法和其他公共卫生机构是否有能力缓解各种合成生物技术和应用的使用以及其所造成的影响（NAS, 2017a: 7）。我将会在第五、六章中对这些因素进行更详细的探讨。

五、合用性

基于上文对关于在生物威胁和生物风险背景下工作的情报分析师的作用以及他们可用的各种方法论的讨论，我们是否可以认为所有“五眼联盟”国家的现有情报分析师都适合评估未来日益复杂的潜在生物威胁这项工作呢？如果不对相关情报机构在能力方面的确切差距加以进一步的研究，这会是一个很难准确回答的问题。然而，从目前搜集到的有关从事生物威胁和生物风险事件研究的情报分析师的能力状况数据来看，我们至少可以说，他们的能力不是最佳的。然而，同样重要的是，我们也应该知道，如同其他由技术引发的威胁（网络威胁）一样，无论对分析能力增加多少投资，都不可能培养出能够预测诸如生物技术这般复杂的、不断发展变化的威胁环境的所有可能轨迹的情报分析师。因此，尽管情报业界的任何目标都应该是不断提高评估的有效性和可靠性，但总会有一些情报分析师无法完全理解的威胁和风险，这可能就会导致情报失误。

“五眼联盟”国家当前的分析能力差距因为许多因素而变得颇为复杂。首先，与化学武器、核武器或一般的恐怖主义相比，决策者现在并不太关注生物威胁事件。关注少最终会导致投资少，尤其是英国、美国和澳大利亚对伊拉克生物武器能力的错误评估进行了一系列调查之后（蓝带研究小组报告，2015），情况似乎更是如此。提高分析能力的另一个挑战是情报机构中通才与专业人才的矛盾，以及生产战术或战役情报而不是战略情报的压力。这种压力不会以同样的方式影响着每一个情报机构，但是纵观每个“五眼联盟”国家的情报界，它们确实会影响到情报机构是否拥有通才和专业人才的正确组合，以便对生物威胁和生物风险进行研究，从而为决策者提供严谨的情报评估。

要准确地了解在澳大利亚、美国、英国、加拿大或新西兰从事生物威胁和生物风险研究的情报分析师所需的技能组合，虽不能说是完全不可能的，但也是相当困难的。这在一定程度上必然要取决于情报机构的职能（例如，民用的还是军用的；与安全相关还是与执法相关；公共卫生领域还是动物卫生领域），以及每个国家的情报界独有的组织构架布局。多个国家已经并将继续更加重视对生物威胁和生物风险的管理。此外，上文中对分析方法进行了简要阐述，包括解释主义方法论和经验主义方法论，指出了有许多技术、工具和知识可以帮助情报分析师解决这些问题，但有数据表明，在许多机构中，这些技术、工具和知识并没有被其情报分析师广泛理解或使用，这也影响了情报分析师的整体能力。

对本章中提出的分析能力的问题，我们并没有解决它们的灵丹妙药，在许多方面，这些问题反映了“五眼联盟”国家更为广泛的基础性和结构性问题，这些问题涉及情报机构是否“合用”——不仅针对生物威胁和生物风险，还包括更广泛领域的新兴威胁和风险。

六、小结

本章概述了自“9·11”事件以来从事生物威胁和生物风险研究的情报分析师的作用，并探究了可供他们使用的主要的解释主义方法论和经验主义方法论。从讨论中我们可以清楚地看到，情报分析师“合用”于复杂的、新兴的生物威胁和生物风险仍然是一项挑战。然而，应对这些挑战比仅仅关注情报分析师的专业发展更为重要。要使当前及未来的情报分析师队伍具备处理生物威胁和生物风险的专业能力，还需要他们所在的机构和部门发挥更有效的作用。

功能在一定程度上是有效管理情报流程各个方面的产物，这一点我们已经在第二至四章中讨论过。但是情报不仅仅是一系列分段的或连续的过程。“五眼联盟”国家情报机构的情报是由许多结构性因素共同作用而形成的，这些因素必须协同配合，才能支持负责情报生产的每个过程步骤。这些结构性因素尤其是情报治理的至关重要性，正是我们下一章所要讨论的主题。如第二至四章所述，提高对生物威胁和生物风险事件的情报支持的有效性面临诸多挑战，要使它们能够得到解决，“五眼联盟”国家情报机构需要将重点放在改善情报治理以及其他的机构和部门范围内结构性赋能活动上。

参考文献

Allison, G. (1971). *Essence of Decision: Explaining the Cuban Missile Crisis*. Boston: Little, Brown and Co.

Betts, R. (1978). Analysis, War and Decision: Why Intelligence Failures Are Inevitable? *World Politics*, 31(1), 61–89.

Blue Ribbon Study Panel. (2015). *Blue Ribbon Study Panel on Biodefense. A National Blueprint for Biodefense: Leadership and Major Reform Needed to Optimise Efforts*. Washington, DC: Hudson Institute for Policy Studies.

Carlson, R. (2003). The Pace and Proliferation of Biological Technologies. *Biosecurity and Bioterrorism: Biodefense Strategy, Practice, and Science*, 1(3), 203–214. https://doi.org/10.1089/153871303769201851.

Center for Biosecurity of UPMC. (2011). *US Government Judgments on the Threat of Biological Weapons: Official Assessments, 2004–2011* (pp. 1–26). Baltimore, MD: Center for Biosecurity of UPMC.

Christley, R., et al. (2005). Infection in Social Networks: Using Network Analysis to Identify High Risk Individuals. *American Journal of Epidemiology*, 162(10), 1024–1031.

Clapper, J. (2016). Statement for the Record. Worldwide Threat Assessment of the US Intelligence Community. Armed Services Committee.

Coulthart, S. (2016). Why Do Analysts Use Structured Analytic Techniques? An In-Depth Study of an American Intelligence Agency. *Intelligence and National Security*, 31(7), 933–948. https://doi.org/10.1080/02684527.2016.1140327.

Davies, S., & Youde, J. (Eds.). (2015). *The Politics of Surveillance and Response to Disease Outbreaks. Surrey*, UK: Ashgate Publishing Ltd.

Flood, P. (2004). *Report of the Inquiry into Australian Intelligence Agencies*. Canberra: Australian Government Printing Office.

George, R., & Bruce, J. (Eds.). (2014). *Analyzing Intelligence National Security Practitioner's Perspectives*. Washington, DC: Georgetown University Press.

Gill, P., & Phythian, M. (2012). *Intelligence in an Insecure World*. Cambridge: Polity Press.

Grabo, C. (2004). *Anticipating Surprise Analysis for Strategic Warning*. Lanham, MD: University Press of America.

Gryphon Scientific. (2016). *Risk and Benefit Analysis of Gain of Function Research Final Report*. Takoma Park, MD: Gryphon Scientific LLC.

Heuer, R. (1999). *Psychology of Intelligence Analysis*. Washington, DC:

Center for the Study of Intelligence.

Heuer, R., & Pherson, R. (2010). *Structured Analytical Techniques for Intelligence Analysis*. Washington, DC: CQ Press.

Hirschfeld, K. (2017). Failing States as Epidemiologic Risk Zones. *Health Security*, 15(3), 288–295.

Horton, R. (2017). Offline: Global Health Security—Smart Strategy or Naive Tactics. *The Lancet*, 389, 892.

Klovdahl, A. (1985). Social Networks and the Spread of Infectious Diseases: The AIDS Example. *Social Science and Medicine*, 21(11), 1203–1216.

Koblentz, G. (2009). *Living Weapons*. New York: Cornell University Press.

Lakoff, A. (2015). Real Time Bio politics: The Actuary and the Sentinel in Global Public Health. *Economy and Society*, 44(1), 40–59.

Leuprecht, C., et al. (2017). Hezbollah' s Global Tentacles: A Relational Approach to Convergence with Transnational Organised Crime. *Terrorism and Political Violence*, 29(5), 902–921.

Lowenthal, M. (2012). *Intelligence from Secrets to Policy*. Thousand Oaks, CA: CQ Press.

Marrin, S. (2012). *Improving Intelligence Analysis: Bridging the Gap Between Scholarship and Practice*. Abingdon, UK: Routledge.

Millet, P., & Snyder-Beattie, A. (2017). Existential Risk and Cost Effective Biosecurity. *Health Security*, 15(4), 373–383.

NAS. (2016). *Gain of Function Research. Summary of the Second Symposium*. Washington, DC: National Academy of Sciences.

NAS. (2017a). *A Proposed Framework for Identifying Potential Biodefense Vulnerabilities Posed by Synthetic Biology Interim Report*. Washington, DC: National Academy of Sciences.

NAS. (2017b). *Human Genome Editing. Science Ethics and Governance*. Washington, DC: The National Academies Press.

Nightingale, C., & Martin, P. (2004). Biosecurity, Bioterrorism and the Governance of Science. *Research Policy*, 36, 1635–1654.

NRC. (2006). *Globalization, Biosecurity and the Future of the Life Sciences*. Washington, DC: Institute of Medicine and National Research Council.

O' Leary, Z. (2007). *The Essential Guide to Doing Your Research*. London: Sage Publications.

Ouagrham-Gormley, S. (2012). Barriers to Bioweapons: Intangible Obstacles to Proliferation. *International Security*, 36(4), 80–114. https://doi.org/10.1162/ISEC_a_00077.

Stattner, E., et al. (2011). Diffusion in Dynamic Social Networks: Application in Epidemiology. In A. Hameurlain, et al. (Eds.), *Database and Expert Systems Applications* (pp. 559–573). Heidelberg: Springer-Verlag GMBH.

Tucker, J. (Ed.). (2012). *Innovation, Dual Use and Security*. Cambridge, MA: The MIT Press.

Vogel, K. (2008). Biodefense. In A. Lakoff & S. Collier (Eds.), *Biosecurity Interventions* (pp. 227–255). New York: Columbia University Press.

Vogel, K. (2013a). Intelligent Assessment: Putting Emerging Biotechnology Threats in Context. *Bulletin of the Atomic Scientists*, 35(1), 45–54.

Vogel, K. (2013b). Necessary Interventions. Expertise and Experiments in Bioweapons Intelligence Assessments. *Science, Technology and Innovation Studies*, 9(2), 61–88.

Vogel, K. & Knight, C. (2014). Analytic Outreach for Intelligence: Insights from a Workshop on Emerging Biotechnology Threats. *Intelligence and National Security*, 1–18. https://doi.org/10.1080/02684527.2014.887633.

Walsh, P. F. (2011). *Intelligence and Intelligence Analysis*. Abingdon, UK: Routledge.

Walsh, P. F. (2016). Australian National Security Intelligence Collection Since 9/11: Policy and Legislative Challenges. In K. Warby (Ed.), *National Security, Surveillance and Terror* (pp. 51–74). Cham, Switzerland: Springer International Publishing.

Zegart, A. (2007). *Spying Blind*. Princeton, NJ: Princeton University Press.

第五章　情报治理

美国与其他“五眼联盟”国家在生物威胁和生物风险管理方面取得了明显的进步，特别是 2005 年西尔伯曼和罗布在《委托任务：美国应对大规模杀伤性武器的情报能力》（*Commission on the Intelligence Capabilities of the US Regarding WMD*, 2005）中发布了针对美国情报界的严厉调查结果之后。尽管如此，在第二至四章讨论核心情报流程时强调的几个能力挑战依然存在，这反过来又降低了“五眼联盟”国家为决策者提供有效支持的能力。

虽然改进情报生产过程的关键环节（比如，情报搜集、分析）需要就地解决，但这些问题不能分开单独处理。考虑到情报生产各个阶段的互联和动态特性，任务分配、搜集、分析也需要在组织层面与更广泛的情报业界合作加以解决。因此，未来在组织和情报业界层面实现生物威胁和生物风险情报能力的可持续、高适应性改进，将依赖改进情报治理和其他关键的结构性能力提升因素。

本章分为三部分。首先，介绍“情报治理”这一概念，这是我在之前研究中提出的概念（Walsh, 2011, 2015）。其次，解释为什么这个概念及其隶属情报框架与改善适用于生物威胁和生物风险的情报流程具有关联性。最后，简要介绍有效情报框架（治理、信息通信技术、人力资源和研究）的各个关键组成部分，并说明这些方面的改进如何随着时间的推移而推动情报能力的提高，为关注新兴的生物威胁和生物风险的决策者提供支持。立法也是一项关键的提升能力活动，但它与监督和问责有关，因此将在第七章中加以讨论。

一、情报治理

在解释情报治理之前，首先需要对治理的理论和实践有一个基本的理解。“治理”这一术语的使用以及相关理论在学术文献中已经有二十多年的历史。我们想到“治理”时，通常想到的是企业的伦理道德和有效运行（Aras and Crowther, 2010），但是从理论和实践的角度来看，治理是一个跨领域的概念，包括政治、经济、发展研究、国际政治和社会法律研究（Chhotray and Stoker, 2008:1）。可能由于不同学科的治理理论具有差异性，对这个概念一直缺乏一个严谨的定义。我们在此主要从更广泛的视角讨论治理，因此对“治理”定义的不同理论或者它在不同领域的应用进行深入分析与本书主题无关。对这类内容感兴趣的读者可以参阅柯霍垂（Chhotray）和斯托克（Stoker）（2008）的研究，他们详实地梳理了跨学科治理的理论和实践方法。这两位作者将治理定义为：“多个行动者或组织，在没有规定这些参与者和组织之间关系的正式控制系统的情况下，进行集体决策的规则”（2008: 3）。在某种程度上，我认同这个定义。治理至少在一定程度上是关于行动者或组织如何做出决策的正式和非正式规则。然而，我不同意这个定义中认为缺乏决定这些行动者和组织之间关系的正式控制系统。全球化和自由民主的发展很可能意味着行动者和组织之间形成更分散的集体权力模式，但在官僚政治或公共行政的背景下，仍然存在强大的行动者（比如政治领导）。他们依然能够对行动者和组织之间的关系施加（或试图施加）正式的控制。更早之前，柯霍垂和斯托克对治理给出了一个不那么明确但却更有用的定义：“治理是理解我们构建集体决策的方式”（2008: 2）。这个定义更符合“9·11”事件之后情报机构官僚政治环境中的治理。

在“治理”这一理论背景下，现在讨论我是如何发展“情报治理”这一概念的，然后解释为什么在未来几年改进情报机构预防、瓦解和处理生物威胁或生物风险的能力至关重要。2009 至 2010 年，为了调查后“9·11”时代如何提高情报能力，我采访了来自“五眼联盟”国家的 61 名情报分析师、管理者和领导人。这些访谈是半结构化的，参与者被问及一系列的主题问题，内容涉及“五眼联盟”国家情报机构如何实现结构和过程的改进。我在《情报与情报分析》（Walsh, 2011: 89–131）一书中详细讨论了这项研究的方法，后来的一篇文章

（Walsh, 2015）也提供了该研究的节选版。总而言之，对访谈的主题分析为发展被称为“有效情报框架”（the effective intelligence framework）的理论模型提供了关键内容。这一框架将情报机构和系统的职能、结构总结为可分类的活动：核心情报流程（比如，任务分配与协调、搜集、分析、生产与评估），或关键性赋能活动（比如，情报治理、信息通信技术、人力资源、立法、研究）。

顾名思义，核心情报流程是在“工厂”中“生产情报”的关键步骤。然而，情报并不是在真空中产生的，这些过程嵌入在关键性赋能活动中，同时又通过这些活动得到促进。如图 5.1 所示，各项关键性赋能活动之间的最优互动，以及这些活动对个人和集体核心情报流程的影响，可能促成高效、可持续的情报组织和系统，也可能产生无法适应或失败的组织和系统。在有效情报框架发展中，我认为模型的各个方面都很重要，但情报治理对有效情报能力的发展最为关键。

我将“情报治理”定义为：“一套与情报流程中强大的可持续

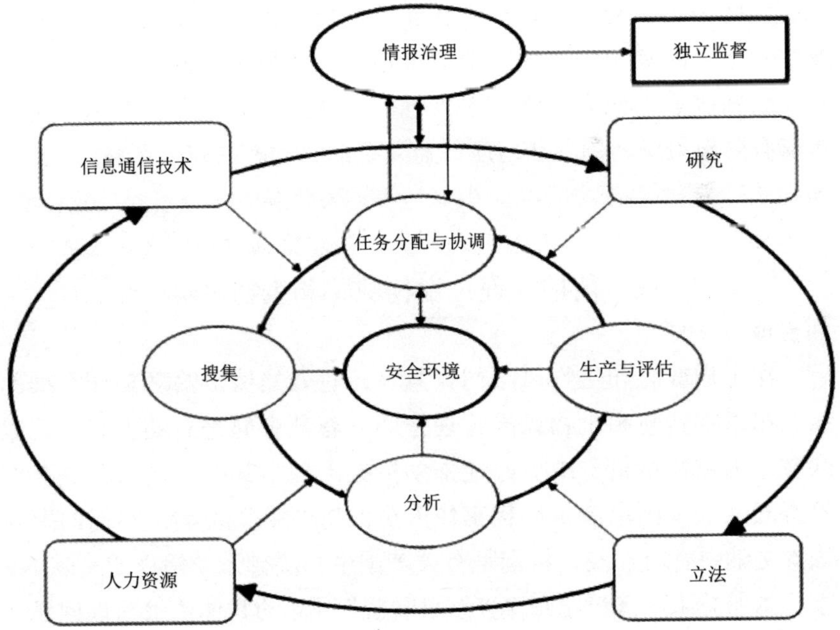

图 5.1 有效情报框架（沃尔什：《情报与情报分析》，第 148 页）

领导力、原则设计、评估与有效协调、合作和整合相关的属性和规则”（Walsh, 2015: 135）。归根结底，有效的情报治理依赖良好的组织（和系统）领导，能够利用组织的核心情报流程和关键性赋能活动，使组织和系统在安全环境发生变化时能够有效、适应和可持续地响应（Walsh, 2015: 135）。

二、为什么需要情报治理?

现在应该很清楚，情报治理对于理解政府和情报机构的领导人如何就改进核心情报流程和关键性赋能活动进行集体决策至关重要。在未来，情报治理对情报支持决策的成功与否只会更加关键，因为有几个因素日益影响到“五眼联盟”国家情报框架的长期可持续性和有效性。例如，安全环境的日益复杂与不确定性、技术、劳动力的变化、情报工作政治化、西方国家的保密与隐私之间的紧张关系，所有这些都影响着情报机构内部和整个情报界如何做出决策。外部情报治理（政治领导）和内部情报治理（情报机构）是否具备管理所有这些因素的能力，将在很大程度上决定“五眼联盟”国家是否能够有效地组织、领导和适应日益复杂的、动态的安全环境。

三、情报治理：生物威胁和生物风险

在生物威胁和生物风险的背景下，有效的情报治理是什么样的呢？在生物威胁和生物风险管理方面，有几个问题有助于在“五眼联盟”国家情报机构中更好地推动情报治理。其中一些问题是在对“五眼联盟”国家情报机构工作人员的访谈中发现的。其他问题在二次文献中有所涉及，特别是有关美国生物防御系统治理的文献。

本书并未深入讨论每个“五眼联盟”国家的具体情报治理问题，而是提供了一份综合报告，列出了所有“五眼联盟”国家需要着手解决的共同问题。如图 5.1 中的框架显示，情报治理是最重要的关键性赋能活动。这是因为从本质上讲，情报治理是关于外部（政治领导）和内部（情报机构）如何做出决策。更简单地说，情报治理是关于领导类型，以及它如何决定预防、瓦解、处理生物威胁和生物风险的优先事项。前面几章表明，自 2001 年“9·11”事件和 2005 年关于美国大规模杀伤性武器情报能力的西尔伯曼和罗布报告以来，为了提高（特别是在美国）情报机构应对生物威胁和生物风险的能力，已经做了很多工作（Silberman and Robb, 2005）。然而，美国情报界受益于布什政府在生物防御方面的巨额支出是一方面，而有效利用这些资金仍然需要有效的情报治理或领导层，以及连贯有效的情报框架来管理生物威胁和生物风险。

在本节中，我们将深入探讨领导层未能优化关键性赋能活动（情报治理、信息通信技术、人力资源、研究）的原因，以及哪些战略和行动措施可能有助于改进这些活动。2014 年，蓝带研究小组（Blue Ribbon Study Panel）成立，目的是确定差距并为改进美国生物防御提供建议（蓝带研究小组，2015）。2015 年，蓝带研究小组发布了《国家生物防御蓝图：优化工作所需的领导和重大改革》（*National Blueprint for Biodefense: Leadership and Major Reform Needed to Optimise Efforts*）（蓝带研究小组，2015）。该报告以及蓝带研究小组随后在 2016 年（《生物防御指标》）和 2017 年（《动物农业防御》）发布的报告为美国生物防御提供了一个有用的“报告卡”，其中包括对情报能力的评论。

在蓝带研究小组 2015 年报告的前言中，两位主席［参议员乔·利伯曼（Joe Lieberman）和国务卿托马斯·里奇（Thomas Ridge）］明确表示，在生物防御领域（“9·11”事件 17 年后），“政府最高层依然缺乏强有力的中央领导”（2015: iv）。他们接着表示：“在有关美国大规模杀伤性武器情报能力的报告发布十年后，由于生物防御缺乏集中领导，仍然存在现有的大量生物防御活动过于分散，能力不足的问题”（2015: iv）。2015 年的报告与受访者和为本书搜集的其他二手情报源的主要观点是一致的，即当前美国情报界以及更广泛但分散的生物防御体系都存在领导和协调问题（GAO, 2017: 32）。事实上，第一章第一节（蓝带研究小组报告）的标题是“强有力的治理势在必行”，其中列举了几个情报治理问题，包括：缺乏优先级，因此缺乏搜集、分析生物威胁和生物风险情报的资源；不同情报机构在处理这些问题上缺乏有效的协调（2015: 11）。这些都是前文提到的要点（第二、三章）。

尽管需要进一步的证据来进行最后的评估，但有关其他“五眼联盟”国家（澳大利亚、英国、加拿大、新西兰）情报管理现状的访谈和二手资料表明，这些国家也存在类似问题，表现为缺乏对生物威胁和生物风险问题的优先考虑以及对这些问题的协调和领导力不足。自“9·11”事件以来，美国情报界的变革最为引人注目，重大举措包括成立了国家情报总监办公室和国土安全部等，澳大利亚、英国、加拿大和新西兰也以自己的方式对其情报机构实施了重大改革。所有这些国家（特别是澳大利亚）都通过了一系列立法，允许更加主动地搜集情报，降低了为实施通信拦截获得搜查令、秘密进入和预先采取拘留措施的门槛（Walsh, 2011, 2016）。

2017 年，在对澳大利亚情报界进行独立审查之后，马尔科姆·特恩布尔（Malcolm Turnbull）总理领导的保守党政府宣布了可以说是自二战以来澳大利亚情报界最大的重组计划（Baxendale, 2017）。该计划对情报界进行了几项改革，但最值得注意的是在 12 月 20 日成立了一个类似于英国内政部的超级部门——内政部（Department of Home Affairs）。2018 年的另一个重大变化是，目前的国家评估办公室（政府的全源情报评估机构）改为国家情报办公室。有人猜测，新的国家情报办公室可能会对国家安全情报机构（比如，国家评估办公室、通信管理局、秘密情报局、安全情报局、地理空间情报局、国防情报局）拥有更广泛的监督职权，但是在撰写本书时它的实际职能还在变化之中。

新的内政部包括以下现有机构：联邦警察局、安全情报局、刑事情报委员会、交易报告和分析中心（AUSTRAC）、移民和边境保护局、交通安全办公室（Office of Transport Security）。这些机构仍将作为独立的实体存在，但它们将向一位部长而不是四位部长报告。我在给《独立情报评论》（*Independent Intelligence Review*）的证词中，主张加强整个情报界的协调工作，但应通过一个负责情报联络和安全的助理部长来实现，而不是创建一个新的部门（Walsh, 2016）。没有证据表明，澳大利亚情报界遭受了灾难性情报失败打击而需要采取这种集中化的方式。在这些部门工作的官员私下也对是否有必要进行如此重大的改革表示质疑（Baxendale, 2017）。

2017 至 2019 年，澳大利亚情报界将面临重大变革。无论是国家安全机构还是执法机构，在改善有效情报治理方面都将面临机遇和威胁。能够明确的是，推动上述重大变革的政策界和情报界领导将直接影响情报能力，包括这些能力是否能够产生效果，是否对决策者有用。根据澳大利亚情报界目前的进展情况，尽管在管理多种其他威胁和风险方面得到了改进，但针对生物威胁和生物风险缺乏优先级考虑、协调与情报搜集不足的情况很可能会一直持续。然而，诸如网络之类其他以技术为基础的威胁发展迅速，使“五眼联盟”国家情报机构一直处于“追赶模式”，这就是为什么许多人认为初露端倪的威胁可能在相对较短的时间内变得明显并构成危险。

这并不是说，属于概率低、影响大的生物威胁和生物风险比朝鲜大规模杀伤性武器扩散、俄罗斯、全球恐怖主义和网络攻击等现实的危险更需要政策制定者的绝对关注。尽管如此，缺乏对生物威胁和生物风险的优先级考虑、有效的信息搜集与协调，可能导致“五眼联盟”国家情报机构在这些领域易受战略甚至行动突发事件的威胁。改善情报治理没有捷径可走，因为它们涉及生物威胁和生物风险的管理。然而，在可预见的未来，在本已面临诸多更紧迫的威胁和风险时，“五眼联盟”国家政府是否会在政治层面更重视生物威胁和生物风险，似乎值得怀疑。有时，正如历史所展示的那样，政治领导人会夸大或低估各种威胁和风险的优先级别。这可能会让情报机构很难在新兴或“外来威胁”问题上获得决策者的支持。这些决策者要么“不感兴趣”，要么坚持自己的世界观。虽然我们不确定政治领导将在多大程度上参与了解未来的生物威胁和生物风险，但领导力不是仅存在于情报机构的外部，而是同时发生在情报机构内部。情报机构负责人可以发挥关键作用，对政治领导认知威胁和风险施加影响，从而改善整体治理以及应对此类威胁的响应。

四、领导

如果“五眼联盟”国家内部和整个联盟范围内在此问题上展现出更有效的领导，就有可能改变与生物威胁和生物风险有关的政治态度。在说服政治领导人重视生物威胁和生物风险之前，各机构的负责人需要首先看到有必要赋予生物威胁和生物风险更大的优先级，推动更好的信息搜集和协调工作，然后采取行动。这将越来越依赖我们情报界和情报机构的未来领导者，他们应该善于整合相关组织结构变化和必要的劳动力技能提升，并充分关注生物威胁和生物风险（Walsh, 2017: 441–459）。在情报背景下，有效的领导是什么样，这仍是一个开放的问题。目前，情报研究文献正在对“情报领导力”（intelligence leadership）这一概念进行理论研究（Walsh, 2017）。

前文提到的蓝带研究小组 2015 年报告中确定了一些举措，可能改进对未来生物威胁和生物风险管理的领导。在美国政治领导人层面，该报告建议在白宫设立一个由副总统领导的生物防御协调委员会（Biodefense Coordination Council），成员包括与生物防御相关的所有机构的副手（2015: 6）。白宫副总统级别的参与，应该在应对生物威胁和生物风险时带来更大的政治优先权、更好的协调与情报搜集效果，然而，在本书写作时，仍然没有证据表明将建立这样一个委员会（蓝带研究小组，2016）。在其他“五眼联盟”国家，也可以成立一个类似的国家（行政级别）生物防御协调委员会，但在澳大利亚、加拿大、英国和新西兰，很可能由一位高级部长担任该委员会主席。在澳大利亚，副总理或新的内政部长可能很适合这个角色；在加拿大，公共安全和应急准备部长（Minister of Public Safety and Emergency Preparedness）似乎是理想的主席人选；在英国是内政大臣（Home Secretary）；在新西兰，由国家安全和情报部长（National Security and Intelligence Minister）分别负责生物威胁和生物风险的高级别协调与优先级设定。

虽然蓝带研究小组建议设立内阁级别的协调委员会是一个好主意，但它建议的名称——生物防御协调委员会却并不合适。如前几章所述，情报在处理恶意生物威胁和生物风险方面所起的作用不应

（至少在最初阶段）与事故或自然传染病事件造成的威胁或风险分开。只有通过观察一体化健康体系（植物、动物和人类）中的所有威胁，才能更全面地了解面临的哪些具体威胁或风险可能是恶意的（与自然发生的疾病事件相比）。虽然这样显得有些咬文嚼字，但是如果协调委员的名称定为卫生安全协调委员会（Health Security Coordination Council），而不是将“卫生安全”从“生物防御”中剥离出来，那么“五眼联盟”国家情报机构可能会得到更好的情报治理结果，因为这种剥离可能是改善生物威胁和生物风险优先级、协调、搜集的一个主要障碍。最后，虽然“生物防御”是情报界及其利益攸关者涉及的一项主要工作，但使用“卫生安全”一词不仅意味着防御，还意味着“进攻”，因为自“9·11”事件以来越来越多地强调了情报搜集和行动。

蓝带研究小组报告表明，卫生安全协调委员会的主要任务将是制定通用生物防御策略（蓝带研究小组报告，2015: v）。为了名称的效应，为了确保能够采取多学科和一体化健康的策略，每个国家将“战略”称为国家卫生安全战略可能更为合适。对于所有“五眼联盟”国家来说，建立国家战略至关重要，这样能够更好地协调与动物、环境和人类健康相关的情报活动，并预防、瓦解、管理生物威胁和生物风险。如果有更多的利益攸关者成为协调委员会成员，情报机构的执行成员将与卫生专家开展持续的密切合作，这会增加下游情报搜集、分析的可靠性和有效性。

蓝带研究小组报告再次强调了国家战略的多重功能，包括“更好的整合和更明确的优先次序、资金调整，以及更重要的，实现国家生物监控能力”（2015: vii）。显然，任何高水平国家战略的关键结果必须是制定基于证据的生物威胁和生物风险框架，以便更好地为政治决策者提供信息，并确定情报搜集和评估的重点。第四章展示了如何从不同角度帮助情报分析师理解威胁和风险（特别是对生物技术和合成生物学的误用）。然而，战略计划的目标应该包括开发更全面、多学科的策略来确定威胁和风险，而卫生安全协调委员会成员搜集的最广泛的证据和洞察可为该计划提供参考。

五、实施国家卫生安全战略

让政治领导人“参与”优先处理生物威胁和生物风险问题，设定情报搜集和评估预期，利用情报机构、科学家、卫生工作者、其他利益攸关者的不同技能和责任，这本身就是一项重大成就。目前还不清楚这种调整是否可能在中期内实现（即到 2023 年）。如果重新激发了政治兴趣，包括在每个“五眼联盟”国家成立执行政策论坛，比如卫生安全协调委员会，那么每个国家也有可能制定自己的国家卫生安全战略。特朗普政府已经宣布计划在 2018 年某个时候（Riley, 2018）制定《国家生物防御战略》[1]，不过理想情况下，该战略的实施应该等到卫生安全协调委员会成立之后，以便更好地为这一战略提供信息。即使到 2023 年有可能成立委员会和制定战略，但如果情报机构负责人及在管理生物威胁和生物风险中发挥至关重要作用的其他利益攸关者，无法有效地实施高水平的国家卫生安全战略，则政治领导人在外部驱动下对情报治理的任何改进都无法完全实现。

这就是内部情报治理能够起到重要作用的地方，特别是各机构负责人及其高级管理团队能否表现出有效的领导力，改进每个关键性赋能活动的具体内容（见下文讨论）。但是，由卫生安全协调委员会制订基层行动计划，明确各自单独或集体负责的活动、责任和其他可参与行动的机构，仍然具有挑战性。如前所述，如果“五眼联盟”国家政府对潜在的生物威胁和生物风险表现出越来越多的担忧，这将促使情报机构和机构负责人集中足够的资源，以便在生物威胁和生物风险的搜集、分析方面进行更有重点、更优先的投资。任何高层战略计划的实施，如果没有这种至关重要的政治关注，可能导致情报治理无效，尤其是在情报搜集、分析和分配的协调方面。

尽管对生物威胁和生物风险的情报治理与领导能力仍然欠佳，并且在很大程度上取决于政治领导人是否愿意投资改善治理问题，但“五眼联盟”国家情报机构依然能够采取措施提高其整体能力来管理这样的威胁和风险。例如，蓝带研究小组报告建议，在美国，

1 该战略已于 2018 年 9 月 18 日发布。——编注

国家情报总监办公室可以通过设立生物威胁国家情报管理者来改善生物威胁和生物风险的管理与协调（2015: 19）。如前所述，卫生安全问题似乎是由国家情报任务中大规模杀伤性武器研究部门和国家情报任务科学与技术部门处理。蓝带研究小组报告建议，“国家情报总监应该让国家情报任务成为分配生物情报活动特定资金的执行代理，将责任从中央情报局转移出来”（2015: 19）。在每个“五眼联盟”国家的情报界都设立一个专门机构负责协调、资助生物威胁和生物风险的监测与分析，这样做是有意义的。特别是因为美国庞大的情报机构数量几乎是其他“五眼联盟”国家的两倍，因此，任何为了更好地协调和整合情报搜集工作的举措都是合乎逻辑的。尽管我们知道自国家情报总监办公室设立以来，它在其他类型威胁中发挥的中心协调和整合作用成败参半（Walsh, 2017; Johnson, 2015），因此，美国情报界的 17 个成员机构中可能有一两个（中央情报局或国防情报局）会反对将生物威胁和生物风险资源的权力分配权交给国家情报总监办公室。

在其他“五眼联盟”国家，集中管理生物威胁和生物风险的情报搜集、分析也有意义，尽管部分原因与美国不同。澳大利亚、英国、加拿大、新西兰的情报机构在人数和预算上都比较少，所以在面对复杂的新兴生物威胁和生物风险时，搜集和分析工作的浪费或重复可能会更快地带来明显的情报治理挑战。澳大利亚、英国、加拿大或新西兰的情报机构如何集中管理生物威胁和生物风险情报，本章并不会对此提出规定性建议。在澳大利亚，这一角色很可能由新成立的国家情报办公室负责，将在情报协调方面承担政府的全部职责。加拿大枢密院（Privy Council）情报评估秘书处（Intelligence Assessment Secretariat）、新西兰总理和内阁部（Department of the Prime Mini-ster and Cabinet）国家评估局（National Assessment Bureau）可能是以更集中、更协调的方式管理生物威胁和生物风险的最佳官僚机构。

在英国，向内阁提供所有来源情报评估的联合情报组织（Joint Intelligence Organisation），可能很适合承担这一新职能。在美国之外的“五眼联盟”国家，上述提到的机构一直以来规模相对较小，但他们却能够与每个国家的总理都保持密切关系。发展更有效的集中管理生物威胁和生物风险情报的能力，与该机构的整体规模关系不大，而与这些国家情报协调和评估机构的负责人能否获取总理的支持有关，与他们能够在多大程度上动员情报机构的所有成员及其利益攸关者改善情报治理有关。

除了重点关注国家机构提高生物威胁和生物风险的情报能力外，还可以在每个"五眼联盟"国家的地方一级开展进一步的情报管理工作。任何完全有效的国家卫生安全战略都不能仅仅依赖像国家情报总监办公室这样的国家情报协调机构。国家卫生安全战略必须包括一个可操作的子计划，表明如何在每个"五眼联盟"国家的州、省、地方各级执行之前讨论国家情报治理行动（优先级划分、更好的搜集与分析）。虽然通常来说调查生物威胁和生物风险的权力在于国家安全机构和执法机构，特别是与生物犯罪或恐怖主义活动有关的威胁和风险，但所有威胁和风险在地方一级都会表现出迹象。

这意味着，就像任何其他犯罪类别一样，每个"五眼联盟"国家的州、省、地方执法机构、应急响应人员和其他相关利益攸关者都可能拥有与国家情报机构相关的信息。然而，挑战依然存在——尽管自"9·11"事件以来地方和国家为实现共享信息做出了重大努力。我们将在后面的信息通信技术部分中讨论这些问题。但是在探讨信息通信技术问题之前，还有一个更基本的情报治理问题需要解决，因为它关注的不仅仅是信息如何在国家卫生安全情报界流动。这些问题涉及理解在地方一级设计情报架构的最佳方式，以便在国际、国家和地方各级促进更好的情报治理。重申一次，在处理生物威胁和生物风险方面如何更好地协调、整合跨国际、国家和地方的情报工作，没有一个模板适用于所有"五眼联盟"国家。不同的政治文化、行政任务、财政情况，以及有可能在理解生物威胁和生物风险方面发挥作用或提供相关信息的利益攸关者的数量，意味着每个"五眼联盟"国家必须在地方和国际层面寻求自己的方式来改进情报管理。

在"五眼联盟"国家，多机构工作组、融合中心及国家和地方各级机构之间的借调，在应对其他各种威胁的情报响应中都很常见，包括但不限于反恐、有组织犯罪、金融情报、贩毒和边防。自

"9·11"事件以来，美国的融合中心数量激增，据估计，在主要城市、地区中心和一些农村地区已经建立了至少 78 个这样的中心（Walsh, 2011, 2015）。值得注意的是，布什政府将中心职能交给了新成立的国土安全部，由他们负责把联邦政府、州和地方利益攸关者召集在一起，促进更好地信息和情报共享。然而，有证据表明，一些融合中心的效率并没有达到人们的期望。有些充当了"邮政信箱"，以获取其他联邦或地方机构已经提供的信息；或者在情报优先事项的任务与协调方面，不管这些任务是搜集、评估还是行动，中心的各机构没有充分发挥整体作用（Walsh, 2015）。在撰写本书时，一项立法提案正在提交美国众议院［《国土安全部实地参与问责法案》（DHS Field Engagement Accountability Act）］，目的是改进国土安全部融合中心之间的信息共享和参与。预期的立法涉及要求国土安全部情报和分析办公室（DHS Office of Intelligence and Analysis）的外勤人员对他们在融合中心的表现负责，包括他们在支持州和地方执法方面的作用（Martin, 2018）。鉴于融合中心的资金通常与国土安全部的短期拨款，而不是与提高绩效的长期战略资源挂钩，所以这项立法能否提高实际能力仍有待观察。

尽管融合中心存在一些问题，但由于很多威胁和风险非常复杂，以及地方当局预算受到限制，因此往往会在默认情况下制定联合方案，尽管有时会发现这种融合安排并不完善。在美国有 17 个国家情报机构和大约 1.8 万个执法机构（不包括所有其他利益攸关者，比如州和县卫生机构），融合中心仍然提供了主要架构，使得国家和地方机构能够改进情报治理，更好地管理生物威胁和生物风险。考虑到恶意生物攻击是概率低、影响大的威胁，仅仅为了生物威胁和生物风险而建立融合模型从经济角度看是不理性的。但是，生物威胁和生物风险可以通过现有的融合中心进行管理。特别是在美国，可以在现有可行的大都市或农村融合中心建立更强大的生物威胁和生物风险情报能力。一名全职的卫生安全情报分析师可以在联邦调查局、国土安全部或主要大城市的执法机构工作。他的作用是将国家情报官员和国家卫生安全协调委员会设定的搜集与评估优先事项付诸实施。尽管美国联邦调查局早就在每个办事处设立了大规模杀伤性武器协调员，并开展了卓有成效的学术外展活动，积极与可能有关的部门联络（比如，大学、生物技术公司、学生和研究人员），但在地方一级需要更深入、更广泛地了解潜在威胁和风险环境，特别是新兴环境（Hummel, 2017）。

卫生安全情报分析师可以提供更广泛的环境扫描，这是当地忙碌的案件驱动的联邦调查局大规模杀伤性武器协调员不一定能做到的。与其他联邦调查局特工一样，大规模杀伤性武器协调员也会定期从他们的工作地点轮换到华盛顿特区总部，这使得他们很难全面了解威胁和风险环境。而情报分析师还可以作为融合中心所有国家和地方机构之间的知识经纪人，帮助所有利益攸关者对当前及新兴的生物威胁和生物风险提供更全面的评估。分析师可以为融合中心机构联合开展的情报和执法活动或关键国家或地方当局指挥的行动提供战术、战役和战略情报支持。

由于篇幅有限，我们无法就澳大利亚、加拿大、新西兰和英国的地方情报治理展开全面讨论。很明显，新西兰国家不大，情报机构也少得多，只有一支国家警察部队，可能不需要在全国建立融合中心。在惠灵顿，新西兰警方国家情报中心（NZ Police’s National intelligence Centre）设立一名卫生安全情报分析师，并安排此人定期前往各个地区，可能更容易一些。在澳大利亚，在每个州的联合反恐特遣部队中安排一名卫生安全情报分析师可能更合适。这些特遣部队本身就由许多联邦和州机构组成，而且都有反恐职责。同样，在英国，卫生安全情报分析师可以与国内 11 个区域反恐部门的其他学科同事和管辖情报机构的同事一起办公。以上的讨论只是举例说明地方国家情报治理可能如何安排。每个国家都需要仔细考虑如何实现这一目标，但重要的一点是，地方一级需要采取比目前更制度化的方法管理生物威胁和生物风险情报。

简而言之，在国际层面还有进一步发展情报治理的空间，从而帮助优先搜集、分析某些生物威胁和生物风险，并改善对这些威胁和风险的预防、瓦解、处理。自“9·11”事件以来，在多边层面，“全球卫生安全议程”和加拿大“全球伙伴计划”（Global Partnership Program）等若干全球卫生行动旨在取得良好的卫生成果，但同时也支持脆弱国家的生物安全和反恐活动。“五眼联盟”国家情报机构应加强与各自外交部、开发机构、相关联合国机构（世界卫生组织、禁止生物武器公约组织、粮农组织）及私营部门捐助者（比尔和梅琳达·盖茨基金会）的合作，来支持他们的卫生安全能力建设——特别是在可能被恐怖分子或其他犯罪分子利用的薄弱的公共卫生与生物安全能力等需要关注的领域。

最后，提高生物威胁和生物风险情报管理的另一个重要方法是“五眼联盟”国家将这些问题列入他们的定期会议议程。每年部长、机构领导和高级官员定期召开“五眼联盟”国家会议。这些会议在传统关注国家安全的各机构之间举行，也可以在有更大执法权的机构之间举行。会议讨论的内容应包括新兴的威胁领域和能力问题，以便有关机构能有机会提高对生物威胁和生物风险的认识，并集体决定如何更好地协调搜集、分析和传播相关信息。下面我们要简要讨论这些战略和行动问题如何影响其他关键性赋能活动。如本章开头所述，只有一个关键性赋能活动（立法）不在本章讨论，因为它与监督和问责密切相关，所以将在第七章加以讨论。

六、信息通信技术

如果“五眼联盟”国家希望获取、处理、评估战术、战役、战略决策所需的生物威胁和生物风险信息，就需要关注几个信息通信技术问题。在许多方面，通信技术问题对理解生物威胁和生物风险的阻碍，与情报机构通常面临的挑战没有什么不同。在美国，“9·11”事件之后国土安全部、国家情报总监办公室的设立和信息共享环境等计划的推广是布什政府为加强联邦、州和地方机构之间信息共享、整合而创建的平台、流程（Walsh, 2011）。事实上，自“9·11”事件以来，在吉姆·克拉珀（Jim Clapper）担任国家情报总监期间，美国情报界做了一些改进，以促进信息技术企业相互融合、相互协作的文化，克拉珀称之为“信息技术系统联盟”（Johnson, 2015: 10）。在2014年的一次采访中，克拉珀指出美国情报界下一步准备发展未来信息技术体系（ICITE），从而创建一个单一信息技术体系（Johnson, 2015: 10）。然而，尽管做出了这些努力，所有“五眼联盟”国家在发展信息架构和促进跨机构文化以实现信息共享方面仍面临挑战。例如，2017 年，美国司法部和国土安全部监察长在关于共享国内反恐情报的报告中，虽然指出了情报共享方面的重大改进，但也列举了几个与该领域挑战性工作有关的问题，以及联邦调查局和国土安全部之间情报共享有关的问题（美国司法部和国土安全部监察长，2017: 10）。监察长办公室的报告提出了几项建议，包括国家情报总监办公室、国土安全部和司法部需要审查机构之间信息共享谅解备忘录，并放弃“基于个性合作”的信息共享方式（美国司法部和国土安全部监察长，2017: 10）。

总而言之，克服文化体制障碍，共享和实时获取来自多个数据库的信息，仍然是影响“五眼联盟”国家执法机构实现有效情报搜集、分析和行动响应的一个重大障碍（Walsh, 2011, 2012; L’ Estrange and Merchant, 2017; 美国司法部和国土安全部监察长，2017）。在美国，有近 1.8 万个执法机构，因此文化问题、过时的遗留信息系统，以及联邦、州、地方各级之间相互冲突的立法和隐私法规，这些都可能妨碍信息的实时共享。在澳大利亚，只有大约 15 个联邦和州的核心执法机构，所以执法机构实时共享、合作和整合信息的官僚的障碍较少。然而，澳大利亚执法机构的信息系统与美国和其他“五眼联盟”国家（加拿大和英国）的执法信息系统有相同的特点（Walsh, 2011, 2012）。澳大利亚拥有三十年历史的刑事情报数据库，鼓励联邦和州政府机构共享情报，但多年以来已经无法满足要求，据称 2017 年 6 月完成的新的试行国家刑事情报模式（ACIC, 2016）展现出了优越的信息通信技术系统，使联邦、州、地方能够跨多个数据集实时共享信息。虽然国家刑事情报模式已经成功地进行了试运行，但为了使新系统的优势能够发挥作用，就需要更长期地确保适当的资金投入和高级别的部长级监督。前面提到，澳大利亚主要的国家安全与执法机构（联邦警察局、安全情报局、刑事情报委员会、交易报告和分析中心、移民和边境保护局、交通安全办公室）已被合并成一个新的超级部门，称为内政部。合并有可能推动国家刑事情报模式的实施，在今后几年，这还会促进联邦、州机构在应对威胁和风险时加强情报共享。然而，2017 年，澳大利亚情报界的独立情报审查表明，仍需要改善国家情报机构与新成立的内政部之间的联络（L' estrange and Merchant, 2017: 79）。

蓝带研究小组 2015 年报告重申了“五眼联盟”国家在数据、信息、情报共享和整合方面的诸多困难，这些也体现在生物防御领域（蓝带研究小组报告，2015: 29–32）。本书的篇幅不允许我展开讨论，但是报告特别评估了国家生物监控集成系统（NBIS）。在 2004 年有一个雄心勃勃的设想，希望这一系统提供“集成和综合的攻击预警系统，能够快速识别和描述生物制剂在人类与动物种群、食物、水、农业、环境中的传播”（蓝带研究小组报告，2015: 29）。报告的结论是，在很大程度上国土安全部一直未能使国家信息、通信系统成为管理所有相关生物威胁和生物风险信息的一站式综合信息通信技术系统，因为其他联邦机构没有被授权在国家信息、通信系统中安排人员。此外，其他重要的非情报机构利益攸关者（比如，疾病预防控制中心，州、县公共卫生机构，其他动物卫生与农业部门）掌握的有价值的流行病学数据不会自动被这一系统获取（蓝带研究小组报告，2015: 31）。国土安全部一直在努力改进向国家生物监控集成系统提供的信息，但报告认为，这些信息“比国会和政府预计的落后了好几年”（蓝带研究小组报告，2015: 31）。还有一个问题是国家鉴定（鉴证中心）的信息（比如美国国家生物法医分析中心提供的信息），如何与国家安全机构和执法机构提供的其他信息共享、协调和整合。

改善“五眼联盟”国家情报机构的信息通信技术架构和信息共享生态是这些国家持续面对的重大挑战。此外，随着安全环境在短时间内的变化，需要搜集、评估和传播的信息数量将呈指数级增长。未来，即便美国情报界也将面临切实的财政限制，无法为不能实现实时搜集、分析和传播情报的昂贵信息通信技术平台提供资金。因此，情报机构将面临越来越大的压力，要求他们开发共同的集成平台，以促进合作伙伴（包括不属于情报机构的利益攸关者）之间的合作，并支持对威胁和风险的实时监控。每个“五眼联盟”国家的情报界做到这一点并非不可能，尽管这可能需要强大的政策界和情报界领导。具有政治领导权的高级官员，也许是前面提到的新的国家卫生情报官员，可以在设计和实施与情报界集成平台链接的卫生安全情报平台中发挥核心作用，也可以自动接收关键利益攸关者的有价值信息，或者可以通过现有的信息共享系统来捕获生物威胁和生物风险信息，而不必创建另一个信息通信技术系统。例如，在美国，国土安全信息网络允许联邦、州和地方机构通过国家融合网络共享信息，这可能适合作为搜集、共享、评估、分析生物威胁和生物风险信息的系统。无论“五眼联盟”国家情报机构采用何种信息通信技术解决方案，每个情报机构都需要仔细考虑各自的安全、文化、法律和隐私问题。然而，我们必须应对这些挑战，因为如果不能为生物威胁和生物风险提供联合情报与信息共享平台，可能会导致搜集不足、搜集或分析重复、有效监测无效或潜在的情报失效。

七、人力资源

第四章详细探讨了目前在“五眼联盟”国家从事生物威胁和生物风险研究的情报分析师面临的主要工作挑战。本节不再讨论这个细节。但第四章提出了三个重要的人力资源问题，需要每个国家的政策界和情报界领导进一步研究。这些问题是：第一，评估生物威胁和生物风险的全职或兼职情报分析师规模有多大？从中引出的一个附带问题可能是，针对这类威胁开展工作的“情报搜集人员”的规模有多大？第二，这些情报分析师在生物安全系统中（比如，公共卫生、研究、私营部门、国家安全、执法、军事、动物卫生）扮演什么角色？第三，这些情报分析师是否适合自己的岗位？

在一个理想世界中，如果每个国家像前面建议的那样任命国家卫生安全情报官员（拥有内阁级别管理生物威胁和生物风险的监督与权力），这个人将是实施员工能力评估的合适官员，可以解决上述三个问题。这不是一件容易的事，却是必要的。如前所述，目前缺乏对生物威胁和生物风险的理解、协议、规划、协调、优先安排，这就影响了情报机构发展员工队伍的能力，不利于他们了解不断发展的生物威胁和生物风险状况，特别是在合成生物学方面。因此，人力资源规划是一项重要的情报管理任务。当然，不可能预见到所有可能的生物威胁和生物风险，并据此规划人员安排，但员工能力评估的结果应该提供一些基本的依据，指导“五眼联盟”国家如何投资员工队伍建设，使他们能够以更有效、更综合、更专业的方式在情报机构内部、跨情报机构，并且与重要的利益攸关者协同开展工作。

在不预先判断员工能力评估结果的情况下，如果需要为未来至少五到七年规划生物威胁或生物风险分析人力资源，可能如第四章所述，就不会试图打造那种能够胜任一体化健康系统全部工作的“超级分析师”。这样的“品种”并没有必要，而且在不同环境下（动物、人类健康、国家安全、国防、执法）可能需要不同的专业技能和培训。但是每个国家的卫生安全情报官员可以利用评估结果为政府提供更好的建议，以确定在生物威胁和生物风险分析培训领域是否存在任何差距。此外，评估可以为确定通才型情报分析师需要哪些额外的培训和教育提供依据，因为这些情报分析师需要为高级决策者撰写关于生物犯罪或生物恐怖主义问题的情报评估，而这些决策者不具备这类专业知识。

因此，与撰写生物威胁和生物风险的技术报告相比，撰写主题和战略内容的通才型情报分析师仍然需要具备他们所撰写的生物安全、合成生物能源或生物技术领域的完备知识。因此，如果评估足够全面，它可以帮助情报界领导确定在机构中可能需要哪些技能全面的情报分析师，特别是那些承担所有来源评估工作的人员。评估还可以帮助制定其他培训决策，比如，我们是要寻找在公共卫生方面受过高级培训的情报分析师？还是说情报界更需要一个在犯罪学和安全研究方面受过良好培训，但在流行病学和（或）生物科学方面只有一些培训或经验的人？

至少接受过一门或多门生物科学培训，具备一些技术知识似乎是必要的——这样有助于提高关键判断的有效性和可靠性，甚至对于通才型情报分析师来说也是如此。生物科学的知识也是必不可少的，这样分析师就能具备跨相关学科的研究素养（例如，微生物学、基因工程、合成生物学）。这种素养对于情报分析师来说非常重要，有助于他们了解可能需要接触哪些科学家，尤其是那些了解合成生物学发展的科学家。至少接受过一门或多门生物科学正规的本科训练，将帮助情报分析师理解合成生物学的发展如何可能通过有意和恶意地操纵生物功能、系统或微生物从而产生致病因子或毒素（NAS, 2017: 3）。如果可行，让通才型情报分析师接受短期实习和科学实验室轮岗（研究、私营部门和取证）似乎也是合理的，便于他们与科学界的利益攸关者建立联系，并了解科学团队如何评估他们认为更有可能发生的生物威胁和生物风险。目标不是让通才型情报分析师（非科学家）正式在实验室环境中工作，而是去拜访受过科学训练的同事，与他们讨论威胁和风险特征，并构建一个专家社区，在那里他们可以请教问题，也可以就必须撰写的问题寻求同行评审。通才型情报分析师也将受益于能够第一手了解科学家的工作环境以及他们在研究中面临的挑战。

同样，在一个理想的世界里，员工能力评估的结果应该为情报机构提供生物威胁和生物风险情报培训的通用方法，为在这些领域工作的情报分析师或者那些可能成为情报分析师的人提供培训。自“9·11”事件以来，“五眼联盟”国家对分析培训的性质和结构展开了越来越多的讨论（Walsh, 2011: 255–282, 2017; Campbell, 2011: 307–337; Rudner, 2009: 110–130; Marrin, 2009: 131–146）。本书涵盖了关于情报分析师需要哪些技能、知识和能力的基本讨论，以及哪种方式能够更好地满足这些需求：内部培训，还是外部培训或教育提供商，或者是两者结合。自“9·11”事件以来，“五眼联盟”国家在不同程度上都取得了进步，对情报分析师的职业生涯采取了更全面的规划，不再局限于单一的培训项目，而是构建了支持情报分析师不同职业阶段的持续职业发展路径。然而，在很大程度上，这样的行动仍在进行中，需要进一步开展工作，以便在情报机构及整个情报界确定持续专业发展的战略方针（Walsh, 2011）。

虽然关于情报分析师的培训和专业化，以及为情报分析师提供的课程是否能够有效提高工作效率（Walsh, 2017），还有很多问题有待解决，但我们有必要在讨论劳动力规划问题时开始考虑下一批从事生物威胁和生物风险的情报分析师。自“9·11”事件以来，情报界已经提出类似的劳动力问题，包括构建“准确的能力”来应对网络威胁（GAO, 2005, 2011a, b）。对于为下一代潜在的生物威胁和生物风险做准备的情报机构领导者和政府来说，他们有机会从应对网络威胁的错误和失误中吸取教训。

鉴于我们很难知道每个“五眼联盟”国家在未来五年中何时（或是否）实施国家卫生安全战略，也不清楚什么样的政治或政策手段可能促成国家能力评估。遗憾的是，在重大安全事件发生后，对能力的重大审查往往来自议会或独立调查，而情报失误往往与该事件有关。在政治领导缺乏和情报失误的情况下，而且未来十年随着生物威胁和生物风险环境变得更加复杂，希望情报领导可以主动开展评估工作。不过，如果没有统一的领导来负责实施整个情报界的评估工作，进展充其量也只是零散的。虽然需要进行能力评估，但即使“五眼联盟”国家情报机构核心情报领导拥有再好的构想，生物威胁和生物风险与其他“更高优先级”的威胁相比，可能也会被忽略，因为生物威胁和生物风险可能依然属于概率低、影响大的威胁。

八、研究

研究是提高情报机构应对生物威胁和生物风险能力的另一项关键活动。研究能够产生新的知识，提高理论水平，但更重要的是能够为情报机构提供更好的实践结果。我在我的第一部著作（《情报与情报分析》）中用了整整一章的篇幅来讨论情报学的研究和理论构建（Walsh, 2011: 283–298）。自“9·11”事件以来，每个“五眼联盟”国家的情报界的一些机构越来越希望在其安全环境之外寻找一系列能力问题的解决方案，例如信息通信技术、数据分析、分析培训和技术领域（比如，监视和拦截）。

特别是美国情报界，数十年来一直有大量的委托研究和咨询项目，这包括我们在下一章中将要谈到的。但所有“五眼联盟”国家似乎都缺少一种更具战略性和全局性的政府情报能力研究方法，生物威胁和生物风险领域的研究也是如此。在所有“五眼联盟”国家，并不是没有开展应对生物威胁和生物风险能力的研究，但是研究或咨询项目往往是在机构而不是整个情报界层面进行的。这就提出了一个问题，由美国国防部、国土安全部或联邦调查局委托进行的研究是否可能产生超越这一机构的更广泛适用性和效用。在生物威胁和生物风险背景下，许多时候一个有助于提高某一机构能力或实践的研究项目，也可能对情报界的其他机构的能力产生更广泛的影响。

因此，尽管“五眼联盟”国家情报机构已经努力在研究项目上进行了合作，但未来还需要一种更具战略性的方法，因为每个国家的预算和政治压力都迫使各个机构确定研究经费用于哪些共同优先的能力领域（Walsh, 2011: 283–298）。例如，在特朗普政府最初的2018年预算提案中，希望从下一年度的生物防御拨款中削减12.5亿美元，其中包括监督危险病原体的研究和国家生物防御战略的制定（Inglesby and Haas, 2017）。如果美国和其他“五眼联盟”国家的预算压力持续存在，那么一项完善的研究战略计划就可以帮助各机构确定在提高生物威胁和生物风险能力方面最为关键的研究领域。此外，资助研究时采用“统一情报界”的方式，好处是让情报界对资金分配决策具有一定的控制权，而不是无法形成合作，只能任由政治领导人以更随意的方式做出决定。

与前面讨论的所有其他关键性赋能活动（人力资源和信息通信技术）一样，研究也与有效的情报管理有关。这意味着在理想情况下，为提高生物威胁和生物风险能力而制订一个覆盖整个情报界的战略研究计划，需要在每个国家的情报界及其情报机构的最高层展示强大的领导力。在未来五年负责阐明关键研究能力问题的合适途径应该是国家卫生安全协调委员会实施的国家卫生安全计划。这将允许政治领导人对他们认定的研究重点“发表自己的意见”，同时也能得到“五眼联盟”国家情报机构执行领导层的建议。根据国家卫生安全协调委员会确定的战略优先级，可以决定一个可操作的生物威胁和生物风险研究能力计划。

在目前情况下，对可操作的生物威胁和生物风险研究能力计划中的问题、疑问、主题进行规定是不明智的。在未来的五至七年，需要根据在每个“五眼联盟”国家搜集到的有关生物威胁和生物风险可能轨迹的证据来决定。鉴于合成生物学和生物技术的指数级增长，情报机构不可能明确确定所有潜在的威胁和风险。因此，需要根据不完整的信息决定有限的研究资源应该用在哪里。尽管如此，进一步扩大战略和跨学科（国家安全、执法、军事、科学界和私营部门）的研究方法，可能有助于确定共同优先和关注的研究领域。

解决生物威胁和生物风险能力差距的情报研究战略也需要全面考虑差距所在。可能是技术或科学差距（在第六章中讨论），或者是情报产生方式中的知识或实践缺失。因此，任何策略都需要考虑核心情报流程（任务分配与协调、搜集、分析）和其他关键性赋能活动中的能力漏洞。

九、小结

本章总结了每个“五眼联盟”国家在发展内部情报管理方面面临的挑战（或多或少），以及这些挑战对未来管理生物威胁和生物风险可能产生的影响。情报治理是一项需要改进的关键性赋能活动，当然，其他活动（比如，信息通信技术、人力资源和研究）也需要取得重要进展。本章没有为所有挑战提供详细的补救措施，而是提供了一些可能提高“五眼联盟”国家情报机构应对生物威胁和生物风险能力的常规选择。然而，由于预算、政治和文化方面的原因，每个国家应对许多已确定挑战的实际“解决方案”可能有所不同。本章的重点是“五眼联盟”国家情报机构内部如何更好地管理生物威胁和生物风险，而第六章则将探讨情报界的关键利益攸关者（科学界、私营部门、公共卫生机构）如何在构建未来情报能力中发挥重要作用。

参考文献

ACIC. (2016). *ACIC 2016–17 Annual Report*. Canberra: Commonwealth of Australia.

Aras, G., & Crowther, D. (2010). *A Handbook of Corporate Governance and Social Responsibility*. Farnham, UK: Taylor and Francis.

Baxendale, R. (2017, July 18). Australia to Get Super Home Affairs Ministry. *The Australian*.

Blue Ribbon Study Panel. (2015). *Blue Ribbon Study Panel on Biodefense. A National Blueprint for Biodefense: Leadership and Major Reform Needed to Optimise Efforts*. Washington, DC: Hudson Institute for Policy Studies.

Blue Ribbon Study Panel. (2016). *Biodefense Indicators One Year Later. Events Outpacing Federal Efforts to Defend the Nation*. Arlington, VA: Potomac Institute for Policy Studies.

Campbell, S. H. (2011). A Survey of the U.S. Market for Intelligence Education. *International Journal of Intelligence and Counterintelligence*, 24(2), 307–337. https://doi.org/10.1080/08850607.2011.548207.

Chhotray, V., & Stoker, G. (2008). *Governance Theory and Practice: A Cross-Disciplinary Approach*. London, UK: Palgrave Macmillan.

GAO. (2005). *Critical Infrastructure Protection. DHS Faces Challenges in Fulfilling Cybersecurity Responsibilities*. Washington, DC: GAO.

GAO. (2011a). *Cybersecurity Human Capital Initiatives Need Better Planning and Coordination*. Washington, DC: GAO.

GAO. (2011b). *Defense Department Cyber Efforts: DOD Faces Challenges in Its Cyber Activities*. Washington, DC: GAO.

GAO. (2017). *Biodefense Federal Efforts to Develop Biological Threat Awareness*. Washington, DC: GAO.

Gentry, J. (2015). Has the ODNI Improved US Intelligence Analysis? *International Journal of Intelligence and Counterintelligence*, 28, 637–661.

Hummel, K. (2017). A View from the CT Foxhole: Edward You, FBI WMD Directorate, Biological Countermeasures Unit. *CTC Sentinel*, 10(7), 9–12.

Inglesby, T., & Haas, B. (2017, November 21). Ready for a Global Pandemic? The Trump Administration May Be Woefully Underprepared. *Foreign Affairs*.

Johnson, L. (2015). A Conversation with James R. Clapper Jr. The Director of National Intelligence in the United States. *Intelligence and National Security*, 30(1), 1–25.

L' Estrange, M., & Merchant, S. (2017). *Independent Intelligence Review*.

Canberra: Commonwealth of Australia.

Marrin, S. (2009). Training and Educating U.S. Intelligence Analysts. *International Journal of Intelligence and Counterintelligence*, 22(1), 131–146. https://doi.org/10.1080/08850600802486986.

Martin, A. (2018, February 27). Legislation Aims to Boost Accountability, Collaboration of DHS Fusion Centers. *Homeland Preparedness News*.

NAS. (2017). *A Proposed Framework for Identifying Potential Biodefense Vulnerabilities Posed by Synthetic Biology Interim Report*. Washington, DC: National Academy of Sciences.

Office of Inspectors General DOJ & DHS. (2017). *Review of Domestic Sharing of Counter Terrorism Information*. Washington, DC: Office of Inspector General, Department of Homeland Security.

Riley, K. (2018, February 28). Blue Ribbon Study Panel on Biodefense Warns Congress Against Delaying Federal Funds Tied to Comprehensive Strategy. *Homeland Preparedness News*.

Rudner, M. (2009). Intelligence Studies in Higher Education: Capacity-Building to Meet Societal Demand. *International Journal of Intelligence and Counterintelligence*, 22(1), 110–130. https://doi.org/10.1080/08850600802486960.

Silberman, L., & Robb, C. (2005). *Commission on the Intelligence Capabilities of the US Regarding Weapons of Mass Destruction. Report to the President of the United States* (pp. 1–501). Washington, DC.

Walsh, P. F. (2011). *Intelligence and Intelligence Analysis*. Abingdon, UK: Routledge.

Walsh, P. F. (2012). *Submission and Testimony to Inquiry into the Use of Criminal Intelligence, by Joint Parliamentary on Law Enforcement* (Final Report). Australian Parliament, Canberra. Retrieved from http://www.aph.gov.au/parliamentary_business/Committees/Senate_Committees?url=le_ctte/criminal_intelligence/submission.htm.

Walsh, P. F. (2015). Building Better Intelligence Frameworks Through Effective Governance. *International Journal of Intelligence and Counterintelligence*, 28(1), 123–142. https://doi.org/10.1080/08850607.2014.924816.

Walsh, P. F. (2016). Australian National Security Intelligence Collection Since 9/11: Policy and Legislative Challenges. In K. Warby (Ed.), *National Security, Surveillance and Terror* (pp. 51–74). Cham, Switzerland: Springer International Publishing.

Walsh, P. F. (2017). Making Future Leaders in the US Intelligence Community: Challenges and Opportunities. *Intelligence and National Security*, 32(4), 441–459. https://doi.org/10.1080/02684527.2016.1253920.

第六章　情报与利益攸关者

第五章探讨了“五眼联盟”国家情报机构在更广泛的组织层面如何能够更好地识别、预防、瓦解、处理潜在的及新兴的生物威胁和生物风险。本章的目的是研究情报机构的外部合作伙伴和利益攸关者未来如何帮助情报机构在构建生物威胁和生物风险能力方面发挥更大的作用。利益攸关者的作用可能涉及国家安全机构和执法机构的内部或外部能力构建。

第五章论证了更强大的情报治理和关键性赋能活动对于发展适应性强、反应灵敏的情报体系是至关重要的，这样能够更好地为决策者解释突发的生物威胁和生物风险。然而，如第五章所述，如果没有重要伙伴和利益攸关者的投入，“五眼联盟”国家自身难以提高对复杂生物威胁和生物风险的理解。在第三、四章中，我谈到，根据具体的生物威胁或生物风险，情报机构的利益攸关者可以包括不同的人和机构。学科专家，例如流行病学家、微生物学家、法医分析师、临床医生、公共卫生专家、分子生物学家、农业科学家和兽医，都可能是情报机构的重要利益攸关者。没有他们，情报机构几乎就不可能独自完成识别、预防、瓦解、处理潜在的及新兴的生物威胁和生物风险的任务。

如第三章所述，科学界为情报机构提供了许多关于在多种不同的方式和情境下评估生物威胁和生物风险的专业知识，包括通过功能获得性实验了解潜在的风险，开发生物传感器，了解各种生物制剂的武器化、致病性和传播性。第三章还简要介绍了在流行病学和法医学领域工作的科学家在预防、瓦解、处理生物威胁和生物风险方面的中心作用。此外，第四章强调了科学界在帮助情报机构更好地理解来自快速变化的生物技术、合成生物学领域的潜在威胁和风险方面所起的关键作用。

本章将主要分析利益攸关者对降低当前及新兴的生物威胁和生

物风险的重要作用。第五章关注的是情报机构内部如何更好地管理生物威胁和生物风险。与此相反，本章研究的是重要的外部利益攸关者如何有助于提高情报能力，减少生物威胁和生物风险。借用有影响的学者马克·里德（Mark Reed）的定义，我将情报机构的利益攸关者定义为：任何受到与预防、瓦解或处理生物威胁和生物风险相关的决策、行动、问题影响或能够对此施加影响的个人、组织或团体（Reed, 2016: 41）。具体而言，我指的是科学、研究、临床、政策、应急和私营部门的利益攸关者，他们通过自己的行动为情报机构提供能力和专业知识，并为生物安全做出贡献。

特别需要指出，本章对利益攸关者角色的主题分析将围绕三个子标题——预防、瓦解、处理——展开。通过对相关文献的梳理和对部分利益攸关者的采访发现，有大量的个人和组织可能在预防、瓦解、处理未来的生物威胁和生物风险方面发挥作用。然而，在有限的篇幅里，不可能对每一个展开详细讨论。虽然为便于说明会提到一些利益攸关者的名字，但下文主要分析并概括了利益攸关者可能带来的科学创新、技术、研究、政策和其他举措，这些都可能提高情报机构的未来能力，并为预防、瓦解、处理生物威胁和生物风险做出贡献。

一、预防

（一）提高生物监测能力

在讨论各个生物监测利益攸关者可以为情报界带来什么知识和能力之前，首先重要的是定义这个术语。不出所料，现有几种定义可供选择。在本节中，我选择了美国政府问责局报告中引用的全面定义。

> 在生物学背景下，监测是指不断搜集、分析和解释数据，以帮助监测植物、动物和人类中的病原体以及食物和环境。监

测的总体目标是帮助制定政策、指导任务的优先次序，并为疾病的预防和控制提供保证。近年来，随着人们对灾难性生物攻击或新发传染病的担忧日益加剧，在谈到对我们国家安全的一系列威胁时，“生物监测”一词变得更为常见。生物监测关注两个问题：（1）尽可能减少识别和表征具有潜在灾难性后果的生物事件的时间；（2）提供态势感知，也就是各种信息，包括事件可能发生的信号，这些信号意味着什么，事件在不久的将来很可能会如何发展（GAO, 2011: 9）。

这一定义强调了生物监测的功能和作用已经从狭隘的公共卫生机构绘制疾病地图转变为在国家安全背景下了解生物威胁的各种知识和能力。该定义还强调了在提高生物监测能力及其在国家安全方面的功能方面正在面临的多重挑战。在提高国家生物监测能力方面，仍然存在三个关键挑战，它们是方法、信息共享和整合。信息共享和整合问题已经在第五章中讨论，因此这里将重点讨论生物监测的方法问题。关于方法问题，我指的既是生物监测的技术方法（生物传感器），也是更广泛的不同学科方法，它们都有助于我们了解利益攸关者关于提高生物监测能力的讨论。

从技术角度看，情报界内外已经开展了一系列生物传感器研究，以检测释放到环境中的危险病原体。也许这些研究中最著名的是国土安全部在 2003 年开发的生物监测项目（BioWatch），其目的是监测针对美国主要城市的高危生物制剂的气溶胶化生物攻击。然而，该项目却成败参半，一方面与结果的可靠性有关，另一方面也与从实地采集样本后结果却迟迟不能发表有关（GAO, 2016, 2017）。国土安全部在努力提高监测速度，从第一代手动系统升级到第三代自动系统，尽管测试的困难依然存在，但后者有望加快自动系统的监测速度。然而，美国国土安全部进一步分析显示，与目前的人工系统相比，自动系统具备的优势并不充分，不足以证明技术转换的成本是合理的（GAO, 2016: 7）。在美国，研究仍在继续，希望能够提高生物传感器设备的耐用性、灵敏度、特异性、及时性和成本效益。虽然传统基于 PCR 的方法和免疫测定法仍在使用，但同时也在试验其他生化、微生物和遗传解决方案，比如抗体和肽分子结合，这可能将检测时间减少到数分钟，而不是几个小时（Kim et al., 2015）。撇开改善气化生物传感器的工作不谈，预料之中合成生物学和生物技术的快速发展，以及生物工程材料可能（尽管还不为人知）被恶意使用，从而威胁公共安全或国家安全，这些也许会让注意力转移到可以探测生物工程信号（包括变化的类型、位置以及将来可能发生变化的地方）的其他科学研究领域。2017 年 7 月，美国情报高级研究计划局（IARPA）委托了一个新的项目——寻找工程关联指标（FELIX）来实现这些目标。美国情报高级研究计划局正在寻求众多科学家（合成生物学家、微生物学家、免疫学家、统计学家和计算机科学家）合作，目标是开展三至五个研究项目，解决寻找工程关联指标的两个主要问题（Eaves, 2017）。如果这项研究能产生可靠结果，将为情报机构提供另一个有用的搜集和分析方向，因为它能够检测以往在生物犯罪和恐怖主义案件中无法检测的生物工程材料。

除了生物传感器的各种技术创新外，一系列其他生物监测方法也得以部署。20 世纪 90 年代末，美国疾病预防控制中心率先建立了症状监测系统。该系统最初旨在改善传染病和生物恐怖主义的早期预警，现在已经涵盖态势感知（Buehler et al., 2004）。其他“五眼联盟”国家也开发了类似的症状监测系统，比如英国的实时症状监测小组（RESST），该小组从多个来源搜集四个国家的症状监测系统。此外，近来，德国罗伯特·科赫研究所（Robert Koch Institute）[1] 正在开发一个基于机器学习和自然语言处理的早期预警系统，该系统将包括“吸引人的”交互式网络应用程序，并链接到德国电子报告和信息系统（罗伯特·科赫研究所，2018）。症状监测系统是传统公共卫生实验室监测的重要辅助手段，因为它能够提供实时或接近实时的健康数据搜集、分析和传播，实现公共卫生威胁的早期识别和管理。症状监测系统不是基于实验室确认的精确诊断，而是评估一套更广泛的健康相关数据，包括临床症状、缺勤、药店销售或动

1 虽然名为研究所，但其实为德国疾控机构，属于德国联邦卫生部，名称来源于德国微生物学家、细菌学鼻祖罗伯特·科赫。——编注

物卫生生产崩溃（Buehler et al., 2004）。症状监测的一个明显好处是，它可能比一个国家的公共卫生实验室监测系统更便宜、更快速，而且可能更透明。然而，随着情报界更广泛地使用大数据，数据的数量、质量和结构变化都可能影响基于互联网监测的快速流行情报数据的效用、准确性和及时性（Yan et al., 2017）。

这些症状监测系统越来越依赖大数据、机器学习和分析。此外，基于网络的流行病监测系统，例如日本国立情报学研究所（National Institute of Informatics）开发的公共卫生领域疫情监测本体（BioCaster）（Collier, 2015）和加拿大开发的全球公共卫生情报网络（GPHIN，一种基于事件的监测系统，可以查看全球新闻源）也支持症状监测系统（Mawudeku et al., 2015）。在过去十年里，一些基于事件的互联网监控系统已经发展起来。奥谢（O' Shea）的研究使用 PubMed、Scopus 和 Google Scholar 数据库，发现有 50 个基于互联网的系统在使用不同的技术和数据源来搜集、处理、传播数据，以检测传染病暴发（O'Shea, 2017）。与第三章中讨论的利用社交媒体分析这一更广泛的情报界开发思路一致，2013 年，国土安全部试验了另一种生物监控方法。在这一试验中，国土安全部测试了脸书和推特上自我报告信息中的各种社交媒体分析，以确定流行病和恐怖主义行为，因为社交媒体可以提供接近实时的症状报告、病人入院或药品获取等信息（Insinna, 2013）。

此外，其他私营公司也进入了生物监测领域，提供了获取生物监测数据的新方法。威尔逊（Wilson）讨论了维拉特克公司（Veratect）如何在全球媒体报道中评估信号识别，为 2009 年 H1N1 流感大流行的出现提供了预警。这显示了情报界预警文化可以有效地与“传统公共卫生从业人员所青睐的规避风险、法医学导向的响应文化”一起使用（Wilson, 2017: 1）。维拉特克公司的例子表明，私营部门在发展更好的生物监控能力方面也能够起作用。

从上述对不同生物监测方法的简要讨论中可以看出，生物监测学者和从业人员对这些方法的优点也有不同看法，特别是涉及预测“下一次大流行”的能力。比如说，一个国家的生物监测系统是否可以利用由上述一种或多种方法预测下一次流行病或疫情（特别是新的病毒）的出现？一些科学家认为，预测某些生物剂（比如病毒）的微观进化过程（即短期出现或跨物种转移）是极其困难的，因为进化和流行病学的时间尺度在本质上是不同的。盖根（Geoghegan）和霍尔姆斯（Holmes）认为，更好的做法是建立监测能力，“评估人类和动物交界处疾病出现的断层，特别是那些受生态干扰影响的断层”（2017: 7）。

其他人则持不同观点。参与美国国际开发署（USAID）资助的全球病毒监测计划（Global Virome Project）的科学家对全球疾病热点地区进行了调查，目的是对几乎所有可能感染人类的鸟类和哺乳动物病毒进行排序（相当雄心勃勃）。特别是参与全球病毒监测计划的研究人员，他们认为完全有可能预测哪些病毒可能从动物传播到人类。盖根和霍尔姆斯对此的回应是，把重点放在疾病热点地区依赖的只是非常少量的数据，而且这些数据可能并不可靠，因为它们属于罕见事件。他们以沙特阿拉伯为例。沙特阿拉伯并不是典型的热点地区，但中东呼吸综合征从骆驼感染了人类。对这些病毒进行测序可能会提供有用的进化信息，但盖根和霍尔姆斯认为，这并不一定会对能够影响我们的事件提供早期预警（Geoghegan and Holmes, 2017）。

其他科学家尝试改变疾病的生态，这可能在某些情况下会更容易对一些传染病进行早期预警。近年来，科学界越来越多地利用基因编辑技术 CRISPR 来改变疟蚊的基因组成。此外，基因驱动的进展近来被证明改变了疾病的生态参数。基因驱动是一种人为的“自私”基因，它能将自己强行植入生物体 99% 的后代，而不是通常的 50%。目前，盖茨基金会（Gates Foundation）资助了一项全球研究，目的是让雌性蚊子在十一代或一年内不育。目标是到 2029 年将转基因蚊子释放到疟疾流行地区（Regalado, 2016）。然而，美国联邦调查局担心基因驱动可能被滥用，导致“设计者瘟疫”（Regalado, 2016）。

除了各种生物监测方法带来的“可预测性”挑战之外，生物监测领域的成员对于什么是有效的生物监测系统也有不同的看法。考虑到开发生物监测系统采用了不同的方法和系统，应该在哪些度量标准上评估“有效的生物监视”系统呢？临床医生和公共卫生安全专家吉姆·威尔逊（Jim Wilson）认为，建立一个有效的全球监测和反应系统可能需要至少十年或更长时间（Wilson, 2017: 222）。在此期间，我们现有可用的几种方法的有效性和可靠性各不相同。那么，基于当前分散的生物监测体系，我们应该如何汲取经验教训，以便能够实施期待已久的国家生物监测能力？我们怎样才能知道是否正在朝着这个目标取得进展？重要的是，除了国家的工作之外，我们如何评估各州和地方机构对国家生物监测能力的贡献？当前地方生物监测和检测系统存在哪些缺陷和漏洞？（GAO, 2011）。当前构建可行的国家生物监测能力面临的挑战是，不同的生物监测系统是为不同的最终用户（例如，动物和人类）创建的。蓝带研究小组的动物健康报告详细介绍了对动物健康开展生物监测面临的挑战，包括信息共享及其与包括人类健康在内的其他生物监测数据的整合（蓝带研究小组报告，2017: 25）。缺乏整合使我们很难评估动物或农业生物监测信息如何改进国家生物监测能力，特别是在故意或恶意传播疾病的情况下。

多学科视角为不同的生物监测方法提供了依据，这对发展国家视角既有利又有弊。目前，“五眼联盟”国家仍在努力发展全面的国家和综合生物监测能力，但管理这些能力的政治意愿似乎有所欠缺。例如，美国总统在 2018 年预算中取消了一个旨在提供国家生物监测和整合系统的项目（蓝带研究小组报告，2017: 41）。

对构建国家生物监测能力的各种方法和途径进行有效性评估，也需要考虑国家的努力如何能够增强和提高全球生物监测能力。在有史以来最严重的埃博拉疫情暴发之后，全球生物监测的差距和困境日益明显，影响了预防、检测和应对的能力。在日益严峻的中东呼吸综合征冠状病毒（MERS-CoV）、利什曼病、流感、耐多药结核病和鼠疫的威胁下，全球公共卫生界现在认识到迫切需要解决全球生物监测和更广泛的公共卫生安全系统中的缺陷。能否为下一次重大疫情做好适当准备取决于我们是否愿意改革全球卫生监测系统以及那些卫生基础设施脆弱的国家的卫生监测系统（Shaikh et al., 2015: 183–186）。在某些方面，在全球范围内也存在与发展国家生物监测功能类似的挑战，包括系统各自为政、培训与技术专长不足、信息与通信技术不同、对数据共享与保密的担忧、互操作性差以及分析方法和工具欠缺。

可能没有一种生物监测方法、技术或工具能够实时监测疾病暴发，特别是那些可能出自恶意的、不同寻常的暴发。综合生物监测可能依赖多种方法或能力，它们共同在国家和全球层面提供可靠的、有效的生物监测数据和预警。这可能意味着需要研究如何集成旧的遗留系统，或至少使之与更新的、更可移动的平台（比如，移动或无线医疗技术）相结合，特别是在发展中国家（Shaikh et al., 2015）。现在应该很清楚，提高生物监测能力对改进自然和可疑疾病暴发的预防工作至关重要。“五眼联盟”国家情报机构必须广泛了解生物监测的理论和实践发展，以有效掌握有关生物威胁和生物风险的知识。

（二）提高国家、地区和全球卫生安全能力

在预防生物威胁和生物风险（包括自然的和恶意的）方面能够起作用的第二类利益攸关者是那些国家、地区和全球卫生领域的工作人员。埃博拉疫情（2014 至 2015 年）再次提醒我们，公共卫生能力和基础设施薄弱导致的无法迅速预防、识别、应对传染病会带来什么后果。埃博拉疫情还促进许多公共卫生专家、从业人员和研究人员对传统上主要通过世界卫生组织协调的联合国应对全球卫生危机的能力产生了新的看法。许多公共卫生观察家现在认为需要更广泛、更有效地关注传染病，不仅仅关注传染病的预防和应对，还需要将这一关注点作为人的安全问题来重新定位。从埃博拉疫情来看，这一观点的支持者提出了一个令人信服的论点，因为埃博拉疫情持续对受影响国家的经济和社会稳定产生了重大影响（Sparrow, 2016; Marston et al., 2017; WHO, 2015; MMWR, 2016）。在西非以外，世界其他地区的疾病监测、检测、追踪、临床护理、社区参与和沟通等能力也存在类似的薄弱环节，拉美或加勒比地区的寨卡病毒和中东地区的中东呼吸综合征扩散也证明了这一点。2016 年，埃博拉

危机后，全球卫生风险框架委员会（Commission on a Global Health Risk Framework）召开会议，估计每年需要 45 亿美元的投资来改善监测和反应工具。该委员会报告还估计，每年因全球流行病产生的经济成本为 600 亿美元（Schnirring, 2016; Dzau and Sands, 2016）。

有效的国家生物监测不仅取决于“五眼联盟”国家如何提高生物监测的科技能力，而且取决于它们如何在全球特别是在危险地区改善生物监测。除了有效的生物监测外，有效预防大流行，无论是自然的、无意的，或是恶意的，都依赖良好的全球（多边）、地区和国家公共卫生应对措施。

目前有几个相关的多边文书、机构和倡议，但我在这里并不打算详细阐述自“9·11”事件以来所有的重大国际卫生倡议，而是要重点讨论关键的几个，包括世界卫生组织《国际卫生条例》（IHR）、《联合国安理会第 1540 号决议》（UN Security Resolution 1540）、“全球卫生安全议程”、《禁止生物武器公约》和澳大利亚集团（Australia Group）。

（三）世界卫生组织《国际卫生条例（2005）》

世界卫生组织《国际卫生条例（2005）》于 2007 年 6 月生效，目的是预防、防护、控制疾病在国际传播并提供有针对性的公共卫生应对措施（检测、评估、通报涉及生物安全和生物安保的事件），它包括了联合国所有 192 个会员国[1]。《国际卫生条例（2005）》加强了各国对以下几个领域实现国家核心公共卫生能力目标的进展情况的问责机制，包括但不限于监测系统、建立快速反应小组和边境管理。然而，《国际卫生条例（2005）》的年度报告流程是所有缔约国向世界卫生大会（WHA）提交核心能力自我评估，有些会员国的报告可能不完整或不可信。

全球卫生风险框架委员会对《国际卫生条例（2005）》的自我评估监测工具表示关注，因为监测工具中都是二元（是或否）问题，

1　英文版原文有误。目前，联合国共有 193 个会员国。——编注

他们建议世界卫生组织设计一个固定的独立机制，根据基准评估各国的情况（全球卫生风险框架委员会，2015: 33）。比如，一个国家可以勾选“是”选项，表示拥有国家公共卫生立法，但其他附属立法（生物安全、食品安全、环境卫生）可能没有到位，从而降低了该国管理卫生危机的总体能力，也影响了国际社会了解该国的能力和信息差距并做出反应（全球卫生风险框架委员会，2015: 33）。还有一些国家报告缓慢或参差不齐。2013 年的一项研究表明，非洲地区在所有属性指标上都远远低于全球平均水平，没有一个非洲国家报告其全面实施情况（Kasolo et al., 2013: 11–13）。

（四）《禁止生物武器公约》

与我们讨论有关的第二个多边文书是《联合国安理会第 1540 号决议（2004）》，呼吁联合国所有成员国禁止非国家行为者发展、获取、制造、拥有、运输、转让或使用核武器、化学武器或生物武器及其运载系统。

更重要的是专门应对生物威胁的《禁止生物武器公约》，一直以来在防止生物武器化方面发挥着重要作用。《禁止生物武器公约》签订于 1972 年，旨在禁止生物和毒素武器的开发、生产、获取、转让、储存和使用（Gerstein, 2013; Chevrier and Spelling, 2016: 331–356）。2001 年，一些成员国尝试引入核查程序，但在俄、美、英三方协议下对俄罗斯相关地点进行检查后，美国否决了这一提议。美国辩称，很难证明一个国家的生物项目仅仅是防御性，而非进攻性的。美国还担心对实验室的检查可能具有破坏性，或为工业间谍活动提供机会，窃取合法经营的生物技术公司的情报（Gerstein, 2013: 137）。从历史上看，“五眼联盟”国家情报机构在评估核查工作和《禁止生物武器公约》履约方面的记录参差不齐。克布伦茨调查了情报（特别是人力情报）在评估 1971 至 1990 年苏联进攻性生物武器计划中的作用，结论是评估没有充分反映苏联的计划（Koblentz, 2009: 157）。此外，如第一章所述，2002 年，三个“五眼联盟”国家（美国、英国和澳大利亚）情报机构错误地评估伊拉克拥有移动进攻生物武器能力。情报搜集本身可能会高估或低估这种能力。

在五次年度审查会议之间，提出了若干倡议和行动（建立信任措施、专家会议、资料交流），以提高公约的效力和执行情况。但是，这些倡议和活动只是鼓励缔约国执行有关的国家立法和其他禁止发展、生产、储存、转让或使用生物武器的措施。各国究竟如何采取措施，则由各国自行决定。多年来，因为一些原因，《禁止生物武器公约》一直受到批评。一些批评是有道理的，而另一些批评似乎没有考虑到《禁止生物武器公约》与《禁止化学武器公约》《核不扩散条约》的不同之处。正如格斯坦（Gerstein）所言，“核问题的关键是材料，生物问题的关键是意图”（Gerstein, 2013: 176）。发展核武器会留下大量可识别的痕迹，而发展进攻性生物武器几乎不需要专门的设备（Gerstein, 2013: 176）。

对《禁止生物武器公约》的第一个主要批评是，它没有核查机制或任何其他监督履约的强制性规定。第二个批评是，多年来（直到 2006 年），它缺乏帮助各国履约的执行能力。自 2006 年以来，《禁止生物武器公约》在日内瓦的联合国裁军事务厅设立了一个由三个小队组成的小型执行支助股（ISU），旨在“协助、协调和加强缔约国的执行工作，帮助缔约国自力更生”（Lennane, 2011: 85）。然而，在现实中，执行支助股除了搜集每年提交的建立信任措施并将其发布在网站上及组织和参加会议外，并不具备分析和协调能力（Gerstein, 2013: 173）。历史上提交年度建立信任措施的缔约国数量也很少。尽管《禁止生物武器公约》执行支助股报告称，2016 年提交的年度建立信任措施的数量创下了历史新高（81 个），这只占提交该年度报告的 179 个缔约国的 45.5%，尽管与最低的 2014 年（19 个）相比似乎有所提升（BWC, 2017: 3）。

对《禁止生物武器公约》的第三个批评是，该公约签订以来进展缓慢，而且人们对它预防未来生物威胁和生物风险的战略与行动意义仍然存有疑问。这些问题对其长期存在至关重要。然而，尽管存在缺陷，《禁止生物武器公约》仍然为降低国家和非国家行为者使用或研制生物或毒素武器的风险建立了一个规范制度（Lennane, 2011: 85）。更重要的是，随着生物技术的不断发展，《禁止生物武器公约》确实提供了可以评估两用技术安全影响的途径，这对“缓解这些新兴的威胁”也至关重要（Gerstein, 2013: 175）。《禁止生物武器公约》对未来减少生物武器化仍有重要作用，尽管其资金不足，特别是执行支助股资金不足，意味着需要其他多边措施来强化公约的工作。

（五）“防扩散安全倡议”和澳大利亚集团

除了《禁止生物武器公约》在历史上或传统上的防扩散措施外，还建立了其他国际机制，比如澳大利亚集团（1985 年成立）和“防扩散安全倡议”（Proliferation Security Initiative，2003 年发起）。两者都涉及更广泛的反扩散目标，不仅限于生物武器，还包括化学武器和核武器。澳大利亚集团的 41 个成员国在拟订可用于发展化学武器和生物武器的技术与材料清单方面进行了合作。成员国承诺监控这些材料的出口或转让。澳大利亚集团制定了两用生物设备、技术、软件、生物制剂和植物及病原微生物的通用控制清单，作为促进共同标准和规范的基础（《澳大利亚集团通用控制清单手册（2015）》）。澳大利亚集团也与《禁止生物武器公约》合作。“防扩散安全倡议”是布什政府的一项倡议，旨在对现有的不扩散机制提供补充，但试图通过拦截和扣押运载货物的飞机或船只上的非法武器或导弹技术来执行这些制度。“防扩散安全倡议”还包括情报共享和联合行动（国家公共政策研究所，2009）。

（六）“全球卫生安全议程”

其他多边行动将重点从多边反扩散措施转向了改善全球卫生安全。在某些方面，“全球卫生安全议程”为传统的、狭隘的生物武器安全措施和更广泛的全球卫生安全之间架起了一座桥梁。“全球卫生安全议程”由奥巴马政府在 2014 年发起，是一个多部门参与的全球卫生安全举措，旨在将政府、国际组织和非政府组织都纳入其中。“全球卫生安全议程”的部分目的是“通过重点活动加强核心能力，确保世界不受传染病造成的全球卫生威胁，进一步推进《国际卫生条例》的实施，并帮助预防或减轻自然发生的流行病和危险病原体故意或意外释放的影响”（Heymann et al., 2015: 1889）。“全球卫生安全议程”是一种创新的方法，不仅因为它希望构建全球框架和能力，用以评估、衡量和维持全球流行病威胁防范领域的进步，它也将生物安全视为一个公共卫生优先事项，因此连接了公共卫生与卫生安全、发展、国防与农业部门（Cameron, 2017）。“全球卫生安全议程”的基本逻辑表明，预防、检测和应对故意使用生物剂所需要的措施与处理自然或意外暴发的生物剂所需要的措施是相同的。“全球卫生安全议程”还包括与三个领域——预防、检测和响应——相关的 12 个技术目标（Heymann et al., 2015: 1889）。和之前的计划一样，比如美国主导的“全球健康倡议”（GHI，由于缺乏资金和技术权威来调动与协调多个美国机构，奥巴马政府在 2012 年将其终止），“全球卫生安全议程”也需要确保在 2019 年后获得包括美国在内的主要捐助者的持续资金支持。在 2017 年 11 月于乌干达举行的部长级会议上，与会各国政府签署了协议，同意将“全球卫生安全议程”延长五年。美国国务卿蒂勒森（Tillerson）曾公开表示支持继续实施该计划，但在撰写本书时美国尚未就 2019 年之后的财政支持做出承诺。“全球卫生安全议程”是有希望的，但除了目前面临的供资挑战外，签署该计划的会员国还需要确保有效的治理，使供资与世界卫生组织、世界银行（World Bank）、国际货币基金组织（IMF）和其他捐助方提出的全球卫生重点相一致，以避免重复，同时有效地促进国际卫生安全能力（Paranjape and Franz, 2015; Schnirring, 2017）。

总而言之，对多边安全和全球卫生行动的讨论表明，在这些领域中存在各种各样的利益攸关者，他们可以在预防生物威胁和生物风险方面发挥作用，无论这些威胁和风险是自然发生的大流行还是来自生物武器的恶意攻击。众所周知，“五眼联盟”国家情报机构与其他成员国在反扩散领域，比如《禁止生物武器公约》和澳大利亚集团，已经进行了几十年的广泛合作，但在全球卫生安全利益攸关者和情报界开展更多协作方面仍有待提高，从而实现全球卫生安全的共同目标，不管面临的风险是自然发生的大流行或生物恐怖袭击还是从实验室窃取危险管制剂。全球卫生安全利益攸关者和情报机构的工作人员之间更多的信任与正式接触，有助于在预防重大生物威胁和生物风险方面形成互惠互利的局面。

（七）利益攸关者及其自身的生物安全程序

能够帮助预防生物威胁和生物风险的最后一类利益攸关者是那些专门从事生物安全研究以及在研究机构、生物技术公司、大学和医疗机构中推动生物安全的人。在研究管制剂和处理可能造成危害的低危险性生物剂的其他机构中，始终依赖高风险管理措施，确保生物安全。在所有“五眼联盟”国家中，历来都制定了生物安全风险管理程序和规范，以预防意外感染、意外释放或故意滥用生物物质。然而，如第一章所述，在过去二十年里，合成生物学、生物技术和生物科学研究的发展意味着现在有更多的人在更多的地点从事危险病原体工作——不仅在“五眼联盟”国家，也在发展中国家，在生物安全和生物安保能力可能不太成熟的地方，比如非洲部分地区、中东、巴基斯坦和前苏联国家（Gronvall, 2016; Shinwari, 2014）。从研究危险病原体的设施不断扩张的规模来看，仅在美国，据说就有数千个生物安全三级实验室；在中国，此类实验室的数量也在增加（Nature Editorial, 2014: 443）。

自“9·11”事件以来，美国和加拿大等国家已经在几个前苏联国家投资了合作项目。美国国防威胁降低局（DTRA）牵头在格鲁吉亚开展了减少生物风险的工作，方法是对病原体进行安全保护或加固，对科学家进行生物安全和生物安保技术培训以及监管和检测。同样，美国疾病预防控制中心也参与了格鲁吉亚以及亚美尼亚和阿塞拜疆的公共卫生能力建设（Bakanidze et al., 2010: 7）。在发展中国家建设生物安全能力固然重要，但很明显，要在“五眼联盟”国家构建生物安全能力，包括找到更好的方法来理解和管理生物科学环境中的威胁和风险，还有大量工作需要完成。

萨莱诺（Salerno）和高蒂索（Gaudioso）等生物安全专家主张在全球生物科学界建立更加全面的风险管理系统，“以避免发生危及整个生物科学领域的事故”（Salerno and Gaudioso, 2015: xv）。他们的观点是，这样一个系统需要通过在组织和单位层面对每一个潜在事件进行全面的风险管理，而不是目前大多数设施开展的一般风险评估，这样能够对现有的国家和国际生物安全的法规提供补充（Salerno and Gaudioso, 2015: 201）。其他人也呼吁采用更系统的工具和方法来管理实验室中处理诸如马尔堡病毒等常见危险病原体的生物安全事件（Dickmann et al., 2015）。还有一些人认为，虽然“接触生物管制剂和毒素的员工安全意识很高，但这种安全意识并没有渗透到整个生命研究领域”（Grphyon Scientific, 2016: 1014）。

从“9·11”事件以来一些涉及生物安全和安保漏洞的案例来看，这样的观点似乎并不夸张（GAO, 2009, 2013）。2014 至 2016 年，美国疾病预防控制中心出现了多次失误。2014 年 6 月，美国疾病预防控制中心的数十名工作人员可能接触了活的炭疽细胞或孢子，这些炭疽细胞或孢子在从美国疾病预防控制中心的生物恐怖主义快速反应与先进技术的生物安全三级实验室运输到其细菌特殊病原体分部（Bacterial Special Pathogens Branch）的生物安全二级实验室（BSL-2）之前没有被杀死。美国疾病预防控制中心的调查确定，尽管没有导致疾病或死亡，但至少有 67 名疾病预防控制中心工作人员可能接触过活的炭疽细胞或孢子（CDC, 2014）。同一份报告发现了几起违反生物安保流程和程序的事件，包括政策、培训、监督、判断甚至科学知识方面的失误（CDC, 2014）。同样，2014 年 1 月也发生了涉及美国疾病预防控制中心实验室的生物安全事件，低致病性甲型禽流感（H9N2）菌株无意中与高致病性甲型禽流感（H5N1）菌株交叉感染，并从美国疾病预防控制中心运至农业部（Schnirring, 2014）。2014 年 7 月，发现了更多的生物安保违规行为，这一次是在马里兰州贝塞斯达的美国国家卫生研究院（NIH），六个放置活天花的瓶子保存不当（Dennis and Sun, 2014a）。在美国国家卫生研究院还发现了另外五个小瓶也保存不当，其中三个装有管制剂［类鼻疽伯克霍尔德菌（Burkholderia pseudmomallei）、土拉热弗朗西丝菌和鼠疫耶尔森菌（Yersinia pestis）］（Dennis and Sun, 2014b）。在此次事件中，尽管管制剂存放时间很长，但仍然属于可能导致疾病的活生物体。它们的被窃也可能给社区带来生物威胁和生物风险。

随后暂停了在生物安全三级实验室和生物安全二级实验室之间递送生物材料，但一段时间之后，实验室活生物体递送又开始了。美国疾病预防控制中心开展了进一步内部审查后（CDC, 2015a, b），又落实了另外一些安保措施。然而，在此之后又发生了一次失误，一份基肯贡雅病毒（Chikungunya virus）样本在没有被灭活的情况下，从柯林斯堡的一个高防护实验室运输到一个较低级别实验室（Young, 2015）。同样，2015 年，五角大楼将活的炭疽孢子从犹他州的杜格威试验场（Dugway Proving Ground）运送到九个州和一个国际地点，而这些炭疽孢子原本也应该被杀死的（Burns, 2015）。事后发现，十多年以来，杜格威和美国国防部一直在国内、国际上运输活炭疽——通常没有足够的防护措施。其他报告显示，一些样品是由联邦快递递送的（Sisk, 2016）。同样，2016 年 11 月，美国卫生与公众服务部发现，一家私人实验室“自 2011 年以来不慎将一种有毒的蓖麻毒蛋白多次送至其培训中心，将培训人员置于危险之中”（GAO, 2017: 1）。英国也发生了类似的生物安保疏漏事件，自 2010 年以来，对政府、大学和医院实验室共进行了 75 次调查（Sample, 2014）。

如第一章所述，从生物科学机构窃取生物物质或信息也是一种可能带来生物威胁和生物风险的途径。生物安保管理的失误表明，至少在某些情况下，生物安保漏洞可能使威胁行为者更容易在高防护实验室行窃，甚至渗透到这些实验室。过去发生过内部人员实施的实验室盗窃案，而内部人员有可能因为一系列原因危及生物安全。邦恩（Bunn）和萨根（Sagan）主编的《内部人员威胁》（*Insider Threats*）一书，为思考“内部人员威胁”提供了一个有用的分类方法（Bunn and Sagan, 2016）。这些内部人员可以分为以下几类：自我驱动的内部人员，在某个时间点决定成为间谍或小偷；内部人员也可能是被招募的，他们本来已经在组织内部，后来被说服参与实施阴谋；渗透进入的内部人员，可能与组织的某个对手有联系，他们加入这个组织的目的是实施针对该组织的恶意行为。邦恩和萨根还提到了无心或无恶意的行为者，他们无意中犯了错误，比如随便乱丢密码，从而构成威胁。最后，作者提到了“被胁迫的内部人员”，他们本意是要保持忠诚，但是为了避免针对他们自己或他们所爱的人的敌对行为，在知情的情况下协助了盗窃或破坏活动（Bunn and Sagan, 2016: 4）。

布鲁斯·艾文斯在高防护实验室的活动（导致了2001年美国炭疽邮件事件）就构成了内部威胁，这凸显出与内部人员相关的潜在高威胁和风险。艾文斯事件提供了一个有用的案例研究，说明一个组织的安全程序以及其他组织和认知偏见可能在数年内一直忽略内部威胁参与者带来的风险（Stern and Schouten, 2016: 74–102）。自美国炭疽邮件事件以来，已经投入大量经费用于解决暴露出的生物安保漏洞。

自“9·11”事件和美国炭疽邮件事件以来，科学界制定了一系列促进生物安全和生物安保的政策、程序、行为规范。其中包括安全法规，比如美国的《微生物和生物医学实验室的生物安全》，以及更正式的立法和监管措施。后者将在第七章中讨论。在物理和远程访问实验室（包括存储数据的计算机系统，因为这些数据有被盗或被黑的风险）方面，也可以在技术和政策上进行改进（Gryphon Scientific, 2016: 1014; Berger, 2013: 113–127; Slayton, 2013: 51–70）。

撇开促进生物安全的一些正式立法和法规的讨论，整个生物科学领域有效风险管理的发展和维护，也依赖一种重视生物安全和生物安保的组织文化，将它们与其他成果置于同等优先地位。如果希望实现有效的风险管理，及时预防、识别、处理生物威胁和生物风险，就必须在各级建立问责制度。一名行为异常的内部威胁者可能在之前评估中被认为适合接触管制剂，并且最开始时似乎遵守了所有相关的生物安保条例和程序，但如果他没有接受组织的规范生物安全价值观，可能仍然会构成风险。因此，为了阻止出现内部威胁，组织必须大力推广相关的生物安全文化价值观，其力度可能超过遵守正式的生物安保法规的要求。

当然，必须根据科学家执行职能的能力来衡量风险管理措施。除了内部组织的生物安全倡议外，在每个“五眼联盟”国家，与地方执法机构和相关国内安全机构的有效合作，帮助科学家树立行之有效的生物安全文化，可能依然非常重要。斯特恩（Stern）和斯考滕（Schouten）为改进政策、程序提供了大量有用的建议，这些建议可能有助于改善整个生物科学领域的生物安全文化（2016: 101–102）。我认为，有两点是有帮助的：一点是制定标准操作流程以主动识别漏洞，包括使用“红队”演习探索如何利用系统。换句话说，什么样的动机（经济的、心理的、宗教的和政治的）可能驱动内部威胁，有什么方法可以评估此类威胁的迹象？另一点是“确保人员可靠性程序纳入正在进行的反情报漏洞评估，包括自封的告密者或寻求关注者导致的漏洞”（2016: 101）。

有效的生物安全和生物安保培训也至关重要，因为研究管制剂或其他两用生物剂的实验室数量在全球范围内激增，特别是在脆弱国家的实验室。更加统一的培训方法也很重要，这样各国就可以确保尽可能多的科学家（不管来自哪个国家，在什么样的环境工作）了解可能出现的生物威胁和生物风险，以及如何预防或减轻这些威胁和风险（Sture, 2012）。

二、瓦解

如前所述，在科学界、全球卫生安全和生物安全领域有多个利益攸关者，它们可以在预防生物威胁和生物风险方面发挥关键作用，并支持情报机构为预防这些威胁和风险而采取行动。预防生物威胁和生物风险是利益攸关者可以发挥核心作用的一个关键维度，而瓦解则是另一个维度。尽管情报机构可以利用科学界利益攸关者提供的一系列知识、技术、方法来防范生物威胁和生物风险，但我们必须承认，不可能发现每一个犯罪或恐怖主义行为。

尽管如此，科学界利益攸关者提供的一些方法、实践、技术、知识仍将有助于瓦解生物威胁和生物风险。换句话说，预防可能并不总是可行的，但可以采取措施，及早发现威胁，以减少其影响。与预防生物威胁和生物风险类似，瓦解生物威胁和生物风险也将依赖向生物监测、公共卫生和生物安全研究等领域的利益攸关者寻求建议。例如，前面谈到过的，美国情报高级研究计划局委托开展探测生物工程变化信号（即寻找工程关联指标），这项研究可能使情报机提升能力，不仅能够防止生物工程的改变，使之更利于恐怖分子对人群、关键基础设施或生物技术公司实施袭击，也有助于在恐怖分子的计划阶段及时发现蛛丝马迹并阻止袭击的实施。如前所述，如果高防护实验室构建了强大的生物安全文化，仅仅通过让同事说出在他们工作环境中的可疑活动，而不需要情报界具备任何复杂的知识、技术和程序就可能瓦解这种生物威胁。但是，这项相关知识、技术和实践不仅来自生物科学领域的科学利益攸关者，还应该来自已经成功实施瓦解行动的其他领域（包括犯罪学、警务、工程、立法、网络、反情报等）的从业人员。

我们在此简要分析情报机构可能从其他利益攸关者和学科角度能够学到什么，从而提高瓦解生物威胁和生物风险的能力。是否能够从其他利益攸关者、学科甚至其他威胁环境中吸取教训，用于瓦解最初可能没有被发现的生物威胁？自“9·11”事件以来，有三个利益相关领域和学科（犯罪学、反恐和网络）在研究、应用瓦解战略应对威胁和风险，他们的知识也许与瓦解生物威胁和生物风险相关。下面我们将简要逐一介绍，以了解在每个领域利益攸关者（研究人员和从业人员）如何制定瓦解策略，以及如何利用这些策略应对生物威胁和生物风险。

（一）犯罪学

犯罪学的洞察和利用瓦解技术预防犯罪的实际应用，为通过法院起诉的传统执法提供了一个补充办法。在犯罪学和执法实践中，瓦解并不是一个新概念，尽管它在执法中很难定义（Ratcliffe, 2008: 204）。在犯罪学、警务或执法背景下，它的含义至少部分可以追溯到代表更广泛的愿望，即将执法从传统的被动反应模式转向由情报驱动的执法模式，最初在英国开始，随后在 20 世纪 90 年代末和 21 世纪初，其他“五眼联盟”国家也紧随其后。这种由情报驱动或主导的执法或警务概念在犯罪学和警务文献中获得了巨大的关注（Walsh, 2011; Ratcliffe, 2016; Innes and Sheptycki, 2004）。它最初是在英国兴起的，目的是希望政府更多地通过利用情报来推动战略和行动决策，从而实现效率最大化和降低成本。情报主导警务模式在“五眼联盟”国家产生的结果却是好坏参半，部分原因是希望将情报置于警务战略和行动决策中心的机构存在文化、财务和领导问题（Walsh, 2011; Ratcliffe, 2016）。然而，尽管历史上采用以情报为主导的方法一直面临挑战，但财政约束日益增加，反恐、网络和有组织犯罪领域的犯罪数量高且行动环境复杂，执法要求日益提高，都意味着对情报驱动方法的更大需求，至少在许多国家执法机构中是如此（Walsh, 2011）。这种情报驱动的方法强调的是先发制人瓦解犯罪策略，但也在某种程度上承认了并非所有的犯罪行为都能被阻止，也不是所有的犯罪分子都能被起诉。

此外，在许多执法机构，比如澳大利亚联邦警察局，信息搜集量日益增长，因此情报在鉴别信息的重要性、增加信息的价值、指导调查人员找到目标和开展行动等方面发挥了更重要的作用，或者使成功起诉的可能性变得更大。在复杂的有组织犯罪案件中，比如跨国毒品走私、人口走私，甚至恐怖主义和网络威胁，情报驱动的瓦解策略在许多“五眼联盟”国家执法机构中变得越来越流行，特别是在很难完全摧毁有组织犯罪集团——甚至不完全了解犯罪集团网络的情况下。即使有组织犯罪网络继续存在，针对扮演关键角色的威胁行为者（比如协调人、出资者和后勤人员）的瓦解行动也可能减少他们构成的威胁。此外，针对一些有组织的犯罪网络，可能很难锁定足够的证据，以更严重的罪名（比如进口毒品）起诉他们，但有可能利用充足的情报，以较轻的罪名逮捕集团主要成员，比如不明原因财产或移民违法行为，从而使环境更加不利于犯罪集团的非法行动。虽然瓦解犯罪似乎确实是预防或减少犯罪影响的有用工具，但犯罪学研究表明，很难评估情报驱动的瓦解犯罪策略的有效性。拉特克里夫（Ratcliffe）引用了加拿大皇家骑警“瓦解属性”工具，该工具旨在衡量瓦解活动的目标（核心业务、财务、人员），以及对一个或多个属性的瓦解程度是高、中或低（Ratcliffe, 2008: 207）。然而，这类工具在很大程度上是主观的和定性的，因此很难准确衡量情报驱动的瓦解措施的影响。关于瓦解策略的另一个担忧是，它们可能只会造成替代效应，其他犯罪集团会取代那些被执法机构取缔的集团，或者如英尼斯（Innes）所说，“瓦解了一个犯罪网络，可能会给其他更危险的犯罪分子提供了进入机会”（Innes and Sheptycki, 2004: 14）。最后，文献表明，采用有效瓦解策略依赖前瞻性的情报搜集和有效分析，以便获得及时的战略和行动成果，从而缓解威胁，最大程度降低伤害。

那么，应对生物威胁和生物风险的情报机构关注与有组织犯罪瓦解策略相关的研究和实践会有好处吗？答案是有保留的“是”。当然，这在很大程度上取决于威胁和风险的性质。显然，与任何犯罪一样，当生物威胁只存在于犯罪分子的头脑中时，就很难被制止。然而，我们知道犯罪和恐怖主义行为往往不是突然发生的。犯罪分子通常会采取多次分步行动。其中一些可能在很短时间内发生，而在其他犯罪行为中，计划阶段可能需要几年。无论哪种方式，不管是否能够被情报机构发现，在即将到来的威胁或风险的计划阶段，都可能会出现一些迹象，为情报机构提供瓦解犯罪行为的机会。很难说在哪些生物威胁情况下，瓦解策略会是最成功的。这在很大程度上将取决于情报机构搜集和分析信息的速度。如前所述，良好的情报搜集和分析能力取决于是否具备健全的核心情报流程，更重要的是情报管理是否有效。这两者都是必需的，以确保在情报界内部多个利益攸关者之间协调情报工作，同时相关的知识和来自外部利益攸关者（科学界）的信息和专业知识也有助于对新兴的生物威胁提供早期预警信号。

虽然不应过分夸大瓦解策略在打击传统有组织犯罪集团方面的成功潜力，但在生物威胁的情况下，瓦解策略可能会起到作用。生物威胁可能产生于多种集合情况，集合的一端是个人威胁行为者，另一端是复杂的有组织群体。在个体层面，一个人，可能是一个独自行动的恐怖分子或一个疯狂又邪恶的科学家。虽然似乎很难对疯狂又邪恶的科学家的恶意行为提供早期预警，但我们在前面关于“内部人员威胁”的讨论中看到，在实施类似美国炭疽邮件攻击之前，有可能中断此类活动。虽然对于布鲁斯·艾文斯和美国炭疽邮件事件的分析属于事后，但从该事件中吸取的教训确实为情报机构、科学界提供了情报搜集和分析的指导，可以用于帮助瓦解此类生物威胁。这并不意味着所有类似的“内部人员威胁”案例都会被发现、阻止或瓦解，但如果在高防护实验室工作的科学家对“奇怪的”行为或不寻常的安保漏洞进行更仔细地检查和分析，就可能发现存在漏洞的领域。发现个人心理状况和（或）工作环境的异常变化，也可以帮助堵住这些漏洞。在构成生物威胁的另一端是更有组织的生物犯罪或恐怖分子计划的活动，它们在某些方面可能类似于其他非法犯罪市场和网络（毒品、身份欺诈、洗钱），因此存在瓦解他们行动的机会。这并不意味着总是有可能中断有组织的生物威胁。如前所述，自“9·11”事件以来，即使有了基于国家的禁止大规模杀伤性武器计划，情报机构在发现这些武器计划，或是揭露非国家行为者利用两用技术达到恶意目的的意图和能力方面的结果并不总是尽如人意。

然而，在某些生物犯罪中，如果涉及非法交易的行为者构成了更大的网络，瓦解行动可能是有用的。比如以下犯罪场景，“五眼联盟”国家食品供应商没有合法注册就进口食品，构成了生物安全风险，那么国家执法机构就可能与农业、动物卫生、食品监管机构以及相关科学界利益攸关者一起合作，从相关国家阻止非法食品供应。同样，一些生物技术供应商可能向位于容易遭受恐怖分子渗透的国家或地区的可疑公司提供两用设备，在“五眼联盟”国家也可能阻断这些供应商的不合规活动。

（二）反恐

除了可以从犯罪学和执法实践中获得有用的知识外，当代反恐研究涉及的瓦解策略也可能用于应对生物威胁和生物风险。如上所述，自“9·11”事件以来，“五眼联盟”国家执法机构越来越多地在反恐中部署瓦解策略，因为想要保护生命就需要更早地阻止袭击，最好是在其计划阶段。正如英纳斯对反恐行动的建议，目标是公开地阻断计划好的袭击，这可以产生很多效果，包括向其他恐怖组织传递信息，即他们可能就是下一个；安抚社区；在未来可能发生袭击的社区部署（如果可能）遏制暴力极端主义战略（Innes et al., 2017: 253）。特别是在英国，反恐战略的一个关键支柱一直是在战略和战术层面的瓦解行动。在战略层面，瓦解行动涉及一系列举措，包括逮捕相关人员、采取立法行动和加强监视（Innes et al., 2017: 265）。

除了拥有全球影响力的组织，比如“基地”组织和“伊斯兰国”，从20世纪70年代到21世纪头十年末，在美国和欧洲大约发生了198起“独狼式”恐怖袭击事件（Danzell and Montanez, 2016: 136），此类袭击事件数量的增长，也成为进一步实施严厉立法措施的重要催化剂，比如未经审判的拘留和控制令（Walsh, 2016）。所有“五眼联盟”国家还采取了进一步的立法改革，降低了情报机构为获取电子情报、人力情报必须有合理怀疑这道门槛，希望达到瓦解恐怖袭击的目的。各国政府也希望通过创造日益积极、灵活、宽松的立法环境来减少恐怖分子带来的威胁和风险，这也引起了人们对情报、保密和隐私的关注。这些问题将在第七章中讨论，因为它们与生物威胁和生物风险有关。

然而，立法只是有效打击恐怖主义的一个方面，实际的及潜在的恐怖袭击的规模和速度表明，在战术层面还需要其他瓦解策略。英尼斯等建议可以包括以下策略：“在证据不足的情况下，对个人或组织在主要被调查内容之外的犯罪行为进行起诉，瓦解犯罪集团的行动”（2017: 265）。他们补充说，在战术层面，瓦解策略可以“破坏嫌疑对手高效运作的能力”（2017: 265）。英尼斯等建议在“临近事件阻断”中使用战术瓦解，这样可以使实际或计划中的恐怖袭击伤害减轻或降至最低（2017: 265）。“五眼联盟”国家的其他反恐瓦解战略包括制定政策和干预措施，以及干扰或关闭鼓吹出于政治动机的暴力或招募圣战组织成员的社交平台。

“9·11”事件之后，恐怖袭击变得日益复杂（例如，2015年，一个组织策划的巴黎多地点袭击；2014年，澳大利亚两名警察遭到持刀袭击），但国家安全机构和执法机构采取的瓦解策略还是可能有效应对生物威胁和生物风险。在常规反恐中使用的瓦解战略和战术在生物威胁环境中是否有用取决于个人威胁者的意图和能力，以及他们的行动可能带来的风险。在生物威胁背景下，瓦解策略的有效性与传统恐怖袭击一样，取决于该事件特有的一系列变量。在生物威胁背景下，撇开生物恐怖主义如何构成未来威胁的巨大不确定性不谈，有效的瓦解行动将取决于国家安全机构和执法机构理解在特定环境中，威胁者的意图、能力、机会如何使攻击成为可能。从个体到群体，从国家到非国家行为者，威胁者的意图、能力和机会都不相同。例如，在研究机构、医院或高防护实验室中，意图、能力和机会可能受到内部、外部或间接参与者的影响（Perman et al., 2013: 95）。按照珀曼（Perman）的说法，威胁也可以是公开的或秘密的（Perman et al., 2013: 95）。在某些情况下，科学家可能出于政治动机（宗教、环境或政治原因）使用生物剂实施暴力行为，如果他们公开了自己的动机，那么他们的活动可能更容易被阻止。然而，如果计划是秘密进行的，就很难阻止从实验室外部或内部发起的攻击。

尽管如此，正如我们在布鲁斯·艾文斯（美国炭疽邮件事件的头号嫌疑人）等“独狼式”恐怖袭击事件中所看到的那样，在实施袭击的过程中，可能会暴露出一些迹象。同样，在不太为人所知的拉里·福特（Larry Ford）博士案中（福特涉嫌谋杀了他在一家生物技术公司的商业伙伴），警方发现了大量武器、白人至上主义者的文章和对他试图用生物制剂感染六名情妇的指控（Perman et al., 2013: 94）。即使在更加秘密的“独狼式”恐怖袭击计划中，如果能及时搜集和评估大量的“预警情报”，可能会有利于挫败单独行动者策划的袭击。虽然挫败一个单独行动的阴谋可能很难，但在某些情况下，一群同谋者精心策划的阴谋可能会为国家安全机构和执法机构提供更多的机会，从而阻止、挫败他们的阴谋。这是因为在涉及多个参与者的阴谋中，在实施攻击之前会有更多的阶段。其中一些阶段，比如通信、采购物资和运输，属于容易受到干扰的环节。在这些阶段，威胁者可能会暴露在执法机构面前，行动受到干扰。诸如对高防护实验室的恐怖袭击之类的外部威胁，可能涉及小组成员之间通信、筹措资金、购买爆炸物和监视设施周边等阶段。每一阶段都为国家安全机构和执法机构提供了情报与信息，使他们有机会挫败恐怖袭击。同样，外部犯罪集团或国家行为者都可能从私营生物技术公司窃取知识产权或生物材料，他们可能向雇员施压或付钱让其代替自己窃取信息。那么，有关犯罪集团或相关雇员的情报也可能存在，并为瓦解行动提供机会。

当然，在一个理想的世界里，如果所有潜在的生物威胁和生物风险都能在产生想法阶段的初期就被阻止，这将是我们希望看到的，因为在这个阶段，涉及的主要是犯罪分子头脑里的一个想法。就业前的筛查，包括犯罪记录调查和管制剂风险评估，将显示哪些人不适合接触和操作危险的生物管制剂。这些会在早期起到干预的效果，但这并非万无一失。有人可能在安全适宜性检查中撒谎，从而获得接触安全生物设施的机会并策划恶意行为，而并非仅仅是构想。一旦在设施内行动，根据计划攻击的性质，国家安全机构和执法机构有时很难做出足够迅速的反应，在袭击完全实施之前阻止它。在所有威胁场景中（从简单到复杂），除了强制性的员工背景调查，每个科研机构都需要开发全套的威胁评估，并针对不同的威胁行为者定期更新，包括但不限于游客、犯罪分子、“独狼式”恐怖袭击（内部和外部）、恐怖和话题动机团体、国际恐怖主义组织和外国势力（Perman et al., 2013: 94）。威胁评估应该由一个机构的内部安全部门与当地执法机构合作开发。自“9·11”事件以来，涉及生物剂的威胁场景相对较少，这可能意味着在评估不同威胁类型的意图、能力和机会方面存在许多情报缺口。然而，通过基线威胁评估就可以开始构建威胁情景的全景，这将有助于促进更好的生物安全措施，并在威胁开始出现时有机会尽早消除威胁。

总而言之，从事未来生物威胁和生物风险工作的国家安全机构和执法机构可以从他们的反恐同事那里学到很多东西。自“9·11”事件以来，反恐行动一直在为国家安全机构和执法机构提供经验，让他们知道如何更有效地在新兴的恐怖阴谋实施之前将其挫败。从研究不涉及生物学的常规恐怖袭击中获得的知识，可以帮助那些应对未来生物威胁和生物风险的人了解如何优化立法、情报、调查及社区对恐怖主义的反应，同时从当代的反恐行动中吸取教训。特别是在西方国家，“独狼式”恐怖袭击不断增加——而且往往是在很短的时间内发生——暴露出经常存在以下情况：要么情报数量不足，要么情报无法在法庭上披露。在这些情况下，为了减轻恐怖分子的威胁和危害，其他一些战术瓦解策略开始在“五眼联盟”国家越来越受欢迎。同样，由于两用生物技术的开发可能导致威胁越来越复杂，在某些情况下，可能很难搜集到充分的确凿“证据”或利用生物取证对生物恐怖主义或生物犯罪活动进行定罪。尽管如此，上述讨论的各种反恐怖主义战略指出了在较轻的犯罪行为中可能干扰威胁者的方式，同时也为其他相关个人提供了更大的情报红利。

（三）网络

处理生物威胁和生物风险的情报机构和工作人员，可以从中学习的最后一个知识领域和利益攸关者群体是网络安全。正如克布伦茨和马扎内茨在 2013 年指出的，生物和网络武器之间有许多共同特征，包括但不限于归属困难以及多种技术可用于进攻、防御和民用（2013: 421–425）。两位作者都认为，由于这些相似之处，网络可以从历史上应对生物威胁的方式中学到很多东西。这无疑是正确的，但是本节的重点是反过来的——即从事生物威胁研究的情报和调查机构能从网络威胁和能力方面学到什么？即使是对文献的粗略回顾也表明，在许多领域，当前的网络研究和实践有助于“五眼联盟”国家情报机构了解当前及新兴的生物威胁和生物风险。本书的篇幅不允许对所有这些问题展开详尽的讨论，但特别需要指出三个网络领域——暗网、网络恐怖主义和网络间谍活动。我相信那些从事生物威胁和生物风险的工作人员，如果可以从中了解更多信息，就会获益良多，并从网络中吸取教训，确定良好的情报和调查实践。接下来，我将依次简要讨论每一个领域。

说到暗网环境，首先我们指的是互联网上“没有被标准搜索引擎索引”的内容（Weimann, 2016: 196）。大部分暗网被隐藏或屏蔽，只能通过专门的浏览器访问。鉴于其相对的匿名属性，暗网见证了儿童色情、信用卡诈骗、身份盗窃、毒品和武器走私等非法犯罪活动的扩散。暗网是近年来才出现的，但国家安全机构和执法机构已经开展了一些渗透、瓦解活动。2011年2月至2013年10月，美国联邦调查局关闭了暗网“丝路”，这是迄今为止规模最大、影响最大的非法毒品匿名在线交易市场（Zajácz, 2017）。新的技术解决方案在开发之中，以便更好地识别、搜集和分析暗网上的非法活动，例如美国国防高级研究计划局的深网搜索项目（MEMEX），它可以帮助深挖暗网网站（Weimann, 2016: 203）。尽管如此，所有“五眼联盟”国家情报机构都需要继续发展针对暗网内容的搜集、分析和调查能力，以便更准确地分析各种非法市场，策划针对多个市场的有力瓦解行动。

虽然还不清楚，至少在非保密的意义上，非法市场在多大程度上可能有利于生物威胁行为者（犯罪分子或恐怖分子），但毫无疑问，国家安全机构和执法机构应该更多地利用暗网，寻找瓦解威胁和风险的机会。第一步可能是绘制生物恐怖主义文献图谱，并确认可以接触生物恐怖主义制剂或疾病研究、领域、机构、国家以及生物恐怖主义制剂或疾病研究新主题和趋势的研究人员。陈忻钧教授展示了如何通过信息学研究，使用知识地图绘制技术分析生物恐怖主义领域的生产力状况、合作状况和新兴主题（Chen, 2011: 335–367）。此外，其他正在处理非生物威胁（比如，传统的恐怖袭击、恐怖主义融资、贩毒甚至儿童性剥削）的情报和调查小组可能接触到与有兴趣利用两用生物制剂达到恶意目的的人有联系的犯罪分子。因此，情报研究机构处理更广泛网络安全问题（比如，网络犯罪或网络恐怖主义）方面的工作，与改进针对新兴的生物威胁和生物风险的情报搜集与分析是直接相关的。

第二个领域涉及网络恐怖主义，它的发展为生物威胁情报和调查小组提供了另一个向应对网络威胁的同事学习的机会。在过去，我们提到经典的“生物恐怖主义”袭击，经常想到的是将炭疽等危险的病原体变成气溶胶形式并传播到人群聚集的地方。恐怖主义组织将来仍可能选择这种攻击方式（暂且不谈这种攻击的技术困难），尽管通过网络实施的犯罪行为为生物攻击提供了其他选择。网络安全专家对网络恐怖主义的认识还在不断发展。我们看到了诸如塔利班、“伊斯兰国”这样的组织越来越多地使用计算机进行招聘、宣传和通信，但根据经验仍然很难了解当前有多少虚拟攻击［比如勒索病毒（ransomware）］可以归因于恐怖分子，或者有多少虚拟攻击会导致死亡或严重影响关键基础设施。这类攻击很容易被指向网络黑客（犯罪分子）或国家资助的间谍活动，接下来我们将很快讲到这两个问题（Riglietti, 2017; Bernard, 2017; Heickerö, 2014）。

很明显，恐怖组织正在更多地使用电脑，特别是暗网，因为他们知道情报机构正在监控互联网和社交媒体。2014 年 8 月，阿拉伯卫星广播电视台（Al-Aan TV）报道，在叙利亚抓获的一个“伊斯兰国”突尼斯成员的电脑中存有数千份来自暗网的文件，其中包括 19 页关于如何制造生物武器以产生最大影响的文件（Weimann, 2016: 200）。在其他案件中，“伊斯兰国”实施了一系列网络攻击，这些攻击“完全基于电脑，其中一次甚至导致美国政府官员私人信息的泄露，从私人谈话到工作和电子邮件地址”（Riglietti, 2017: 19）。

网络安全对生物威胁研究和调查团队有价值的最后一个领域是网络黑客和间谍活动。把黑客攻击和间谍活动放在一起，并不意味着这两者总是联系在一起——尽管我们的确从俄罗斯干预 2016 年美国总统大选中看到了这一关联。毫无疑问，国家和非国家行为者实施的黑客攻击（未经授权访问计算机或网络）范围正在扩大，同时民用和军事领域的网络漏洞依然存在。

在近来的一篇文章中，美国联邦调查局助理特工主管托德·卡罗尔（Todd Carroll）说，从未经授权的用户进入网络到被发现之间的平均时间是 150 天，“这是网络意义中一生的时间”。托德接着说，57% 的企业没有专门的员工或供应商来监控网络攻击（Stone, 2017）。近年来，我们也看到了全球范围内恶意软件和勒索软件攻击呈上升趋势。例如，2017 年，Wannacry 勒索软件攻击导致 124 个国家发生了 23 万次感染（关闭了银行、能源和制造系统）（Schilling, 2017）。暗网还为恐怖分子和犯罪集团提供了匿名操作僵尸网络的机会，他们可以远程操作计算机网络，对包括关键基础设施在内的其他系统发动攻击。再次重申，在这里没有足够的篇幅来全面研究所有的网络黑客和间谍威胁，实际上，如何处理它们超出了本章的范围（Clarke and Knake, 2010: 257–280）。

尽管如此，黑客攻击——无论是国家资助的（间谍活动）还是非国家行为者（恐怖分子或犯罪分子）——提供了另一个可以搜集和评估情报的丰富知识来源，可供应对新兴的生物威胁和生物风险的人员使用。例如，鉴于生物安全机构的物理安全、知识产权以及此类设施生产的生物产品依赖安全的网络系统，对于生物威胁情报和调查团队来说，不从黑客快速变化的网络攻击角度学习似乎是不明智的。近年来，我们看到政府网站遭到攻击，其中包括针对政府和私营部门网络的勒索软件攻击。越来越多的信息通过云来共享和存储。如果一场大规模的勒索病毒攻击使疾病预防控制中心这样的公共卫生机构的整个生物监测能力停摆，对维护国家卫生安全会有什么影响？网络犯罪集团能否潜入一家大型生物防御公司的网络系统，窃取知识产权，然后在暗网上卖给恐怖组织？在非安全网络上云存储与病原体基因序列相关的研究，会被恐怖组织或国家行为者窃取来制造生物武器吗？（蓝带研究小组报告，2015: 44–46）。在以上讨论的所有三个方面，网络情报搜集和分析师与那些可能研究新兴的生物威胁和生物风险的人员之间发展更全面的联系，是将相关知识和实践从网络安全带给生物威胁利益攸关者的第一步。

三、处理

在最后一节中，关注的焦点将转向什么样的利益攸关者会在处理生物威胁和生物风险中扮演角色？其次，在履行这些职责的过程中，他们如何帮助“五眼联盟”国家情报机构构建更好的能力（知识、实践和技术）来应对实际或新兴的生物威胁和生物风险？正如我们迄今所看到的，生物威胁和生物风险的管理可能是一个混乱的体系，许多利益攸关者（除了情报机构）扮演着关键角色。在这一节中，我将他们分为三种“利益攸关者类型”：第一响应者、科技利益攸关者和安全利益攸关者。这不是三个没有互动的独立群体。根据所发生的生物事件的性质，我们可能看到来自不同群体的各类知识经纪人和从业者之间的密切交互。例如，一种人工合成的管制剂在机场被释放，第一响应者、工程师、安保人员应该共同提供战略和战术响应，而不是每个群体单打独斗。如果多个利益攸关者不能协同合作提供知识、实践和技术来应对正在形成的生物威胁或生物风险，就不会产生最佳结果、减轻风险或瓦解未来可能发生的类似威胁。

与前几节一样，这里的重点也不是深入探讨所有可能涉及生物风险处理的利益攸关者的具体知识、实践和技术。这是一项不可能完成的任务。相反，本节将简要解释三类利益攸关者（第一响应者、科技利益攸关者和安全利益攸关者）在处理生物风险（当前或潜在的）方面可以做些什么，情报机构可以从中学到什么，从而扩展其管理生物威胁和生物风险的能力。

（一）第一响应者

“第一响应者”（First Responders）这一概念涵盖了更广泛的利益攸关者群体，包括火灾或危险品处理人员、护理人员、急救人员、健康和医务服务提供者。根据生物灾害的类型、各自的司法和立法责任以及财政能力，他们在应对和处理生物事故方面将发挥不同的作用。在“五眼联盟”国家，可能除了新西兰（人口较少，只有一个国家政府），应对的复杂性决定了不同的地方、州和联邦第一响应者可能扮演重叠的角色。显然，在美国有多个联邦、州和地方机构，因此与其他“五眼联盟”国家（比如，澳大利亚和英国，他们的机构和司法管辖范围较少）相比，生物事故的第一响应协调工作面临更多的挑战。关于第一响应者在处理生物威胁和生物风险方面的作用，目前还没有大量的学术文献。由于缺乏证据，很难准确评估他们如何应对生物威胁和生物风险，面临的挑战是什么，以及情报界能从这些重要利益攸关者那里学到什么。然而，现有的一些研究可以增加情报界对处理生物威胁和生物风险的第一响应能力的了解，并明确面临的一些挑战。这项研究至少可以为情报界提供一个起点，让他们了解在运用自己的知识和实践来瓦解、处理生物威胁和生物风险时，能够从第一响应者那里学到什么。

“9·11”事件和美国炭疽邮件事件为执法机构和公共卫生机

构更紧密地合作应对正在形成的威胁提供了催化剂。自美国炭疽邮件事件以来，“五眼联盟”国家进一步协调了执法机构和公共卫生机构在处理生物威胁和生物风险方面的工作。但这些努力通常没有涉及广大的国家安全情报机构。与执法机构相比，国家安全机构往往扮演着战略性和临时性的角色。总的来说，为了让第一响应者以及情报和执法人员共同参与而在政策、协调和立法方面所做的努力成果喜忧参半，原因有几个。2007 年，一项关于美国、加拿大、英国、爱尔兰的执法机构和公共卫生机构如何合作应对生物威胁事件的研究确定了改善多机构应对措施的几个常见的障碍（Strom and Eyerman, 2007），包括文化、法律、结构、沟通和领导障碍（Strom and Eyer-man, 2007: 135）。在斯特罗姆（Strom）和艾尔曼（Eyerman）开展研究十年后，其他研究人员也对第一响应者有效管理生物威胁事件以及与国家安全机构和执法机构合作完成此类任务的能力进行了类似的观察。不仅涵盖上文提到的能力问题，其他研究还指出了在物理环境中处理生物威胁和生物风险的其他技术挑战。例如，化学家和环境工程师的研究表明，鉴于细菌的性质和种类不同，评估暴露风险的科学可能无法完全准确地评估建筑物的漏洞或受到生物攻击后的恢复力，某些情况下也无法评估应急人员是否有效地“清理了暴露后的环境”（Canter, 2007; Tayloret al., 2013）。对当地生物威胁事件缺乏有效的反应，显然会对生物风险的处置和防范产生广泛的公共影响。例如，格斯坦（Gerstein, 2017: 86）引用游说团体“美国健康信托”（Trust For America’s Health）的一项研究报告称，26 个州和特区在“准备工作”一项的评分为 6 分（满分为 10 分）或更低。此外，自“9 · 11”事件以来，非典和埃博拉等重大疫情的暴发也显示出世界部分地区的脆弱性，一些“五眼联盟”国家的公共卫生应对能力也不容乐观。如果发生重大的生物恐怖事件，这仍然是一个令人担忧的问题。

蓝带研究小组报告对某些响应者的能力表示了类似的担忧，包括那些可能参与在生物事故后现场洗消的地方、州和联邦机构的能力。报告指出在美国联邦、州和地方机构之间存在类似的协调问题，第一响应机构往往牵头负责环境洗消和补救，但其他机构将如何参与，以确保受到攻击的地点是安全的，可以让人们返回（蓝带研究小组，2015: 26）。关于第一响应者在处理生物威胁和生物风险中的作用，研究中有一个基本主题是情报机构必须与应急服务机构共享更多的信息，特别是关于他们将要应对的威胁的性质。这并不是说所有“五眼联盟”国家都没有实现信息共享。我在每个国家精心挑选了执法和情报官员，对他们的采访都没有给我留下第一响应者没有分享信息的印象。然而，很明显，如果当地的消防官员或医院的急救人员希望更好地应对生物事故，他们需要定期、一致、可靠、实时的信息和情报。这对他们安全保护现场，或快速诊断和治疗感染患者，同时保持自身安全是至关重要的。更重要的是，他们得到的情报越多，就越有可能保存现场的所有相关证据，而这些证据可能正是国家安全机构和执法机构所需要的。格斯坦在谈到改进生物准备和响应活动时提出了一个有价值的观点，他建议将第一响应者视为一个复杂系统的一部分，而不是每一个都代表一系列的程序（Gerstein, 2017: 88）。

情报机构不仅可以从第一响应者那里学习到知识和实践，他们能够获取的最大经验是更好地理解“不同学科（生物、公共卫生、应急管理）、政府、行业、科学界和他们自己之间的联系，从而更好地支持第一响应者”（Gerstein, 2017: 88）。如果“五眼联盟”国家情报机构能够制定第五章提出的必要的国家卫生安全协调措施，比如卫生安全协调委员会和国家卫生安全策略，那么通过这些机构，可以建立进一步的情报共享机制，以改善情报机构与联邦、州和地方各级第一响应者之间的信息流。然而，首先需要进一步研究国家安全机构和执法机构目前如何与第一响应者合作，以识别并尽可能多地解决持续存在的文化、法律、沟通和领导障碍。

（二）科技利益攸关者

处理生物威胁和生物风险的第二组知识和利益攸关者可以粗略地描述为“科技利益攸关者”。在前面章节中的相关标题下（预防和瓦解），我用了大量篇幅讨论我们的情报机构如何向不同学科领域（包括生物监测、公共卫生、生物安全、犯罪学、反恐和网络）的利益攸关者学习。对这些学科的讨论包括研究对情报机构在预防、瓦解生物威胁和生物风险方面有用的科学、技术和知识。其中一些讨论，例如生物监测、生物安全和加强全球卫生，也与本节处理生物事件的重点有关。然而，本节的重点不是情报机构可以从上述学科领域的利益攸关者那里学到什么，而是他们能从与生物科学或相关社会科学（工程或安全研究）不那么相关的学科中学到什么。

情报机构能从物理、机械或环境工程中学到什么？在预防、瓦解、处理生物威胁和生物风险方面，工程专业可以发挥并且正在发挥多种作用。首先，从历史上看，美国国防部一直依赖工程师和微生物学家，为一系列情境和条件下（国家行为者和恐怖分子威胁）生物剂武器化提供建议。例如，在“9·11”事件之前，1999 至 2000 年，美国国防威胁降低局就资助了巴克斯（Bacchus）项目，以考察据称在生物武器方面没有丰富经验的一组科学家和工程师是否可以仅利用商业上可获得的物品就制造出生物武器。该项目的目的是看看这个团队是否可以在不被情报机构发现的情况下成功地制造出炭疽病毒，尽管后来发现团队在整个项目过程中确实获得了大量的技术知识和支持（Vogel, 2013: 41–43）。工程师们也一直致力于研究空气动力学，这已经逐渐成为一个多学科合作领域，涉及环境工程师、生物医学工程师、微生物学家、化学家和流行病学家（Xu et al., 2011）。与空气动力学相关的是硬件和软件工程师的工作——他们中许多人来自航空航天和汽车行业，他们将自己的技术应用于模拟生物恐怖袭击，以帮助第一响应者预测在特定的天气和风流条件下，空气中的颗粒如何在城市的各个区域流动（Thilmany, 2005）。

其他工程研究，有时也称为生物保护研究，在设计用于抵御生物污染物的供暖、通风和空调系统时具有重要意义。在美国炭疽邮件事件之后，大部分此类研究被启动，目的是通过加强供暖、通风和空调系统来减少空气污染物对健康的影响（Ginsberg and Bui, 2015）。工程研究的另一个重点是提高生物气溶胶病原体监测仪的便携性、高效性和可靠性。近来的一项研究正在开发一种完全便携和自动化的设备，能够在 8 到 30 分钟内根据基因组和生物体的特定菌株现场检测特定的空气传播微生物（Agranovski et al., 2017）。

（三）安全利益攸关者

在探究哪些利益攸关者在处理生物威胁和生物风险方面可能有帮助的最后一节，我们将注意力转向安保官员。在上述有关预防和生物安全的讨论中，已经谈到了安保官员和管理人员在推动生物科学领域所有部门（例如，研究中心、医院、生物技术公司、公共或私人实验室）的生物安全和生物安保方面所起的作用。在本节中，我们将重点讨论在生物科学之外更广泛的经济领域中安保官员和管理人员的角色。在之前章节中谈到，除了从一体化健康的角度来看待生物威胁和生物风险，“五眼联盟”国家情报机构也需要了解生物技术和实验室技术之外生物威胁和生物风险的潜在发展，将其纳入更广泛的社会、经济和社会背景。

因此，在本节中，我们讨论的是在各个“五眼联盟”国家参与国际、国家、州、地方经济的安保官员和公司的作用。鉴于大多数（如果不是全部）未来生物威胁的轨迹是未知的，我们的情报机构需要在一系列非生物技术行业（银行、采矿、食品供应、农业、关键基础设施）与安保官员建立更正式（而非临时）的关系。

娜拉（Nalla）和韦克菲尔德（Wakefield）在 2014 年认为，自二战以来，有几个因素提高了私人安保的作用。经济财富增加、安保技术（警报、访问控制和闭路电视）增强，一些私营部门对公共场所加强控制以及其他因素都促进了私营部门安保的增长（Nalla and Wakefield, 2014: 727）。“安保人员或机的构职能与雇用他们的组织一样多元化”（Nalla and Wakefield, 2014: 727），因此很难概括。在“五眼联盟”国家，他们的功能和角色都跨越了多种业务，包括办公楼、仓库、购物中心、教育机构、住宅区和关键基础设施。人们经常会想到一个典型场景，一个保安站在一个实体大门前，这只是许多角色中的一个。根据功能，可能还包括交通控制、监视、紧急情况响应、安保审查。对于复杂的大型企业、机场和发电厂，安保官员需要深入了解物理和虚拟安全环境，这种专业知识对于他们和情报机构实现感知、预防、监测、瓦解、处理出现在他们运营环境中的生物威胁和生物风险并尽快恢复，可能都是不可或缺的。

然而，从历史上看，情报机构和私营部门安保之间的关系并不是很理想，部分原因是两者之间缺乏信任（Nalla and Wakefield, 2014: 739）。然而，一些关于私营部门和政府部门安保的研究确实表明，在每个“五眼联盟”国家的几个领域，情况都有所改善。其中一些是政府发起的，比如在 20 世纪 90 年代末和 21 世纪头十年，英国大幅削减了国内警力，让私营安保部门以更低的成本来承担那些被认为非核心的警务工作，比如罪犯管理和囚犯转移。在其他方面，各国政府也有兴趣与私营部门合作，扩大本国在反恐方面的安全和情报搜集能力。康纳斯等（Connors, 2000）、韦克菲尔德（2003）和瑞格克斯（Rigakos, 2002）分别对美国、英国和加拿大与私营安保公司建立伙伴关系的一系列因素进行了更详细的分析。“9·11”事件以及随后发生在许多西方国家的恐怖袭击事件，让“五眼联盟”国家更加关注私营部门——包括私营部门的安保，因为许多袭击发生在私营部门拥有或管理的公共场所。对政府和私营关键基础设施（航空、电力、供水和电信）的威胁，也推动了“五眼联盟”国家政府与私营部门的密切联系。例如，在美国，国土安全部设立了一个私营部门办公室，就相关安保问题向私营部门提供政府建议，并促进公私合作关系。自“9·11”事件以来，澳大利亚情报界，特别是澳大利亚安全情报局与私营部门建立了更紧密的联系。2004 年，澳大利亚律政部成立了工商政府国家安全咨询小组（Business-Government Advisory Group on National Security），为政府与首席执行官、高级商业领袖讨论一系列国家安全问题和倡议提供了平台（DPM & C, 2015: 6）。该小组在 2014 年发展成为澳大利亚政府国家安全行业咨询机构（Australian Governments Industry Consultation on National Security）（DPM & C, 2015: 6）。

2017 年，澳大利亚政府发布了保护人群密集地区免受恐怖主义袭击的战略。这一重要的政策文件是与联邦、州、地方政府、情报机构和私营部门密切合作制定的。关键目标是帮助业主和运营商提高澳大利亚各地人员密集场所的安全、防护和恢复力（ANZCTC,

2017）。关于这一战略，一个有趣的地方是，它将保护场所和人员的主要责任置于私营部门。英国的反恐战略（HMG, 2011）和加拿大的反恐方针（加拿大政府，2011）也宣布了类似的政策。

综上所述，“五眼联盟”国家的情报界的各个机构及其更广泛的执法机构显然已经加强了与私营部门的联系，并实施了各种举措。目前，不太清楚的是这些活动的性质和范围，因为它们涉及预防、瓦解、处理潜在的生物威胁和生物风险。例如，除了涉及传统的恐怖分子基本战术、简易爆炸装置或车载袭击的威胁类型外，国家安全机构和执法机构是否还在其他领域与私营部门积极合作，这方面还有很多未知之处。考虑到不断演变的生物威胁具有概率低、影响大的性质，许多私营部门（银行、购物中心、矿业、酒店）可能认为，没有必要将生物威胁纳入其安全风险管理计划，或者没有必要就生物威胁与国家安全机构和执法机构进行磋商。

低概率的威胁更有可能影响生物科学系统而不是更广泛的私营经济，因此不必危言耸听。但是对于后者，如果不考虑这些生物威胁对其行动的影响似乎也是不明智的，至少应该与情报机构就这些威胁进行正式对话。然而，这样的对话在未来将依赖研究人员已经确定的几个因素，从而制定更有效的公私合作预防犯罪战略。普伦茨勒（Prenzler）和萨雷（Sarre）列出了几个因素，包括减少特定犯罪方面的共同利益、领导力、相互尊重、基于高度信任的保密信息共享以及正式的咨询和沟通机制（Prenzler and Sarre, 2014: 783）。

四、小结

本章研究了外部利益攸关者（相对于“五眼联盟”国家情报机构）在预防、瓦解、处理生物威胁和生物风险方面的作用。根据特定的生物威胁，不同的利益攸关者可以为情报机构提供不同的知识、技能和能力。大量具备相关技术知识的学科和利益攸关者认为，他们将继续在生物威胁和生物风险的预防、瓦解、处理方面发挥关键作用。在许多情况下，例如生物监测、取证甚至工程中，这里谈到的科技利益攸关者，可能比传统情报机构和调查响应机构在管理生物威胁和生物风险方面发挥更大的作用。

本章还强调，虽然每个“五眼联盟”国家的情报机构都可以从利益攸关者那里获取丰富的知识，但在大多数情况下，所有利益攸关者群体都面临自己的理论和实践局限性。从事生物威胁和生物风险研究的情报分析师、调查人员需要了解这些局限性，同时寻求与科学、技术和跨学科利益攸关者建立更深入、更正式的伙伴关系。在第七章，我们的重点将从生物威胁和生物风险的实践和过程转到监督和问责问题。考虑到现代情报实践面临的立法、伦理和规范方面的挑战，特别是对合成生物学潜在威胁的理解，监督和问责在西方国家实现情报机构目标方面能发挥什么作用呢？

参考文献

Agranovski, I. E., et al. (2017). Miniature PCR Based Portable Bioaerosol Monitor Development. *Journal of Applied Microbiology*, 122(1), 129–138. https://doi.org/10.1111/jam.13318.

ANZCTC, (2017). *Australia's Strategy for Protecting Crowded Places from Terrorism*. ANZCTC, Australian Government.

Australia Group. (2015). *Common Control List Handbook, Volume 2: Biological Weapons-Related Common Control Lists*. From www.defence.gov.au/exportcontrols/master/docs/AustGroupCommonControlListHandbaookVolIIpdf. Accessed March 12, 2017.

Bakanidze, L., et al. (2010). Biosafety and Biosecurity as Essential Pillars of International Health Security and Cross-Cutting Elements of Biological Non-Proliferation. *Biomed Central*, 10, 1–8.

Berger, K. (2013). Biosecurity in Research Laboratories. In R. Burnette (Ed.), *Biosecurity* (pp. 113–128). Hoboken, NJ: Wiley.

Bernard, R. (2017). These Are Not the Terrorist Groups You're Looking for: An Assessment of the Cyber Capabilities of Islamic State. *Journal of Cyber Policy*, 2(2), 255–265. https://doi.org/10.1080/23738871.2017.1334805.

Blue Ribbon Study Panel. (2015). Blue Ribbon Study Panel on Biodefense. *A National Blueprint for Biodefense: Leadership and Major Reform Needed to Optimise Efforts*. Washington, DC: Hudson Institute for Policy Studies.

Blue Ribbon Study Panel. (2017). *Biodefense Special Focus: Defense of Animal Agriculture*. Washington, DC. Blue Ribbon Study Panel.

Buehler, J., et al. (2004). Group CDCW. Framework for Evaluating Public Health Surveillance Systems for Early Detection of Outbreaks: Recommendations from the CDC Working Group. *MMWR Recommendations and Reports: Morbidity and Mortality Weekly Report*, 53, 1–11.

Bunn, M., & Sagan, S. (Eds.). (2016). *Insider Threats*. Ithaca, NY: Cornell University Press.

Burns, R. (2015). US Military Says It Mistakenly Shipped Live Anthrax Sample. From http://www.nbcnewyork.com/news/national-international/Pentagon-Shipped-Live-Anthrax-Samples–305221031.html. Accessed March 13, 2017.

BWC. (2017). *BWC Newsletter*. Geneva: United Nations.

Canadian Government. (2011). *Building Resilience Against Terrorism: Canada's Counter Terrorism Strategy*. Ottawa: Government of Canada.

Cameron, E. (2017, July 19). Biosecurity Imperative: An Urgent Case for

Extending the Global Health Security Agenda. *Atomic Pulse*.

Canter, D. (2007). Addressing Residual Risk Issues at Anthrax Clean Up. How Clean Is Safe? *Journal of Toxicology and Environmental Health*, Part A, 68(11–12), 1017–1032.

CDC. (2014). *Report on the Potential Exposure to Anthrax*. Atlanta, GA: CDC.

CDC. (2015a). *90 Day Internal Review of the Division of Select Agents and Toxins*. Atlanta, GA: CDC.

CDC. (2015b). Report of the Advisory Committee to the Director, CDC Follow Up on CDC Progress.

Chen, H. (2011). *Bioterrorism and Knowledge Mapping Dark Web Exploring and Data Mining the Dark Side of the Web* (pp. 335–367). New York, NY: Springer.

Chevrier, M., & Spelling, A. (2016). The Traditional Tools of Biological Arms Control and Disarmament. In F. Lentzos (Ed.), *Biological Threats in the 21st Century* (pp. 331–356). London: Imperial College Press.

Clarke, R., & Knake, R. (2010). *Cyber War*. New York, NY: Ecco.

Collier, N. (2015). A Review of Web-Based Epidemic Detection. In S. Davies & J. Youde (Eds.), *The Politics of Surveillance and Response to Disease Outbreaks* (pp. 85–107). Surrey, UK: Ashgate.

Connors, E., et al. (2000). *Operation Cooperation, Guidelines for Partnerships Between Law Enforcement and Private Security Organisations*. Rockville, MD: Bureau of Justice Assistance.

Danzell, O., & Montanez, L. (2016). Understanding the Lone Wolf Phenomena: Assessing Current Profiles. *Behavioural Sciences of Terrorism and Political Aggression*, 8(2), 135–159.

Dennis, B., & Sun, L. (2014a, July 16). FDA Found More Than Smallpox Vials in Storage Room. *Washington Post*. From https://www.washingtonpost.com/national/health-science/fda-found-more-than-smallpox-vials-instorage-room/2014/07/16/850d4b12-0d22-11e4-8341-b8072b1e7348_story.html?utm_term=.978241b9d1f8. Accessed March 14, 2017.

Dennis, B., & Sun, L. (2014b, September 5). More Deadly Pathogens, Toxins Found Improperly Stored in NIH and FDA Labs. *Washington Post*. From https://www.washingtonpost.com/national/health-science/six-more-deadly-pathogens-found-improperly-stored-in-nih-and-fdalabs/2014/09/05/9ff8c3c2-3520-11e4-a723-fa3895a25d02_story.html?utm_term=.4bc6ce160f62. Accessed March 14, 2017.

Dickmann, P., et al. (2015). Marburg Biosafety and Biosecurity Scale (MBBS): A Framework for Risk Assessment and Risk Communication. *Health Security*,

13(2), 88–95. https://doi.org/10.1089/hrs.2014.0065.

DPM &C. (2015). *Review of Australia's Counter Terrorism Machinery*. Department of Prime Minister and Cabinet, Australian Government.

Dzau, V., & Sands, P. (2016). Beyond the Ebola Battle Winning the War Against Future Epidemics. *New England Journal of Medicine*, 375, 203–204.

Eaves, E. (2017). IARPA Director Jason Matheny Advances Tech Tools for US Espionage. *Bulletin of the Atomic Scientists*, 73(2), 67–73.

GAO. (2009). *High Containment Laboratories: National Strategy for Oversight is Needed*. Washington, DC: GAO.

GAO. (2011). *Biosurveillance Non Federal Capabilities Should Be Considered in Creating a National Biosurveillance Strategy*. Washington, DC: GAO.

GAO. (2013). High Containment Laboratories: Assessment of the Nation's Need Is Missing. *Testimony Before The Subcommittee Emergency Preparedness, Response and Communications, Biosurveillance Observations on the Cancellation of Biowatch Gen-3 and Future Considerations for the Program*, 18 (2014).

GAO. (2016). *Testimony Before the Subcommittee on Emergency Preparedness Response and Communications, Committee on Homeland Security, House of Representatives*. Washington, DC: GAO.

GAO. (2017). *GAO High Containment Labs Coordinated Actions Needed to Enhance the Select Agent Program's Oversight of Hazardous Pathogens* (Vol. GAO 18–145). Washington, DC: GAO.

Geoghegan, J., & Holmes, E. (2017). Predicting Virus Emergencies and Evolutionary Noise. *Open Biology*, 7, 1–9.

Gerstein, D. (2013). *The Biological and Toxin Weapons Convention. National Security and Arms Control in the Age of Biotechnology*. Lanham, MD: Rowman and Littlefield.

Gerstein, G. (2017). Glaring Gaps: America Needs a Biodefense Upgrade. *Bulletin of the Atomic Scientists*, 73(2), 86–91.

GHRF Commission. (2015). *The Neglected Dimension of Global Security. A Framework to Counter Infectious Disease Crisis*. Washington, DC: Global Health Risk Framework for the Future Commission.

Ginsberg, M., & Bui, A. (2015). Bio Protection of Facilities. *Defense & Security Analysis*, 31(1), 4–21. https://doi.org/10.1080/14751798.2014.995335.

Gronvall, G., et al. (2016). *National Biosafety Systems*. UPMC Center for Health Security.

Gryphon Scientific. (2016). *Risk and Benefit Analysis of Gain of Function Research Final Report*. Takoma Park, MD: Gryphon Scientific, LLC.

Heickerö, R. (2014). Cyber Terrorism: Electronic Jihad. *Strategic Analysis*,

38(4), 554–565. https://doi.org/10.1080/09700161.2014.918435.

Heymann, D., et al. (2015). Global Health Security: The Wider Lessons from the West African Ebola Virus Disease Outbreak. *The Lancet*, 385, 1884–1901.

HMG. (2011). *CONTEST: The UK's Strategy for Countering Terrorism*. London: Her Majesty's Government.

Inkster, N. (2015). Cyber Espionage. *Adelphi Series*, 55(456), 51–82. https://doi.org/10.1080/19445571.2015.1181443.

Innes, M., & Sheptycki, J. (2004). From Detection to Disruption: Intelligence and the Changing Logic of Police Crime Control in the UK. *International Criminal Justice Review*, 14, 1–24.

Innes, M., et al. (2017). A Disruptive Influence? Preventing Problems and Counter Violent Extremism Policy in Practice. *Law and Society Review*, 51(2), 252–281.

Insinna, V. (2013). Government Biosurveillance to Include Social Media. *National Defense*, 97(710), 13.

Kasolo, F., et al. (2013). Implementation of the International Health Regulations (2015) in the African Region. *African Health Monitor*, 18, 11–13.

Kim, J., et al. (2015). Advances in Anthrax Detection: Overview of Bioprobes and Biosensors. *Applied Biochemistry and Biotechnology*, 176(4), 957–977.

Koblentz, G. (2009). *Living Weapons*. New York: Cornell University Press.

Koblentz, G., & Mazanec, B. (2013). Viral Warfare: The Security Implications of Cyber and Biological Weapons. *Comparative Strategy*, 32(5), 418–434. https://doi.org/10.1080/01495933.2013.821845.

Lennane, R. (2011). Biological Weapon Convention. In R. Katz & R. Zilinskas (Eds.), *Encyclopaedia of Bioterrorism Defense* (pp. 82–86). Hoboken, NJ: Wiley-Blackwell.

Marston, B., et al. (2017). Ebola Response Impact on Public Health Programs, West Africa 2014–2017. *Emerging Infectious Diseases Journal*, 28 (Supplement), 25–31.

Mawudeku, A., et al. (2015). GPHIN Phase 3: One Mandate, Multiple Stakeholders. In S. Davies & J. Youde (Eds.), *The Politics of Surveillance and Response to Disease Outbreaks* (pp. 71–85). Surrey, UK: Ashgate.

MMWR. (2016). CDC's Response to the 2014–2016 Ebola Epidemic West Africa and the United States. MMWR, *Supplement*, 65(3), 1–106.

Nalla M.K., & Wakefield A. (2014). The Security Officer. In M. Gill (Ed.), *The Handbook of Security* (pp. 727–746). London: Palgrave Macmillan.

National Institute for Public Policy. (2009). The Proliferation Security Initiative: A Model for Future International Collaboration. *Comparative Strategy*,

28, 395–462.

Nature Editorial. (2014). Biosafety in the Balance. *Nature*, 510, 443.

O' Shea, J. (2017). Digital Disease Detection: A Systematic Review of Event-Based Internet Biosurveillance Systems. *International Journal of Medical Informatics*, 101(Supplement C), 15–22. https://doi.org/10.1016/j.ijmedinf.2017.01.019.

Paranjape, S., & Franz, D. (2015). Implementing the Global Health Security Agenda Lessons from the Global Health and Security Programs. *Health Security*, 13(1), 9–19.

Perman, B., et al. (2013). Basic Principles of Threat Assessment. In R. Burnette (Ed.), *Biosecurity. Understanding, Assessing, and Preventing the Threat* (pp. 89–90). Hoboken, NJ: Wiley.

Prenzler, T., & Sarre, R. (2014). The Role of Partnerships Security Management. In M. Gill (Ed.), *The Handbook of Security* (pp. 791–812). Basingstoke: Palgrave Macmillan.

Ratcliffe, J. (2008). *Intelligence Led Policing. Collompton*, UK: Willan.

Ratcliffe, J. (2016). *Intelligence Led Policing* (2nd ed.). Abingdon, UK: Routledge.

Reed, M. (2016). *The Research Impact Handbook*. Huntly, UK: Fast Track Impact Ltd.

Regalado, A. (2016, February 9). Top US Intel Official Calls Gene Editing a WMD Threat. *MIT Technology Review*.

Rigakos, G. (2002). *The Para Police*. Toronto: University of Toronto Press.

Riglietti, G. (2017). Defining the Threat: What Cyber Terrorism Means Today and What It Could Mean Tomorrow. *International Journal of Business and Cyber Security*, 1(2).

Robert Koch Institute. (2018). *Signale—Early Warning System. Berlin: Robert Koch Institute*. From https://www.rki.de/EN/Content/infections/epidemiology/signals/signals_node.html. Accessed March 15, 2018.

Salerno, R., & Gaudioso, J. (Eds.). (2015). *Laboratory Biorisk Management Biosafety and Biosecurity*. Boca Raton, FL: CRC Press.

Sample, I. (2014). Revealed: 100 Safety Breaches at UK Labs Handling Potentially Deadly Diseases. *The Guardian*. From https://www.theguardian.com/science/2014/dec/04/-sp-100-safety-breaches-uk-labs-potentially-deadly-diseases. Accessed March 15, 2017.

Schilling, J. (2017). Ransomware101-How to Face the Threat. *Petroleum Accounting and Financial Management Journal*, 36(2), 6–8.

Schnirring, L. (2014, August 15). CDC Probe of H5N1 Cross Contamination

Reveals Protocol Lapses, Reporting Delays. *CIDRAP*. From http://www.cidrap.umn.edu/news-perspective/2014/08/cdc-probe-H5N1-cross-contamination-reveals-protocol-lapses-reporting-delays. Accessed March 15, 2017.

Schnirring, L. (2016, January 13). Pandemic Readiness Review Says $4.5 Billion a Year Needed. *CIDRAP*. From http://www.cidrap.umn.edu/news-perspective/2016/01/pandemic-readiness-review-says-45-billion-yearneeded. Accessed March 15, 2017.

Schnirring, L. (2017). Secretary Tillerson Lauds Global Health Security Agenda. Minneapolis, MN: University of Minnesota (*CIDRAP*). Retrieved from http://www.cidrap.umn.edu/news-perspective/2017/10/secretary-tillerson-lauds-global-health-security-agenda.

Shaikh, A.T., Ferland, L., Hood-Cree, R., Shaffer, L., & McNabb, S. (2015). Disruptive Innovation Can Prevent the Next Pandemic. *Frontiers in Public Health*, 3(215). https://doi.org/10.3389/fpubh.2015.00215.

Shinwari, Z., Khalil, A., & Nasim, A. (2014). Natural or Deliberate Outbreak in Pakistan: How to Prevent or Detect and Trace Its Origin: Biosecurity, Surveillance Forensics. *Archivum Immunologiae et Therapiae Experimentalis*, 62(4), 263–275. https://doi.org/10.1007/s00005-014-0298-6.

Sisk, R. (2016). Army Probe of Anthrax Scandal Raises More Red Flags. *Military.Com*. Retrieved from http://www.military.com/daily-news/2016/01/13/army-probe-of-anthrax-scandal-raises-more-red-flags.html.

Slayton, J., et al. (2013). Physical Elements of Biosecurity. In R. Burnette (Ed.), *Biosecurity* (pp. 51–70). Hoboken, NJ: Wiley.

Sparrow, A. (2016). Who Isn't Equipped for a Pandemic or Bioterror Attack? The WHO. *Bulletin of the Atomic Scientists*. From https://thebulletin.org/who-isnt-equipped-pandemic-or-bioterror-attack-who9555. Accessed March 15, 2017.

Stern, J., & Shouten, R. (2016). Lessons from the Anthrax Letters. In M. Dunn & S. Sagan (Eds.), *Insider Threats* (pp. 74–102). Ithaca and New York: Cornell University Press.

Stone, R. (2017). *The Week in Fintech: FBI Agent Says Cybersecurity Practices Need to Change*. New York: SNL Financial LC.

Strom, K., & Eyerman, J. (2007). Interagency Coordination in Response to Terrorism: Promising Practices and Barriers Identified in Four Countries. *Criminal Justice Studies*, 20(2), 131–147. https://doi.org/10.1080/14786010701396871.

Sture, J., Minehata, M., & Shinomiya, N. (2012). Looking at the Formulation of National Biosecurity Education Action Plans. *Medicine, Conflict and Survival*, 28(1), 85–97. https://doi.org/10.1080/13623699.2012.658628.

Taylor, J., et al. (2013). The Role of Protection Measures and their Interaction in Determining Building Vulnerability and Resilience to Bioterrorism. *Bioterrorism and Biodefense*, 4(1), 1–10.

Thilmany, J. (2005). Harms Way Engineering Software and Micro Technology Prepare the Defense Against Bioterrorism. *Mechanical Engineering CIME*, 127(8), 22–25.

Vogel, K. (2013). *Phantom Menace or Looming Danger?* Baltimore, MD: The Johns Hopkins University Press.

Wakefield, A. (2003). *Selling Security. The Private Policing of Public Space*. Cullompton and Devon: Willan.

Walsh, P. F. (2011). *Intelligence and Intelligence Analysis*. Abingdon, UK: Routledge.

Walsh, P. F. (2016). Australian National Security Intelligence Collection Since 9/11: Policy and Legislative Challenges. In K. Warby (Ed.), *National Security, Surveillance and Terror* (pp. 51–74). Cham, Switzerland: Springer International Publishing.

Weimann, G. (2016). Going Dark: Terrorism on the Dark Web. *Studies in Conflict & Terrorism*, 39(3), 195–206. https://doi.org/10.1080/1057610X.2015.1119546.

WHO. (2015). Ebola Virus Disease in West Africa—The First Nine Months of the Epidemic and Forward Projections. *The New England Journal of Medicine*, 371, 1481–1495.

Wilson, J. (2017). Signal Recognition During the Emergence of Pandemic Influenza Type A/H1N1: A Commercial Disease Intelligence Unit' s Perspective. *Intelligence and National Security*, 32(2), 222–230.

Xu, Z., et al. (2011). Bioaerosol Science, Technology and Engineering: Past and Present. *Aerosol Science and Technology*, 45(1), 1337–1349.

Yan, S., et al. (2017). Utility and Potential of Rapid Epidemic Intelligence from Internet-Based Sources. *International Journal of Infectious Diseases*, 63(Supplement C), 77–87. https://doi.org/10.1016/j.ijid.2017.07.020.

Young, A. (2015, August 28). Labs Cited for 'Serious' Security Failures in Research with Bioterror Germs. *USA Today*. From http://www.usatoday.com/story/news/2015/08/28/lab-security-violation-bioterrorism-select-agent-regulation/32439491/. Accessed March 15, 2017.

Zajácz, R. (2017). Silk Road: The Market Beyond the Reach of the State. *The Information Society*, 33(1), 23–34. https://doi.org/10.1080/01972243.2016.1248612.

第七章　监督和问责

与所有威胁和风险环境一样，情报对预防、瓦解、处理生物威胁和生物风险管理的支持程度，是由每个“五眼联盟”国家的联邦、州（或省）、地方法律法规管理的，它们决定了如何搜集、评估和传播情报。立法的大部分内容还涉及对“五眼联盟”国家的情报监督。因此，如果没有对立法、监管、监督和问责机制的广泛了解，就不可能理解未来情报在管理生物威胁和生物风险方面可以发挥的作用，因为这些机制管理着如何运用情报能力应对这些威胁和风险。

在本章中，我们将回顾影响“五眼联盟”国家情报机构如何支持决策者了解当前及新兴的生物威胁和生物风险的关键立法、监管、监督和问责问题。当前的许多挑战与其他威胁和风险环境下的挑战没有什么不同，只不过是更具体的针对生物威胁和生物风险的情报应用能力。在讨论完每一个领域（立法、监管、监督和问责）之后，我将对如何应对当前的挑战进行一些分析，希望能够促进更好地应对生物威胁和生物风险的知识管理实践。

一、立法

与大多数威胁和风险类型（比如，恐怖主义、有组织犯罪和网络攻击）一样，每个“五眼联盟”国家都制定了越来越多的立法，定义了“情报机构的职能及其在预防、瓦解、处理生物威胁和生物风险方面的权限”（Walsh, 2011: 218）。几乎有数不清的立法可能与情报如何“应对”生物威胁和生物风险有关。如第六章所述，自“9·11”事件以来，每个“五眼联盟”国家在反恐背景下起草的立法，都使情报搜集，特别是电子搜集（电信、互联网和社交媒体），变得日益灵活和积极主动。在非法移民和有组织犯罪等其他领域，类似的更加宽松和灵活的“权力”也被给予了“五眼联盟”国家情报机构。

因此，充分了解立法要求情报机构在生物威胁和生物风险的背景下能做什么、不能做什么，需要详细分析促进生物安全和生物安保的具体立法，以及为界定其他威胁和风险领域（比如，恐怖主义和有组织犯罪）的情报权限与运作而制定的法律，如何也能在生物威胁和生物风险方面发挥作用。鉴于与“五眼联盟”国家情报机构管理生物威胁和生物风险相关的立法数量庞大，而且还在不断变化，所以我为了更好地利用篇幅，重点选择了与生物威胁和生物风险相关的立法，以及与描述情报机构在生物威胁和生物风险环境中可以做什么、允许做什么最为相关的一般性立法。然后将着重讨论立法对情报实践的影响，以及立法变化如何引起对隐私、人权、司法程序甚至一些新法律合宪性的更广泛关注，特别是新的反恐和情报法。

二、具体的生物安全和生物安保立法

在美国，除了立法，还有几项总统指令，最早可追溯到 1969 年，但“9·11”事件之后，布什总统签发的指令大幅增加，特别是 2002 年《国家打击大规模杀伤性武器战略》（HSPD 4）和 2004 年《21 世纪生物防御》（HSPD 10）。后来，奥巴马总统在 2009 年签署了《应对生物威胁国家战略》（PPD National Strategy for Countering Biological Threats 2009）。美国还有几项与生物安全和生物安保相关的立法，或直接或间接地影响到美国情报界的工作。在立法领域有太多的问题需要详细讨论，但最关键的是 1989 年《生物武器反恐怖主义法案》（The Biological Weapons Anti-Terrorism Act of 1989）和 2002 年《公共卫生安全和生物恐怖主义与响应法案》（Public Health Security and Bioterrorism and Response Act of 2002）。“9·11”事件之前，1989 年《生物武器反恐怖主义法案》是主要的立法，对于执行《禁止生物武器公约》，采取进一步的多边环境措施保护美国免遭生物恐怖主义的袭击具有重要意义。特别是，它是通过修改联邦犯罪法典来实现这一目标，对那些有意开发、获取、转让任何生物剂、毒素或运载系统作为武器的人，或协助外国的国家或组织开展类似活动的人施加惩罚。它还为美国公民或针对美国公民的罪行提供了域外管辖。该法案也是最早涉及生物安全和生物恐怖主义相关情报的法案之一，授权在特定条件下窃听与生物武器犯罪有关的有线、口头和电子通信。

2002年《公共卫生安全和生物恐怖主义与响应法案》出台了一系列防范生物恐怖主义的措施，例如改善州、地方和医院的准备情况以及加强机构（比如，美国农业部和卫生与公共服务部）对危险生物剂的控制。2002年《公共卫生安全和生物恐怖主义与响应法案》之后起草的立法都建立在其控制和监管等措施基础上，比如“管制生物剂计划”（Select Agent Program）和2009年《生物安全改进法案》（Biosafety Improvement Act of 2009），它们涉及的是在高防护实验室处理管制生物剂，确定和审查“管制生物剂计划”中的生物剂，促进相关实验室员工接受最基础的生物安全和生物安保培训。有趣的是，“管制生物剂计划”也是根据《爱国者法案》出台的，后者更多涉及美国国家安全局的大量元数据搜集活动。

同样，澳大利亚、加拿大、英国和新西兰也颁布了一批与生物安全和生物恐怖主义相关的立法——尽管数量少于美国。澳大利亚有关公共卫生监测、工作条件和安全敏感生物剂清单的主要立法是2007年《国家卫生安全法案》（National health Security Act 2007），后来还被多次修订。该法案规定了监控接触安全敏感生物剂的个人和组织是否合规的检查步骤及对他们的背景审查要求。然而，早在2007年《国家卫生安全法案》颁布之前，澳大利亚政府就通过了1995年《大规模杀伤性武器（预防和扩散）法案》［Weapons of Mass Destruction（Prevention and Proliferation）Act 1995］，其作用类似于美国的1989年《生物武器反恐怖主义法案》，禁止供应或出口可能用于获取、开发能够造成大规模杀伤性武器的商品。在加拿大，关键的卫生安全立法是2015年生效的《人类病原体和毒素法案》（Human Pathogens and Toxins Act，简称HPTA）。《人类病原体和毒素法案》还附有规章制度《人类病原体和毒素条例》（Human

Pathogens and Toxins Regulations，简称 HPTR），后者将在下面的规章制度部分进行讨论。《人类病原体和毒素法案》在许多方面与澳大利亚的 2007 年《国家卫生安全法案》（National Health Security Act 2007）的时间表类似，详细规定了接触安全敏感生物剂的个人和组织所需的合规、许可、背景审查。自“9·11”事件以来，加拿大修订了《刑法》（Criminal Code）和 2002 年《公共安全法案》（Public Safety Act 2002），以实施《禁止生物武器公约》。在前一项法律中，故意严重危害公众健康或安全的行为被定为刑事犯罪。与其他“五眼联盟”国家相比，英国拥有最早的生物安全和生物恐怖主义立法——1974 年《生物武器法案》（Biological Weapons Act），它对《禁止生物武器公约》的规定进行了补充。“9·11”事件之后，英国政府颁布了 2001 年《反恐、犯罪和安保法案》（Anti-Terrorism, Crime and Security Act 2001）。该法案第六至九部分是在 1974 年《生物武器法案》中规定的管制措施基础上制定的。《反恐、犯罪和安保法案》的制定受到了对大规模杀伤性武器、生物恐怖主义、“9·11”事件、美国炭疽邮件事件和伊拉克拥有攻击性生物武器的情报评估等事件的影响。因此，这些章节中进一步描述了与恐怖分子使用、获取或转移“可能危及人类生命的有毒物质或物质”相关的各种犯罪行为（Walker, 2005: 176–186）。第七部分涉及制定管制物质清单的措施，包括检查制度和警察在其中的作用，以及更广泛地对违反《反恐、犯罪和安全法案》的行为签发搜查令（Walker, 2005: 184）。

在新西兰，有几个法案或多或少地可能扮演了管理生物威胁和生物风险的角色，包括 1956 年《健康法案》（Health Act 1956）、2006 年《流行病防备法案》（Epidemic Preparedness Act 2006）、1993 年《生物安全法案》（Biosecurity Act 1993）、1996 年《有害物质和新生物法案》（Hazardous Substances and New Organisms Act 1996）、2002 年《民防应急管理法案》（Civil Defence Emergency Management Act 2002）。另外，还有相关法规，比如，1987 年《炭疽预防条例》（Anthrax Prevention Regulations 1987）和 2016 年《卫生（传染病和应报告疾病）条例》［Health（Infectious and Notifiable Diseases） Regulations 2016］。

三、立法挑战

根据上述对主要生物安全、生物安保、生物恐怖主义立法的简要调查，很难概括所有“五眼联盟”国家情报机构面临的影响和挑战。要全面说明这些问题，还需要包括更多的其他相关立法样本，由于篇幅较短，这里没有讨论。然而，还需要更详细的研究，并且应该包括农业、食品、环境、动物卫生部门的生物安全和生物恐怖主义相关立法如何与刚才讨论的有关大规模杀伤性武器、生物恐怖主义的长期法规的作用和功能相互关联。研究还应包括调查各种生物安全措施如何应用于打击生物犯罪，比如知识产权盗窃、网络黑客或使用危险生物物质进行攻击。因此，这项工作的结果可以提供一个基线，以了解各种不同的立法如何（积极地和消极地）影响针对生物威胁和生物风险开展更有效的情报活动。

抛开进一步详细研究生物安全、生物安保、生物恐怖主义立法的必要性不谈，关于“五眼联盟”国家情报机构利用这些立法所面临的主要挑战，可以得出三个一般性结论。第一个挑战是，生物威胁和生物风险环境多种多样且变化迅速，因此立法或现行法律修正案数量不断增加。这在不同程度上导致了针对生物威胁和生物风险的立法过于零散。这种情况在美国最为明显，自“9·11”事件以来，针对生物安全、生物安保、生物恐怖主义的多项立法产生了重叠，有时是重复的立法，多个机构都拥有一定的权力和资金来管理生物威胁或生物风险领域的某个方面。所有涉及这一领域的机构（包括非情报机构和情报机构）不确定如何在各种法规下相互协调并实施其能力（蓝带研究小组报告，2015）。

以美国为例，近年来立法机构也在努力解决这一问题。2014 年（国会第 113 次会议），一项新的法案（HR43034）——《大规模杀伤性武器预防和准备法案》（WMD Prevention and Preparedness Act）——被提交给众议院，其中涵盖了一系列已经在第五章讨论过的治理和协调措施（例如，制定国家生物监测战略，以及任命国家安全委员会高级成员，就生物防御向总统提供建议）。有意思的是，该法案的第二条里包括了改善情报协调的措施，包括实施生物武器国家情报战略，并纳入更广泛的大规模杀伤性武器国家情报战略。然而，撰写本书时法案仍未通过，并已经提交给了众议院应急准备响应和通信小组委员会（House Subcommittee on Emergency Preparedness Response and Communications）。该法案关注的是大规模杀伤性武器，而不是第五章讨论的更广泛的健康安全风险，目前还不清楚它能否真正改善美国情报界的情报治理，或者能否与卫生安全领域的非情报界成员（公共卫生、农业、地方政府和私营部门）有效合作。

从对预防和防范大规模杀伤性武器议案的讨论延伸开去，第二个挑战是从历史上看，立法只是应对大规模杀伤性武器、生物恐怖主义、生物安全、生物监测或应急响应等单一问题，而没有从卫生安全全局的角度思考立法。当然，并不是所有的立法都需要纳入管理生物威胁和生物风险的“超级法律”。不同卫生安全（植物、动物、人类）威胁和风险的管理仍然需要各自专门的立法，但是需要进一步考虑如何更好地协调情报机构、其他利益攸关者（卫生、农业、应急管理）的作用和责任。最后一个挑战是评估这里讨论的生物安全、生物安保、生物恐怖主义立法如何与更广泛的情报相关立法一起运作，这将是下一节的主题。

四、其他与情报有关的立法

与生物安全、生物安保、生物恐怖主义立法的作用和数量相比，“9·11”事件以来一些“五眼联盟”国家通过的大量情报和反恐怖主义法律更加繁杂，这些法律也与这些国家的情报机构如何管理生物威胁和生物风险有关。同样由于篇幅原因无法对它们展开详细讨论。据估计自“9·11”事件以来十年中，澳大利亚仅在霍华德政府（1996 至 2007 年）时期通过的反恐立法就超过 44 项（Williams, 2011: 1144）。“9·11”事件之后，关于“五眼联盟”国家情报相关立法的详细论述可参阅沃尔什的著作（2011: 218–227）。

相反，本节的重点是自“9·11”事件以来每个“五眼联盟”国家的核心情报立法，特别是那些为其情报机构提供更大搜集能力或权力的立法以及支持更广泛组织改革的立法。探索立法在提高情报搜集能力和组织改革方面的作用，对于理解各种法案如何推动或限制了每个“五眼联盟”国家的情报机构的运作至关重要。这反过来又对深入了解挑战和机遇至关重要，因为这些挑战和机遇决定了每个“五眼联盟”国家的情报机构在未来如何广泛、具体地应对新兴的生物威胁和生物风险。首先是在美国，“9·11”事件之后出台了三项值得一提的重要立法[2004年《情报改革与反恐法案》(Intelligence Reform and Terrorism Prevention Act 2004）、《美国爱国者法案》和《美国自由法案》]，可以说，每一项都以自己的方式起到了比任何其他立法更大的作用，确定了情报界如何运作，强调了各机构在处理包括生物威胁和生物风险在内的一系列威胁时面临的持续挑战。

2004 年，美国国会颁布了《情报改革与反恐法案》，针对的是在“9·11”委员会报告中确认的情报界问题，包括中央情报局和联邦调查局之间信息共享不足，国内外情报搜集工作整合和协调不到位（“9·11”委员会报告，2004: 353–360）。在此一年前，美国成立了国土安全部，目的就是更好地协调美国情报界的国内外情报搜集工作。《情报改革与反恐法案》的颁布，本意是带来更多历史性和重大变化，包括设立国家情报总监办公室和批准涉及主要安保组织的新信息共享环境。简而言之，国家情报总监负责协调和整合所有 17 个情报机构的工作，以期在未来解决“9·11”委员会报告中确认的问题以及后来在 2002 至 2003 年评估伊拉克大规模杀伤性武器能力时所犯的错误。近年来，尤其是在国家情报总监吉姆·克拉珀将军（General Jim Clapper）任期内（2010 年 8 月 9 日—2017 年 1 月 20），国家情报总监已经能够改进任务的协调和整合，目前还不太清楚如果未来国家情报总监的经验和威望不足，他将如何承担情报领袖的重任。就像 1947 年成立的中央情报局一样，《情报改革与反恐法案》也是一系列妥协的结果——赋予了国家情报总监很多责任，但没有真正的权力来控制美国情报界或成员机构的运营预算，尤其是五角大楼控制的预算。从某种意义上说，《情报改革与反恐法案》的构想是重塑美国情报界的领导地位，但国家情报总监办公室的设立和各种妥协削弱了国家情报总监在整个情报界中制定完全整合的权威议程的能力。那些希望看到美国情报界发挥更大领导作用、更好地应对新兴的生物威胁和生物风险的人，需要了解后面的国家情报总监可能进行的改革及其局限性。

想要理解“9·11”事件以来围绕情报搜集的诸多挑战，同样重要的是实施布什政府时期通过的2001年《提供适当工具拦截和阻止恐怖主义法案》（即《美国爱国者法案》）。“《美国爱国者法案》的颁布，代表了政策和法律框架的第一块基石，这使得美国国家安全情报和执法情报搜集的自由度越来越大”（Walsh, 2017: 180）。特别是《爱国者法案》第215条，允许政府通过外国情报监控法院（Foreign Intelligence Surveillance Court）申请法院命令，迫使个人或实体交出可能与外国情报调查有关的记录（Walsh, 2017: 180）。自2006年以来，已根据第215条执行了法院命令，获取了大量电话元数据。这些海量数据由美国国家安全局掌握，外国情报调查人员可以查询以确认恐怖分子与其他可能是恐怖分子的人员之间的联系。第215条被布什政府不断延长，但没有进行全面审查，直到2015年6月，奥巴马总统签署了《美国自由法案》（H. R. 2048）。《美国爱国者法案》引发了许多法律、政策、民权和隐私方面的担忧，正是在《纽约时报》和美国国家安全局合同雇员爱德华·斯诺登曝光了元数据计划的影响下，奥巴马政府颁布了《美国自由法案》。

《美国自由法案》是立法者妥协的结果——有些人不希望对《爱国者法案》进行任何修改，担心美国可能受到更多恐怖袭击，但其他立法者和民权游说团体却不赞成大量存储美国公民的通讯元数据。《美国自由法案》重新授权了《爱国者法案》第215条里一些已经过期的条款（例如在国家安全调查中搜集商业记录），但禁止美国国家安全局或其他美国情报机构大规模搜集美国人的电话和互联网元数据（Walsh, 2017: 180）。现在的数据搜集必须与特定的选择术语的含义和可识别的人联系起来，而不是单纯地搜集大量数据（Walsh, 2017: 180）。

在美国，“9·11”事件之后的立法环境，主要由《情报改革与反恐法案》和《美国爱国者法案》主导，而澳大利亚等其他“五眼联盟”国家颁布了大量的情报审查授权立法。如前所述，在“9·11”事件之后，澳大利亚、加拿大、英国和新西兰的关注焦点不是对情报界进行重大结构改革，而是实施不太引人注目的政策措施来改善情报协调，以及为情报界提供更灵活和主动（“狩猎”）的情报能力。如需更详细了解“9·11”事件之后美国情报和立法改革的主要方式与其他“五眼联盟”国家有何不同之处，请参阅沃尔什对美国和澳大利亚的比较（2011: 159–165）。

鉴于篇幅有限，在本节的其余部分，我将主要讨论其他“五眼联盟”国家（除了美国）的关键情报立法。“9·11”事件之后，澳大利亚制定了若干政策，包括独立的政府审查，例如加强合作和情报界的能力（Walsh, 2011, 2016: 51–74）。澳大利亚比其他“五眼联盟”国家更突出的是，历届政府都稳步增加了立法的数量，扩大了赋予澳大利亚情报界各成员机构的权力。在2016年的另一本著作中，我详细讨论了自“9·11”事件以来澳大利亚政府实施的相关立法，以便读者可以查阅更多细节（Walsh, 2016: 51–74）。

针对引起日益关注的恐怖主义，霍华德（Howard）的保守党政府为了加强情报搜集能力，颁布的一个早期立法是2003年《澳大利亚安全情报局法修正案》［Australian Security Intelligence Organisation Legislation Amendment（Terror）Act］。该法案通过引入质询和拘留令制度，修订了之前的1979年《澳大利亚安全情报局法案》。澳大利亚安全情报局是澳大利亚的国内安全情报机构。简单地说，《澳大利亚安全情报局法修正案》允许澳大利亚安全情报局官员对尚未被正式指控犯有恐怖主义罪行的人员进行拘留和审问，拘留时间为24小时，这将极大地有助于搜集与恐怖主义犯罪有关的重要情报。此外，如果有合理的理由认为这个人有可能提醒另一个人有关澳大利亚安全情报局的调查情况，有可能不出庭接受讯问，或者可能阻碍或销毁搜查令要求的材料，那么他或她可以被拘留讯问的时间最长可达一周。这些修正案被证明是有争议的，法律和人权学者声称它们可能是违宪的（Williams, 2011）。

其他立法措施，例如2004年《反恐怖主义法案》（Anti Terrorism Act 2004），将质询时间由 12 小时延长至 20 小时，从而提高了 1914 年《犯罪法》第 2 部第 23E 条里各机构的整体情报搜集能力。霍华德时代另一个重要的情报搜集和反恐措施是控制与预防性拘留令。《刑法》第 104 条准许对没有涉嫌任何可能受到限制的刑事罪行的人员发出管制令（相当于软禁）。这些被认为是保护公众免受恐怖主义袭击的合理必要措施。在推行这些改革时，对控制令必要性的看法各不相同（McDonald, 2007: 106; White, 2007: 116–125）。《刑法》第 105 条规定的预防性拘留措施允许将个人拘留 48 小时，前提是有合理预测这样做可防止即将发生的恐怖主义行为或有助于保存与近来恐怖主义行为有关的证据。根据州法律，最初的 48 小时可以进一步延长至 14 天。

2014 年，澳大利亚通过了三项更大的立法——《国家安全法修正案》（National Security Legislation Amendment Act）、《反恐怖主义法修正案》［The Counter Terrorism Legislation Amendment（Foreign Fighters）Act］和《电信法修正案》[Telecommunications（Interception and Access）Amendment（Data Retention）Act］，随之而来的是澳大利亚情报界（特别是澳大利亚联邦警察局和安全情报局）的搜集和行动能力得到了进一步增强。更多细节可以参阅沃尔什的著作（2016: 51–74）。简而言之，每项立法都为澳大利亚情报界提供了更灵活、更主动的权力，例如 2014 年《国家安全法修正案》降低了签发搜查令的门槛。有趣的是，与此同时，美国法律制定者正在就《美国自由法案》进行辩论，而且如上文所述，不允许情报机构搜集大量元数据，而澳大利亚《电信法修正案》却颁布了新规定，要求电信和互联网提供商需要将元数据存储两年时间（Walsh, 2017: 181）。2016 年底和 2017 年，马尔科姆·特恩布尔（联合政府）实施了两项重要的里程碑式政策，可能会对更广泛的澳大利亚情报界及其运作的法律框架产生深远的变化。第一是在 2016 年底委托开展独立情报审查；第二是政府建立了一个新的超级部门——内政部。新的内政部于 2017 年底开始运作，是国家安全与执法机构（联邦警察局、安全情报局、刑事情报委员会、交易报告和分析中心、移民和边境保护局、交通安全办公室）的联盟。所有这些机构都有涉及自身的多项立法，规定了它们的作用、在所有行动中的权力，包括它们的情报职能。《独立情报评论》的作者迈克尔·莱斯特兰奇（Michael L' Estrange）和斯蒂芬·麦钱特（Stephen Merchant）呼吁对澳大利亚情报工作的法律框架进行全面审查。他们将历史上情报立法的方法描述为渐进的和零碎的（L' Estrange and Merchant, 2017: 89–111）。在撰写本书时，还不确定这样的审查将何时开始。这将是一项重大的任务，鉴于目前澳大利亚情报界和新成立的内政部正在进行重大改革，这也是一项必要的任务。

在英国和加拿大，提供更快拦截能力和更精简程序的反恐和情报立法也有所增加（L' Estrange and Merchant, 2017: 89–111）。与澳大利亚类似，英国在 2014 年通过了《数据保留和调查权力法案》（Data Retention and Investigatory Powers Act），加拿大在 2015 年 6 月通过了《反恐怖主义法案》（Anti-terrorism Act）[1]。《反恐怖主义法案》在一定程度上（但不完全）是对这段时间内国内发生的"独狼式"恐怖袭击的回应，并产生了自 2001 年《反恐怖主义法案》以来从未有过的全面变化（Walsh, 2017: 182）。例如，《反恐怖主义法案》修订了加拿大一系列与情报和安全有关的法案，包括《战略与国际研究中心法案》（CSIS Act）、《安全航空旅行法案》（Secure Air Travel Act）、《刑法》、《移民和难民保护法案》（Immigration and Refugee Protection Act）（Walsh, 2017: 182）。加拿大的 2015 年《反恐怖主义法案》和澳大利亚的 2014 年《外国武装人员法案》（Foreign Fighters Act）有很多相似之处，尤其是防止公民前往指定地区从事恐怖主义活动的措施，以及对公共或网络恐怖活动的惩罚（Walsh, 2016: 51–74）。

新西兰在"9·11"事件之后不久，也效仿其他"五眼联盟"国家，在 2002 年颁布了《制止恐怖主义法案》（Terrorism Suppression Act 2002），扩大了情报机构对恐怖主义犯罪、惩罚和权力的定义。该法案当时受到律师和公民自由组织的批评，因为它对制止恐怖主义法的定义过于宽泛（Walsh, 2011: 224）。纵观新西兰情报立法，历史上

1　俗称 C-51 法案。——编注

有几个主要立法规定了各个机构的角色、职能、权力和监督。其中，最重要的有 1996 年《情报和安全委员会法案》（Intelligence and Security Committee Act 1996，建立了议会监督委员会）、2003 年《政府通信安全局法案》（Government Communications Security Bureau Act 2003，管理新西兰信号情报行动）和 1969 年《新西兰国家安全情报局法案》（New Zealand Security Intelligence Service Act 1969，管理新西兰人力情报机构的行动）。2016 年 2 月，卡伦（Cullen）和瑞迪（Reddy）对新西兰情报机构进行了第一次重大审查后，审查人员发现了上述立法中的一些不足之处。特别是 2003 年《政府通信安全局法案》、1969 年《新西兰国家安全情报局法案》在职能、角色、授权和问责方面都有不一致之处（Cullen and Reddy, 2016: 2）。卡伦和瑞迪情报评估推动新西兰政府通过了 2017 年《情报和安全法案》（Intelligence and Security Act 2017），旨在更清楚地确认新西兰两个关键情报机构（政府通信安全局、国家安全情报局）的目标、职责、秘密行动、授权和问责。

我们对“9 · 11”事件以来指导情报工作的主要立法工作进行了简短回顾，从中可以清楚地看到，要想推动更好的情报工作，需要建立有效立法框架，包括适当的保障措施、透明度和监督机制，但其中存在着多重挑战。每个“五眼联盟”国家都面临一系列独特的挑战，这是在该国特有的政治和法律制定过程中形成的。

抛开各国对情报立法的独特政治、政策和法律反应，“五眼联盟”国家也面临许多类似的挑战。第一，如其他公共政策的制定背景，在出现危机的时候，政府倾向于做出迅速反应，这是可以理解的，但如我们先前所见，在危机情况下或在经过重大独立审查后，立法的制定或修订过程经常导致法律设计不完善，或采取临时和渐进的解决办法。从各国反恐怖主义立法的发展和美国国际反恐怖主义法等重大立法的实施中就可窥见端倪。

第二，在“9 · 11”事件之后的安全环境中，“良好的立法”可能并不容易实现，因为情报界能够使用的技术也越来越多地被威胁行为者获得——尤其是加密通信技术。此外，尽管数据监视、数据挖掘（或匹配）、分析方法的技术革命已经改变了情报界搜集和分析威胁的方式，但鉴于技术的变化日新月异，对法律制定者来说，禁止当局将各种技术运用到法律中仍然是一项挑战。

第三，在大多数“五眼联盟”国家颁布立法时面临的共同挑战，还包括如何正确地（合法地）实施这些立法，以及如何充分理解这些立法对伦理和问责的影响。例如，在一些“五眼联盟”国家，情报机构被授予了更大或更灵活的权力，但在行动中执行这些权力却困难重重。相关的例子包括澳大利亚错误拘留了穆罕默德·汉尼夫（Mohammed Hanneef）（Walsh, 2011: 219–221）、加拿大通过立法引渡马赫尔·阿拉赫（Maher Arrar）和对阿迪尔·查库维（Adil Charkooui）不合理的安全调查（Walsh, 2011: 230–231）。

五、迎接挑战

每个“五眼联盟”国家自然需要找到自己的方式来克服“9·11”事件之后颁布的一些法律带来的挑战和限制。在前面的讨论中，很明显，一些“五眼联盟”国家更清楚地意识到，在自己的管辖范围内，碎片化和临时性的立法越来越多，有必要为情报机构建立更清晰、更成体系的法律框架。如上所述，2017 年，新西兰在寻求更加协调和清晰地整合历史上管理情报机构的各种法案。其他“五眼国家”，比如澳大利亚和英国，也在积极考虑类似的协调工作。

然而，新兴的生物威胁和生物风险管理不仅需要对管理每个情报机构角色、功能和权限的主要立法进行审查，还需要详细审查情报机构在生物安全、生物安保、生物恐怖主义相关法律中的角色和权限。如果“五眼联盟”国家情报机构想要更有效地管理未来的生物威胁和生物风险，就需要对情报相关立法和更具体的生物安全、生物安保、生物恐怖主义相关立法进行详细（且费力）的评估。这项工作对于确定重叠的生物安全、生物安保、生物恐怖主义法律至关重要，这是更好地协调法律的第一步，有助于确定哪些规则、章节和法规彼此不一致，或在管理上难以监督，不利于情报机构和其他利益攸关者使用。当然，正如我们在第六章中讨论“五眼联盟”

国家公共卫生利益攸关者时所指出的那样，鉴于全球卫生就是国家卫生，反之亦然，各国仅仅依靠自己并不能提高在管理生物威胁和生物风险方面的情报能力。

“五眼联盟”国家对现有立法的审计显然需要寻找机会，在每个国家内部和跨国协调立法，并最终（希望如此）在全球范围内协调相关立法。如第六章所述，现在多边机构（世界卫生组织、联合国、世界银行、世界贸易组织）、非政府组织和行动计划（“全球卫生安全议程”）等众多领域都以各自的方式在全球卫生治理中发挥作用。然而，目前仍然缺乏一种真正的全球卫生法律途径来实现有效的多边合作。一些人认为，“国际法的国家中心地位正是利用法律促进全球卫生问题的主要挑战”（Gostin and Taylor, 2008: 53–63）。无论如何，国家生物安全、生物安保、生物恐怖主义立法对生物威胁和生物风险的预防、瓦解、处理的作用，明显也受到了“全球卫生立法”领域碎片化、重复性、缺乏一致性的影响和限制（Gostin and Taylor, 2008: 53–63）。

最后，生物威胁和生物风险不能像其他威胁一样，仅仅通过立法就能明显改善。有效的监管对于生物威胁和生物风险的预防、瓦解、处理也至关重要，这是我们将要讨论的主题。健全的监督和问责措施也是本章最后一个主题覆盖的内容。

六、监管、监督和问责

（一）监管

在研究“五眼联盟”国家情报机构监督和问责的作用及其对防范、瓦解、处理生物威胁和生物风险的能力会产生什么影响之前，有必要首先界定我们所说的“监管”的定义。监管理论和实践在过去三十年里获得了发展。它最初（主要）应用于经济领域，比如金融服务、消费者保护、交通运输和公共事务等（Sparrow, 2001: 7）。随着时间的推移，社会、卫生、安全、福利、工作条件和环境方面的监管实践也得到了发展（Sparrow, 2001: 7）。监管实践更加广泛带来的最终结果是出现了一个多样化的多学科领域，学者和实践人员根据他们关注的经济或社会领域形成了自己对“什么是监管”的观点和定义。因此，没有出现一个“一刀切”的“监管”定义，也就不足为奇了。然而，鲍德温（Baldwin）等在他们的监管理论和实践手册中确实提供了一个有意义的一般性定义。他们利用布莱克（Black）的研究，将“监管”定义为：“根据既定标准，利用包括搜集信息和改变行为等手段，有意使用权力来影响另一方的行为”（Black, 2010: 12）。

虽然没有一个定义能让我们完整了解生物威胁和生物风险监管的多样性，但以上的定义也自有它的优势，因为它足够广泛，又不过度拘泥于法律。它还强调了监管的目的，即改变行为。如前面在立法部分所述，许多与生物安全、生物安保、生物恐怖主义相关的法律也包括法律规定性的条例。例如，加拿大《人类病原体和毒素法案》的附件是《人类病原体法条例》，其中规定了为研究管制生物剂的个人或组织颁发许可证相关的强制性措施，在个人计划增加人类病原体毒力或致病力时需发布通告，以及与安全检查和监督有关的其他要求。然而，正如我们在本节中看到的，并非“五眼联盟”国家的所有监管要求都被写入了法律。监管还可以通过各种非法律手段进行，比如政策、行为准则和自我监管。

在生物安全和生物恐怖主义领域，有大量不同立法支持的常规机制与非正式手段来减少生物威胁和生物风险。从一个更广泛的生物安全角度来看，对全面监管机制的讨论需要涵盖大量的问题，包括但不限于生物安全、农业与食品安全、进口或出口生物安全规定、管制生物剂使用、大规模杀伤性武器扩散、动植物卫生、制药和两用研究。然而，在有限的篇幅内，我们将把对管制的讨论限定在生命科学中的两用研究，因为这个问题涉及整个卫生领域。在这一领域，每个“五眼联盟”国家的情报机构都会持续关注监管机制（正式法律或非正式非法律手段）如何帮助减少生物威胁和生物风险。

前几章概述了两用研究的潜在安全影响。合成生物学、生物技术和特定研究呈指数级增长，例如能够生成危险病原体株系的功能获得性项目，它们的发展促进了科学的进步，但也持续引起国家安全方面的担忧（Tucker, 2012; NAS, 2016, 2017a, b）。也就是，科学知识的进步及其传播是否可能被恐怖分子和犯罪分子用于恶意目的。在关于两用研究的争论中，一方对此表示担忧，而另一方（科学界）提倡科学知识的公开、透明性并促进其交流。自“9·11”事件以来，特别是在美国，如何既能解决国家安全隐患，又能不影响科学界继续开展和传播可能对预防或治疗疾病有益的研究，有关争论一直在继续。美国国家科学院、工程院和医学院关于生命科学备受关注的两用研究报告，全面总结了自“9·11”事件以来政策和监管方面的争论是如何发展的（National Academies of Sciences, Engineering and Medicine, 2017: 30–44）。

美国国家科学院的报告强调，美国对两用研究的监管和监督存在一些缺陷，这些问题一直没有得到解决。其他“五眼联盟”国家也或多或少存在类似情况。在澳大利亚，2001 年的实验中无意使小鼠痘病毒（与天花密切相关）具有高毒性，从而引发争论：应该如何加强对这类两用研究的监管。尽管澳大利亚对公共资助研究的监督做了一些改进，例如制定了负责任的研究行为准则，但政府似乎在很大程度上把监督权交给了研究机构（Kamradt-Scott and Smith, 2014）。

2016 年，加拿大阿尔伯塔大学（University of Alberta）一个私人资助的研究小组从邮购的基因片段中重新制造了马痘病毒（一种天花的近亲）。研究小组表示，他们对开发更好的天花疫苗和癌症治疗方法很感兴趣，尽管有人担心，这种技术可能被滥用于制造天花。正如早先指出的那样，世界卫生组织在 1980 年宣布根除了天花。这个实验会带来什么安全影响，学者之间存在一些分歧（Koblentz, 2017; DiEuliis and James, 2017），但它重新引发了关于加拿大目前是否拥有充分的两用研究监管制度的争论。

前面讨论的小鼠痘、马痘和其他两用研究实验的例子都强调了，在管理令人关注的两用研究的方式上存在着一些政策、监管和教育方面的缺陷。从政策角度看，美国对管理两用研究的反应一直不成体系。美国的政策并没有全面覆盖所有的两用研究。例如，由美国或国际的个人或私营部门资助的非政府研究不受两用研究政策约束（美国国家科学院、工程院和医学院，2017: 4–6）。2017 年，美国卫生和公众服务部发布了新的政策原则（称为框架），对涉及增强的潜在大流行病原体研究提供监督指导（Koblentz and Klotz, 2018）。不过，新的指南并不适用于其他政府部门或私营部门开展的研究。此外，目前还不清楚政策反应是否涉及生物安全所有相关领域，特别是那些新兴的生命科学研究领域（比如，基因编辑、基因驱动、合成和系统生物学）（Koblentz and Klotz, 2018: 5）。最后，没有一个国际组织完全监管备受关注的两用研究及其传播。

一些国际组织和机制，包括世界卫生组织、《禁止生物武器公约》、澳大利亚集团和联合国安理会，在关于两用研究的政策讨论中发挥了作用，很可能在未来也会如此（Koblentz and Klotz, 2018: 5）。

同样，在管理两用研究方面，美国和国际的监管与风险缓解机制也过于分散。关于如何对这类研究进行风险管理，特别是期刊编辑是否或如何发表备受关注的两用研究，几乎没有指导意见。第一章概述了一些挑战，比如美国国家生物安全科学顾问委员会等咨询机构如何处理与 H5N1 禽流感、脊髓灰质炎、小鼠痘和马痘有关的两用研究成果。对于备受关注的两用研究的发表，国家生物安全科学顾问委员会并没有向科学界提供全面风险缓解建议、法律或监管执行权力的完整授权。由于缺乏一个具有广泛授权的统一、全面的咨询和监管机构，科学家、出版商和研究机构可能难以对两用研究产生的安全问题进行自我监管或有效地降低风险。不过，其他机构和程序提供了自我监管与监督方面的建议。对“五眼联盟”国家官员的采访表明，一些国家安全机构和执法机构在为科学界关注的两用研究提供安全风险缓解建议方面发挥了作用。但大多数情况下，除了联邦调查局大规模杀伤性武器事务机构的外展计划（Hummel, 2017），国家安全机构和执法机构与“五眼联盟”国家的科学界在管理两用研究方面的接触通常不够正式，也不够频繁。

自“9·11”事件以来，导致对两用研究形成分散监管的第三个因素是，缺乏共识和方法来培训科学家，让他们了解参与和发表两用研究会带来的安全隐患。这就造成了对两用研究的潜在生物安全问题缺乏认识。对许多研究机构来说，培训的重点似乎都在生物安全——特别是促进安全的工作环境和对危险病原体负责，而不是理解参与和发表两用研究的安全隐患（Hummel, 2017: 7）。近来，培训方面有所改进，增加了对生物安保问题的关注，特别是在政府资助的大型研究机构，但培训内容和标准仍然参差不齐，而且整个生命科学领域的总体方法缺乏系统性。

（二）直面挑战

这些不足之处——包括“五眼联盟”国家和更广泛的国际社会对备受关注的两用研究没有形成统一的监管和监督体系——凸显出为了更好地解决这一问题，有必要对改革监管和监督机制进行更多的思考。监管理论家马尔科姆·斯派洛（Malcom Sparrow）援引卡里·科里亚尼斯（Cary Coglianese）的话说，从最广泛的意义上讲，有效的监管改革需要在四个主要领域形成框架：范围，即监管的目的是什么——放松监管、重新监管突发风险或市场；本质，考虑其他形式的法规，例如污染控制中的交易许可证以及协商解决程序的建立；地点，关于中央集权或分权，联邦和州法律之间的地区或地方自治关系；行为，涉及战略、战术、政策、运作方法和监管机构的文化（Sparrow, 2001: 3）。可以说，所有四个主题领域都与如何建立更有效的监管和监督两用研究有关。

对于成功的监管改革来说，同样重要的是，我们如何人为控制监管的规模和复杂性，在生物安全的背景下（尤其是在处理管制生物剂时），这些监管似乎“已经成为一个不断变化的目标，导致机构难以在规章制度再次改变之前实施新的要求”（Gryphon Scientific, 2016: 1015）。同样，关注监管的成本收益以及政府在一些地方加强、一些地方退出时，应该把最多的注意力放在哪里（Sparrow, 2001: 21–22），似乎对于构建更好的两用研究监管至关重要。例如，我们可以从美国国家生物安全科学顾问委员会等机构以前的工作中学到什么（例如，2016 年 5 月的报告《关于评估和监督拟议的功能获得性研究的建议》），以便发布功能获得性研究的指南，更好地在生物安全培训计划或生命科学的自我管理流程中涉及两用研究的国家安全意义。撇开美国联邦调查局在这一领域发挥的良好作用不谈，“五眼联盟”国家情报机构如何才能更好地与生命科学部门就两用研究问题进行合作？私营部门在政府监管和合规工作的基础上可以发挥什么作用？

自 2009 年国际基因合成联盟（IGSC）成立以来，越来越多的证据表明，私营公司的合成生物产品和服务，比如基因序列订单，在筛选客户方面发挥着行业主导的自我监管作用。国际基因合成联盟成员公司对客户（商业、研究机构或政府机构）的订单进行审查，以确定购买者和所要求的 DNA 序列在广泛的数据库中是否合法，以确保它们不是被列入黑名单的组织或 DNA 序列。无法核实的公司或不符合美国联邦和国际准则的序列请求将提交给监管当局（IGSC, 2018）。在近来的一次新闻发布会上，国际基因合成联盟称它目前占据了全球大约 80% 的商业合成业务，所以它在更广泛的生物安全背景下促进自我监管的工作显然有助于对两用研究的监督。尽管如此，在全球范围内，仍有许多公司没有加入国际基因合成联盟，所以一些不知名的个人和组织可以订购备受关注的合成生物产品。这些潜在的威胁行为者还可以利用目前全球存在的监管和立法机制中的跨司法管辖漏洞，获取可用于合成危险病原体的 DNA 序列。

最后，全面分析两用研究领域的监管和监督，需要考虑一些地方、国家和国际的监管方法在多大程度上缺乏灵活性，从而使它们难以在一个多样化的生命科学领域起到作用。“一刀切”的监管方式可能是不明智的。正如斯派洛指出，“我们已经看到，在其他技术发展迅速的领域，‘旧的规则迟迟不去，而应对新风险的新规则姗姗来迟’”（IGSC, 2018: 22）。情况似乎的确如此。美国国家生物安全科学顾问委员会一直受到批评，因为它未能将所有可能引起关注的研究纳入其“备受关注的两用研究”定义，包括生命科学中不可预测的发展，比如基因编辑技术 CRISPR/Cas9 或基因治疗研究。

当然，对两用研究的立法、法规和政策监督也有伦理层面的考虑（Miller and Selgelid, 2008; Selgelid, 2016）。两用研究的复杂性日益凸显，特别是功能获得性研究需要进一步的实证研究来评估在整个合成生物学研究领域中出现的伦理风险。有些研究项目在伦理上是不可接受的，而有些则是可以接受的，这不是一个简单的问题。功能获得性研究以及在不同研究背景下使用基因编辑技术的情况日益复杂，可能会揭示不同风险水平的伦理困境，而不是明确指出应该“禁止”的研究。2016 年，在美国国家卫生研究院的委托下，塞尔吉利德（Selgelid）强调了功能获得性研究的伦理复杂性，他主张建立伦理决策框架，包括比例、风险最小化、正义、证据和其他原则，以此作为决策者和科学家评估功能获得性研究伦理风险的更好办法（Selgelid, 2016: 5）。

从上述关于立法和监管的讨论中可以清楚地看出，这两方面都能够帮助“五眼联盟”国家以不同方式来预防、瓦解、处理生物威胁和生物风险。然而，在这两个领域（立法和监管）存在几个挑战，可能会对情报机构应对生物威胁和生物风险的方式产生影响。总而言之，“五眼联盟”国家应用立法和监管机制，在政治、制度和伦理方面面临挑战，将继续影响情报机构在应对生物威胁和生物风险方面的作用。

如第五章所述，很多挑战只能在政治领导和情报治理层面解决。情报机构如何利用立法或监管来预防、瓦解、处理生物威胁和生物风险也有其局限性。鉴于合成生物学和生物技术的动态性质，不可能完全实现最佳的立法和监管对策。也许通过改善“五眼联盟”国家情报工作的监督和问责环境，立法和监管方面的一些挑战可以得到解决。这反过来又能提高情报能力，使其更有效地用于应对生物威胁和生物风险，又可以在“五眼联盟”国家推行以符合伦理的方式处理情报。在最后一节中，我们将简要讨论“五眼联盟”国家的监督和问责机制的作用与挑战，以及这些机制对预防、瓦解、处理生物威胁和生物风险可能产生的影响。

（三）监督和问责

撇开两用研究的立法、监管和伦理监督的复杂性不谈，每个“五眼联盟”国家能够有效管理生物威胁和生物风险的程度，也与情报机构如何通过符合法律、程序和伦理的方式行使其职权和权力有关。鉴于每个“五眼联盟”国家的情报机构需要对本国政府的行为负责，并最终对纳税公民负责。理想情况下，良好的内部与外部监督和问责机制应促进有实效、低成本、高效率的情报支持，以应对每个“五眼联盟”国家面临的威胁，包括生物威胁和生物风险。当然，这种支持不能损害这些国家的民主或个人权利。

要理解监督和问责机制，可以将它们分为两类：内部——部级和议会级；外部（Walsh, 2011: 228）。情报工作的内部监督和问责，显然始于对机构和更广泛的情报界各级活动的领导与管理审查。每个“五眼联盟”国家的情报机构都有自己的内部监督方法，因此很难一概而论，或在有限的篇幅内面面俱到。例如，在美国，大多数情报与安全机构都有一个监察长，负责评估和监控可能涉及法律、道德、财政、人事的内部问题（Walsh, 2011: 228）。在其他“五眼联盟”国家，情报机构负责人也受到法定权限的约束，必须定期向部长和议会报告。

接下来，部级监督成为情报实践的下一个问责级别。自“9·11”事件以来，随着几项新法案的出台或立法的修改，每个“五眼联盟”国家的部长们都被赋予了新的权力，规定情报机构的工作和监督权力。例如，在英国、澳大利亚、加拿大、新西兰，部长通常有权授权拦截通讯和秘密活动，但这些权力通常受到相关法律的严格控制，在英国、加拿大、新西兰，司法专员还会对这些权力进行进一步审查（Walsh, 2011: 228）。

部级监督的一个重要附加内容就是在过去几十年里设置了独立的执行监督职位，能够提供另一层制衡，并“进一步保障机构并没有在政治上被滥用”（Walsh, 2011: 228; Gill and Phythian, 2006）。在美国，司法部总检察长办公室（DOJ Office of Inspector General）对联邦调查局等司法部门的调查和审计职能是独立的。在加拿大，安全情报局的监察长传统上对该局进行独立审查（Walsh, 2011: 228–229）。在澳大利亚、新西兰，也有情报和安全监察长（IGIS）。

澳大利亚的情报和安全监察长一直拥有独立于政府的权力，可以对澳大利亚情报机构进行例行调查。2013 年，新西兰的情报和安全监察长才在1996年《情报和安全监察长法案》（Inspector General of intelligence and Security Act 1996）的修正案中被赋予了这些权力。新西兰的2017年《情报和安全法案》进一步明确了情报和安全监察长的作用以及该国所有情报机构的职能。加拿大也有一个独立的审查机构——安全情报审查委员会（SIRC），但传统上它只负责监督安全情报局，而不是其他具有情报功能的机构。与澳大利亚的情报和安全监察长相比，它对加拿大安全情报局运作的调查也只是回顾性的（Walsh, 2011: 229）。

然而，在撰写本书时，一个主要立法已经提交加拿大议会，提出创建国家安全和情报审查机构（NSIRA），将取代安全情报审查委员会、通信安全局专员办公室及负责监督皇家骑警国家安全活动的平民审查和投诉委员会（Civilian Review and Complaints Commission）的国家安全审查投诉调查职能。除了加拿大安全情报局，国家安全和情报审查机构还将对所有使用情报的机构拥有独立审查权力。

内部监督和问责的最后一个支柱是各类议会（和国会）委员会，它们负责监督情报机构，包括政策、立法、行政和财务问题。我们将单独介绍美国国会的监督委员会，因为他们的运作方式与其他“五眼联盟”国家不同。澳大利亚、英国和新西兰长期以来都设有情报监督委员会，传统上不能或者只能有限接触机密材料或有关情报活动的敏感细节（Walsh, 2011: 229–230）。但在这三个国家，这些委员会在监管其情报机构的某些方面逐渐被赋予更重要角色，其中一个关键职能是审查越来越多的情报和反恐立法。例如，自2014年以来，澳大利亚议会情报与安全联合委员会在改进情报和反恐立法方面发挥了建设性的两党作用，其中包括2014年《反恐怖主义法修正案》和《电信法修正案》（Walsh, 2017: 181）。加拿大传统上一直没有设置专门负责情报的议会委员会，2017年6月，特鲁多（Trudeau）自由党政府成立了国家安全和情报议员委员会，委员会成员都通过了安全审查，可以对任何部门的信息进行审查，除非涉及正在进行的行动或者相关部长认为审查将会损害国家安全。

与其他“五眼联盟”国家不同，美国国会监督委员会——参议院情报特别委员会（Senate Select Committee on Intelligence，简称SSCI）和众议院常设情报特别委员会（House Permanent Select Committee on Intelligence，简称 HPSCI）——的运作方式不同。国会监督委员会有几项监督权力，包括但不限于预算监督、听证会（关于情报政策、能力和项目）、高级情报人员提名和秘密行动。此外，参众两院的情报委员会成员都通过了安全审查，可以查看情报和情报项目。不过，在某些情况下，敏感材料并不是所有成员都能共享，可能只向委员会领导人开放。这时常常引起委员会成员和全体国会之间的摩擦，比如某些成员宣称没有向他们通报布什政府精心策划的强制审讯手段（Lowenthal, 2012: 232）。

美国情报研究高级学者洛克·约翰逊，数十年来一直在密切关注美国国会两个情报委员会的运作方式，尤其是在监督和问责方面。他提供了一个实用和新颖的分类方法（鸵鸟、啦啦队员、吸柠檬水者和卫士），有助于解释这两个情报委员会自 20 世纪 70 年代中期以来的运作方式（Johnson, 2018: 20）。约翰逊认为，议员倾向于作为“间谍监视者”，扮演四个主要角色中的一个，尽管有时他们会来回转换到其他角色（Johnson, 2018: 20）。鸵鸟责任心不强，出席委员会会议的次数不多，而且总体上不积极参与。相比之下，啦啦队员支持情报机构——不管情况如何，都要在媒体面前捍卫它，避免对情报活动进行深刻反思。第三个角色——吸柠檬水者天生具有敌对性，怀疑美国情报界的所有活动。他们认为情报机构是“不道德、违宪的或不称职的”（Johnson, 2018: 20）。最后，用约翰逊的话说，卫士是“间谍机构的合作伙伴和批评者”。他们会向公众解释并赞扬情报机构的表现，但当出现错误时，他们也不怕责骂这些机构（Johnson, 2018: 21）。我们希望法律制定者主要扮演卫士的角色，但在现实中，两个情报委员会已经越来越政治化和党派化，特别是“9·11”事件之后，对各种情报问题的问责，比如“9·11”的情报失误、入侵伊拉克之前对大规模杀伤性武器评估、强制审讯、斯诺登和大规模元数据搜集等，并不一定能转化为对情报界的公正监督或系统改进。

监督和问责的最后一个方面是外部审查，包括一系列具有监督职能的独立机构、特设委员会和调查。前面几章中提到的独立调查通常是由政府在实际或被认为是关键的情报失误时委托进行的，比如“9·11”事件、对伊拉克大规模杀伤性武器能力的情报评估，或2013年斯诺登事件对所有“五眼联盟”国家的影响。关于专门的外部审查，有太多的实例值得讨论，有意深入研究的读者可以参阅大量资料来源（Walsh, 2011: 230–233; Johnson, 2017; Gill, 2016; Goldman and Rascoff, 2016）。

七、小结

从上述讨论中可以明显看出，“五眼联盟”国家的立法、监管、监督和问责机制的演变，为“9·11”事件之后的情报实践带来了诸多挑战。从立法角度来看，政府及其情报机构在制定新的立法权方面面临挑战，这些权力既要适度，又要有效应对不断变化的威胁，比如恐怖主义、网络攻击和非法货物贩运等其他跨国问题。要从立法上对生物技术的指数级增长及其潜在的日益滥用做出反应仍然是困难的。

同样，希望对两用研究监管达到最佳平衡，促进生物领域的合法增长和研究，将需要政府、各行业和“五眼联盟”国家情报机构进一步思考。如果建立更好的立法和监管反应面临的一些挑战得到解决，那么情报机构就能够更有效地预防、瓦解、处理未来的生物威胁和生物风险。这当然需要更好的情报界内部和跨情报机构的情报治理，正如第五章所述。

最后，本章认为，自从“9·11”事件以来，情报机构的公众信任度很低，并且实际和被认为的情报失误数量不断增加，“五眼联盟”国家情报机构要想继续管理概率低、影响大的生物威胁，还需要更有效、更成体系的监督和问责方法。

参考文献

9/11 Commission. (2004). *The 9/11 Commission Report: Final Report of the National Commission on Terrorist Attacks upon the United States*. Washington, DC: 9/11 Commission.

Baldwin, R., Cave, M., & Lodge, M. (Eds.). (2010). *The Oxford Handbook of Regulation*. Oxford: Oxford University Press.

Blue Ribbon Study Panel. (2015). *Blue Ribbon Study Panel on Biodefense. A National Blueprint for Biodefense: Leadership and Major Reform Needed to Optimise Efforts*. Washington, DC: Hudson Institute for Policy Studies.

Cullen, M., & Reddy, P. (2016). *Intelligence and Security in a Free Society. Report of the First Independent Review of Intelligence and Security in New Zealand*. Wellington.

DiEuliis, D., & James, G. (2017). Why Gene Editors Like CRISPR/Cas May Be a Game Changer for Neuro Weapons. *Health Security*, 15(3), 296–307.

Gill, P. (2016). *Intelligence Governance and Democratisation: A Comparative Analysis of the Limits of Reform*. Abingdon, UK: Routledge.

Goldman, Z., & Rascoff, S. (Eds.). (2016). *Global Intelligence Oversight*. Oxford: Oxford University Press.

Gostin, L., & Taylor, A. (2008). Global Health Law: A Definition and Grand Challenges. *Public Health Ethics*, 1(1), 53–63. https://doi.org/10.1093/phe/phn005.

Gryphon Scientific. (2016). *Risk and Benefit Analysis of Gain of Function Research Final Report*. Takoma Park: Gryphon Scientific, LLC.

Hummel, K. (2017). A View from the CT Foxhole: Edward You, FBI WMD Directorate. *Biological Countermeasures Unit. CTC Sentinel*, 10(7), 9–12.

IGSC. (2018). *International Gene Synthesis Consortium Updates Screening Protocols for Synthesising DNA Products and Services* [Press release]. From https://www.prnewswire.com/news-releases/international-gene-synthesis-consortium-updates-screening-protocols-for-synthetic-dna-products-and-services-300576867.html?tc=eml_cleartime. Accessed March 15, 2017.

Johnson, L. (2017). *National Security Intelligence*. Cambridge, MA: Polity Press.

Johnson, L. (2018). *Spy Watching. Intelligence Accountability in the United States*. New York: Oxford University Press.

Kamradt-Scott, A., & Smith, F. (2014). Antipodal Biosecurity? Oversight of Dual Use Research in the United States and Australia. *Frontiers in Public Health*,

2(142), 1–3.

Koblentz, G. (2017). The De Novo Synthesis of Horse Pox Virus: Implications for Biosecurity and Recommendations for Preventing the Re-emergence of Smallpox. *Health Security*, 15(6), 620–628.

Koblentz, G., & Klotz, L. (2018). New Pathogen Research Rules: GOF, Loss of Clarity. *Bulletin of the Atomic Scientists*.

L' Estrange, M., & Merchant, S. (2017). *Independent Intelligence Review*. Canberra: Commonwealth of Australia.

Lowenthal, M. (2012). *Intelligence from Secrets to Policy*. Thousand Oaks, CA: CQ Press.

McDonald, G. (2007). Control Orders and Preventative Detention—Why Alarm is Misguided. In A. Lynch, et. al. (Eds.), *Law and Liberty in the War on Terror* (pp. 106–115). Annandale and Sydney: Federation Press.

Miller, S., & Selgelid, M. (2008). Ethics and the Dual-Use Dilemma in the Life Sciences. In F. Allhoff (Ed.), *Physicians at War: The Dual-Loyalties Challenge* (pp. 195–211). Dordrecht: Springer Netherlands.

NAS. (2016). *Gain of Function Research. Summary of the Second Symposium*. Washington, DC: National Academy of Sciences.

NAS. (2017a). *A Proposed Framework for Identifying Potential Biodefense Vulnerabilities Posed by Synthetic Biology Interim Report*. Washington, DC: National Academy of Sciences.

NAS. (2017b). *Human Genome Editing*. Washington, DC: Science Ethics and Governance.

National Academies of Sciences, Engineering and Medicine. (2017). *Dual Use Research of Concern in the Life Sciences. Current Issues and Controversies*. Washington, DC: National Academies of Science.

NSABB. (2016). *Recommendations for the Evaluation and Oversight of Proposed Gain of Function Research*. Washington, DC: National Science Advisory Board for Biosecurity.

Selgelid, M. (2016). Gain-of-Function Research: Ethical Analysis. *Science and Engineering Ethics*, 22(4), 923–964. https://doi.org/10.1007/s11948-016-9810-1.

Sparrow, M. (2001). *The Regulatory Craft, Controlling Risk, Solving Problems and Managing Compliance*. Washington, DC: Brookings Institution Press.

Tucker, J. (Ed.). (2012). *Innovation, Dual Use and Security*. Cambridge, MA: The MIT Press.

Walker, C. (2005). Biological Attack, Terrorism and the Law. *Terrorism and*

Political Violence, 17(1–2), 175–200. https://doi.org/10.1080/09546550590520663.

Walsh, P. F. (2011). *Intelligence and Intelligence Analysis*. Abingdon, UK: Routledge.

Walsh, P. F. (2016). Australian National Security Intelligence Collection Since 9/11: Policy and Legislative Challenges. In K. Warby (Ed.), *National Security, Surveillance and Terror* (pp. 51–74). Cham: Springer International Publishing.

Walsh, P. F. (2017). Securing State Secrets. In R. Dover, H. Dylan, & M. Goodman (Eds.), *The Palgrave Handbook of Security, Risk and Intelligence* (pp. 177–194). London: Palgrave Macmillan.

White, M. (2007). A Judicial Perspective—The Making of Preventative Detention Orders. In A. Lynch, et al. (Eds.), *Law and Liberty in the War on Terror* (pp. 116–127). Annandale, Sydney: Federation Press.

Williams, G. (2011). A Decade of Australian Anti-terror Laws. *Melbourne University Law Review*, 35, 1137–1151.

结　语

本书有四个目标：评估当代（2001 年后）及新兴的生物安全和生物恐怖主义威胁环境；评估情报在应对当代及新兴的生物威胁时对战术、战役和战略决策的支持作用；探索情报流程的有效性以及为生物威胁提供决策支持的能力；了解情报如何有助于管理不断发展的及新兴的生物威胁。

前面的章节在某种程度上谈及了这些目标，但是需要进一步的详细研究来全面回答每一个问题。首先回到第一个目标，第一章调查了生物威胁和生物风险态势，重点是两个主题威胁：生物设施的盗窃犯罪和备受关注的两用研究。在这两大主题中，仍然很难确定或预测生物威胁和生物风险环境将如何发展。第一章尝试就威胁和风险评估提供一个平衡的观点。这很大程度上取决于政策制定者、情报分析师和研究人员在构建生物威胁和生物风险时所采用的理论与分析方法。无论是技术决定论者的观点，还是完全忽视威胁和风险可能演变的条件，都是无益的。第四章还讨论了来自不同跨学科领域的分析框架和方法，这些分析框架和方法有助于更好地理解潜在的生物威胁和生物风险轨迹。综上所述，第一章对威胁环境进行了简要描述，但这项工作仅仅是一个开始。所有与研究机构密切合作的“五眼联盟”国家情报机构都需要建立一种基于证据的方法来评估“9·11”事件之后的生物威胁环境。

第二个目标（针对当代及新兴的生物威胁，情报在决策方面的支持作用）在第二、三、四章中都有涉及。从每一章的讨论中，可以清楚地看出，情报在帮助决策者了解生物威胁和生物风险方面一直发挥着作用。但在某些情况下，可能并没有起到应有的效果，比如对伊拉克大规模杀伤性武器能力的情报评估。但在其他情况下，例如美国炭疽邮件事件，情报却很有帮助。第二至四章还记录了在情报任务分配与协调、搜集、分析方面仍存在的许多挑战，这些挑战限制了情报机构的能力，影响了他们在管理生物威胁和生物风险方面发挥最佳作用。

例如，第二章讨论了生物威胁和生物风险的情报任务分配与协调经常是临时性的，决策者常常被一系列其他更重要的威胁和风险（比如，俄罗斯、网络攻击和常规恐怖主义）分散注意力。如第二章所述，这在某种程度上是可以理解的，因为生物威胁和生物风险大多数具有概率低、影响大的特点。尽管如此，我们的情报机构有必要持续关注生物威胁和生物风险，以便更好地了解（即使难以完全了解）哪些威胁轨迹可能性更大。虽然进行类比需要谨慎，但我们仍然可以看到，每个“五眼联盟”国家的情报机构在加强网络管理能力方面依然在扮演“追赶者”的角色。我想知道，目前缺乏对生物技术潜在威胁的高级别政治任务关注，是否会在我们的情报工作中出现类似的情况。最后，第二章认为，目前决策者应对生物威胁和生物风险面临的问题是临时性和低任务量，因此需要更好的威胁和风险评估方法来帮助决策者分配有限的情报搜集与分析资源。

第三章讨论了传统的情报搜集平台（信号情报和人力情报）和其他科学方法（比如，法医学和流行病学）。我们的讨论显示在生物威胁和生物风险情境中，来源的确认一直非常困难。故意和恶意使用本质具备两用属性的生物物质，不会留下核武器和化学武器那样的“足迹”。要改进对生物威胁和生物风险的情报搜集，并没有简单的解决方案，而且很明显，情报机构的传统平台在探测某些威胁方面甚至可能（至少在开始时）是多余的。因此，正如在所有章节中多次强调的，情报机构需要加深对专业科学知识和技术的理解，以帮助填补关于生物威胁和生物风险的许多空白。好的情报搜集当然不仅仅是获得专业知识和技术。如第五章所述，有效的搜集也取决于出色的领导和巧妙地在正确的时间利用正确的资源。

第四章认为，分析过程还需要改进，并为情报分析师提供了正确的持续专业发展战略，使他们能够从事生物威胁和生物风险方面的工作。就分析过程而言，首先需要对各种可能有用的方法论（解释主义方法论和经验主义方法论）有更广泛的理解。情报分析师和许多其他职业一样，通常为了权宜之计会陷入使用相同的思维模式和技术来处理任务的困境。这可能会导致各种认知偏见，比如保持现状、确认或系统性偏见。第四、六章介绍了一系列分析方法及来自自然科学和社会科学学科的见解，这些可能在挑战偏见中发挥作用。考虑到潜在的生物威胁和生物风险的复杂性，未来从事这一领域工作的情报分析师需要一个更广阔的视角，以提高评估中使用的“证据”的质量。对其他学科知识的更深入挖掘，将改善对生物威胁者行为的解释，以及确定哪些因素可能改变对威胁和风险的理解。

关于从事生物威胁和生物风险研究的情报分析师的专业发展，如第四章所述，情报分析师所需要的和他们的部门经理认为他们需要的可能不是一回事。自“9·11”事件以来，在将情报分析师提升为专业角色方面已经取得了进展，但在最广泛的意义上，关于如何教育和培训情报分析师的争论仍然很多，更不用说对他们在合成生物学、生物技术等专业领域需要具备哪些技能和能力的讨论了。下一代生物威胁和生物风险管理人员需要什么样的技能，还应该进一步研究，以便提供更为充分的证据。本书中的大多数初步发现证明，只有与情报界合作的研究人员才能为从事生物威胁和生物风险研究的情报分析师的专业化提供更好的答案。

第五章从本书的第二个目标转到了第三个目标——情报流程与能力在处理生物威胁和生物风险方面是否有效。这一章涉及外部治理（政治领导）和内部治理（情报机构）挑战，它们会对情报流程和能力的总体有效性产生影响。外部治理和内部治理都是困难问题，不太可能在短期到中期（2018 至 2023 年）得到彻底解决。如第二章所述，对于“五眼联盟”国家政府，生物威胁和生物风险属于低优先级。资金往往流向需要优先考虑的地方，所以情报界领导人基本上不太关注生物威胁和生物风险。

同样，如前几章所述，第五章并没有人为夸大在很大程度上仍然未知的生物威胁和生物风险的重要性。需要更多的证据来更好地调整威胁和风险领域，但如果“五眼联盟”国家情报机构对这些问题的情报治理不力，这是不可能实现的。如果没有一个协调一致的战略领导，你就不知道自己不知道什么。政治领导人和各情报机构领导人需要更多地参与，以更具战略性、前瞻性和协调性的方式，努力确认有关生物威胁和生物风险的证据。如第五章所述，每个“五眼联盟”国家的情报机构需要更集中、更协调的卫生安全应对机制。对于如何做到这一点，有几项建议，包括创建由一位资深政治家担任主席的卫生安全协调委员会，以及为每个“五眼联盟”国家制定国家卫生安全战略。特朗普政府承诺制定国家生物防御战略，但并没有首先建立健康安全协调委员会，这似乎本末倒置了。很难说“五眼联盟”国家是否会在短期内采取这些急需的外部情报治理措施，以帮助政策界和情报界更好地关注优先事项，并为此匹配资金。

第五章还讨论了其他关键性赋能活动（信息通信技术、人力资源和研究），以及这些活动中的挑战如何妨碍我们的情报机构在应对生物威胁和生物风险方面发挥更有效的作用。虽然外部情报治理在很大程度上取决于当前的政府，但每个“五眼联盟”国家的情报机构领导人在一定程度上可以应对第五章中提到的许多关键性赋能活动的挑战。同样，这需要我们情报机构加强领导，但从历史上看，在处理复杂的新兴威胁时，这种领导作用可能是缺乏或无效的。

虽然第五章认为，我们的情报机构在处理生物威胁和生物风险时，能力的提高应该转化为更好的效果。但从讨论中，也可以清楚地看到，对决策的情报支持总是有其局限性。在未来许多潜在生物威胁和生物风险的预防、瓦解、处理中，情报机构的实际作用很有可能会小于其外部的其他利益攸关者。因此，第六章研究了情报机构以外的众多利益攸关者（公共卫生专家、犯罪学家、工程师、网络专家和第一响应者），他们在不同程度上可以在生物威胁和生物风险的预防、瓦解、处理方面发挥作用。

第六章讨论了利益攸关者需要向情报机构提供哪些知识、技能和方法，以及国家安全机构和执法机构的工作人员需要如何更有效地与他们接触和合作。我们并不是暗示每个“五眼联盟”国家的情报机构在处理生物威胁和生物风险时都没有接触利益攸关者。相反，这里强调的是一种更具战略意义的合作方式——跨核心情报流程和支持所有情报流程的关键性赋能活动。由于生物技术的两用性和生物科技领域的庞大规模，在生物威胁事件发生时，往往很难发现和逮捕生物威胁行为者。因此，与多个利益攸关者建立良好而牢固的关系，将是未来瓦解威胁和风险的关键。

最后，第七章提供了贯穿本书所有四个目标的洞见。特别指出，无论是立法、监管还是问责机制本身都无法单独为应对生物威胁和生物风险提供有效、合法、合乎伦理的情报支持。此外，还需要进一步的研究来了解如何更有效地利用立法、法规和问责措施，从而避免目前对生物科学监管分散的情况。在第七章中，还可以清楚地看到，有必要开展进一步的政策工作，特别是对两用研究的监督，情报界需要继续在这项工作中发挥关键作用。

未来展望（2023 年及以后）

五年后，生物威胁和生物风险环境的性质仍然无法清晰确定。本书试图对一些可能导致威胁和风险的问题进行深入探讨，但没有人真正知道会出现什么。如前所述，关于一些备受关注的两用研究是否可能被犯罪分子或恐怖分子利用，在认知方面仍有很大的缺口。事实上，其中的一些认识，也许甚至大多数都是“不可知的”。正如我们所看到的，针对生物威胁和生物风险的情报应用历史，往好了说是喜忧参半，往坏了说是不够可靠。未来，我们的情报机构对一些生物威胁和生物风险重要性的认知很有可能将继续这种错误。五年后，“五眼联盟”国家至少需要努力去了解生物威胁和生物风险轨迹是如何形成的，即使“整体”尚不可知。为了更有效地发挥这一作用，即使做不到十全十美，也需要我们的情报机构克服本书所详述的许多关键挑战，其中包括改进情报治理，同时采用更科学的（基于证据的）方法来预防、瓦解、处理威胁和风险。虽然（不幸的是）情报从来没有任何完全的保证，但为应对前面所述的挑战而进行的协调努力，将有望使不可避免的情报失误变得不那么频繁，后果不那么严重。

致　谢

我要感谢许多人帮助本书问世。首先是研究人员和学者，感谢大家的宝贵时间和见解。我要特别感谢以下学者，他们比我更了解这些问题，我从他们那里学到了很多：塞思·卡鲁斯教授（Professor Seth Carus）、格里格·克布伦茨教授（Professor Greg Koblentz）、吉姆·威尔逊博士（Dr. Jim Wilson）、乌韦·穆勒-多比利斯教授（Professor Uwe Mueller-Doblies）、卡维塔·伯杰博士（Dr. Kavita Berger）、马修·沃森博士（Dr. Matthew Watson）、凯瑟琳·沃格尔教授（Professor Kathleen Vogel）、杰里米·利特伍德博士（Dr. Jeremy Littlewood）、艾伦·卡林博士（Dr. Ellen Carlin）和阿莎·乔治（Asha George）。

本书可能不是对情报在应对生物威胁和生物风险方面作用的全面研究，但我对高级情报官员和政策官员进行了采访，他们在情报、生物安全和生物恐怖主义领域拥有的广泛专业知识丰富了本书的内容。我知道在大多数情况下，我不能公开他们的名字，但请放心，我仍然非常感谢他们的宝贵时间和洞察力。我只希望这本书在一定程度上能够帮助我采访过的和我们情报界的人员，他们的工作可以帮助决策者了解潜在的及新兴的生物威胁和生物风险。

我要感谢格伦和我的家人，感谢他们对我的爱和支持，这是我永远无法完全报答的。我还要感谢我的雇主——澳大利亚查尔斯特大学，特别是我的执行院长特雷西·格林教授（Professor Tracey Green）和学院院长尼克·奥布莱恩教授（Professor Nick O’Brien），感谢他们一直以来对我的研究工作的支持。

最后，我还要感谢查尔斯特大学人文学院提供经费，使我得以前往美国和加拿大进行采访。

缩略词表

简 称	全 称	名 称
	9/11 Commission Report	“9·11”委员会报告
	Accountability	问责
AQ	Al-Qaeda	“基地”组织
	Amerithrax	美国炭疽邮件事件
	Analytical methodologies	分析方法
	Analytical techniques	分析技术
	Anthrax (Bacillus anthracis)	炭疽（炭疽杆菌）
	Aum Shinrikyo	“奥姆真理教”
	Australia group	澳大利亚集团
ACIC	Australian Criminal Intelligence Commission	澳大利亚刑事情报委员会
AFP	Australian Federal Police	澳大利亚联邦警察局
ASIO	Australian Security Intelligence Organisation	澳大利亚安全情报局
AUSTRAC	Australian Transaction Reports and Analysis Centre	澳大利亚交易报告和分析中心
	Bio-crime	生物犯罪
BWC	Biological Weapons Convention	《禁止生物武器公约》
	Bio-risk	生物风险
	Biosafety	生物安保
	Biosecurity	生物安全
	Bio-surveillance	生物监测
	Biotechnology	生物技术
	Bioterrorism	生物恐怖主义
	Bio-threat	生物威胁
	Blue Ribbon Study Panel Report	蓝带研究小组报告
CSIS	Canadian Security Intelligence Service	加拿大安全情报局
CDC	Centers for Disease Control and Prevention	疾病预防控制中心
CIA	Central Intelligence Agency	美国中央情报局
CRISPR	Clustered regularly interspaced short palindromic repeats	规律成簇的间隔短回文重复序列
	Cold War	冷战
COMINT	Communications intelligence	通信情报

简 称	全 称	名 称
	Constructivism	建构主义
	Core intelligence processes	核心情报流程
	Counter terrorism	反恐
	Dark web	暗网
DHS	Department of Homeland Security	美国国土安全部
	Disruption	瓦解
	Dual use research	两用研究
	Dual use research of concern	备受关注的两用研究
	Ebola	埃博拉病毒
ELINT	Electronic intelligence	电子情报
	Epidemiology	流行病学
	Ethics	伦理
	FBI WMD Coordinators	美国联邦调查局大规模杀伤性武器协调员
FBI	Federal Bureau of Investigation	联邦调查局
	FELIX project (IARPA)	美国情报高级研究计划局的寻找工程关联指标计划
	Five Eyes countries	“五眼联盟”国家
FISA Act	Foreign Intelligence Surveillance Act 1978	《外国情报监控法案》
	Fusion centres	融合中心
GOF	Gain of Function	功能获得性
GEOINT	Geospatial intelligence	地理空间情报
GHSA	Global Health Security Agenda	全球卫生安全议程
GPHIN	Global public health intelligence network	全球公共卫生情报网络
GCHQ	Government Communications Headquarters	英国政府通信总部
	Health security	卫生安全
	Health security coordination council	卫生安全协调委员会
	H5N1	H5N1 禽流感病毒
HUMINT	Human intelligence	人力情报
	Information sharing	信息共享
	Insider threats	内部人员威胁
IGIS	Inspector General of Intelligence and Security (Australia)	澳大利亚情报和安全监察长
IARPA	Intelligence Advanced Research Projects Activity	美国情报高级研究计划局
	Intelligence governance	情报治理
IRTPA	Intelligence Reform and Terrorism Prevention Act of 2004	2004 年《情报改革与反恐法案》
	Intent	意图

简 称	全 称	名 称
	Iraq	伊拉克
	Key enabling activities	关键性赋能活动
	Metadata	元数据
NBFAC	National Bioforensic Analysis Center	美国国家生物法医分析中心
	National health security strategy	国家卫生安全战略
NIC	National Intelligence Council	国家情报委员会
NIE	National Intelligence Estimate	《国家情报评估》
NSABB	National Science Advisory Board for Biosecurity	美国国家生物安全科学顾问委员会
NSA	National Security Agency	美国国家安全局
NSIRA	National Security and Intelligence Review Agency	国家安全和情报审查机构
NZSIS	New Zealand Security Intelligence Service	新西兰国家安全情报局
ONA	Office of National Assessments	澳大利亚国家评估办公室
ODNI	Office of the Director, National Intelligence	国家情报总监办公室
	One health	一体化健康
OSINT	Open source intelligence	开源情报
	Oversight	监督
PESTELOM	Political, economic, social, technological, environmental, legislation, organisation, media	政治、经济、社会、科技、环境、法律、组织和媒体
	Prevention	预防
	PRISM (program of the NSA)	美国国家安全局“棱镜”计划
PSI	Proliferation Security Initiative	防扩散安全倡议
	Realism	现实主义
	Regulation	法规
RCMP	Royal Canadian Mounted Police	加拿大皇家骑警队
SIS	Secret Intelligence Service (MI6)	英国秘密情报局（军情六处）
	Security environment	安保环境
SIGINT	Signals intelligence	信号情报
	Edward Snowden	爱德华·斯诺登
SNA	Social networks analysis	社交网络分析
SWOT	Strengths, weaknesses, opportunities and threats	优势、劣势、机会和威胁
	Surveillance	监视
	Synthetic biology	合成生物学
TELINT	Telemetry intelligence	遥测情报
	Threat assessment	威胁评估
SS	Security Service (MI5)	英国国家安全局（军情五处）

简 称	全 称	名 称
UPMC	University of Pittsburgh Medical Center	美国匹兹堡大学医学中心
UAVs	Unmanned Aerial Vehicles	无人驾驶飞行器
	US Patriot Act	《美国爱国者法案》
WMD	Weapons of mass destruction	大规模杀伤性武器
	WikiLeaks	维基解密
WHO IHR	World Health Organisation (International Health Regulations)	世界卫生组织《国际卫生条例》
WHO	World Health Organisation	世界卫生组织
	Zika	寨卡病毒

参考文献

9/11 Commission. (2004). *The 9/11 Commission Report: Final Report of the National Commission on Terrorist Attacks upon the United States.* Washington, DC: 9/11 Commission.

ACIC. (2016). *ACIC 2016–17 Annual Report.* Canberra: Commonwealth of Australia.

Agranovski, I. E., et al. (2017). Miniature PCR Based Portable Bioaerosol Monitor Development. *Journal of Applied Microbiology, 122*(1), 129–138. https://doi.org/10.1111/jam.13318.

Alibek, K. (1999). *Biohazard: The Chilling True Story of the Largest Covert Biological Weapons Program in the World—Told from the Inside by the Man Who Ran It.* New York: Random House.

Allison, G. (1971). *Essence of Decision: Explaining the Cuban Missile Crisis.* Boston: Little Brown and Co.

ANZCTC. (2017). *Australia's Strategy for Protecting Crowded Places from Terrorism.* ANZCTC: Australian Government.

Aras, G., & Crowther, D. (2010). *A Handbook of Corporate Governance and Social Responsibility.* Farnham, UK: Taylor and Francis.

Australia Group. (2015). *Common Control List Handbook, Volume 2: Biological Weapons—Related Common Control Lists.* From www.defence.gov.au/export-controls/master/docs/AustGroupCommonControlListHandbookVolIIpdf. Accessed March 12, 2017.

Bakanidze, L., et al. (2010). Biosafety and Biosecurity as Essential Pillars of International Health Security and Cross-Cutting Elements of Biological Non-proliferation. *Biomed Central, 10,* 1–8.

Baker, K. (2009). The Meaning and Practice of Biosecurity. *International Journal of Risk Assessment and Management, 12*(2/3/4), 121–146.

Baldwin, R., Cave, M., & Lodge, M. (Eds.). (2010). *The Oxford Handbook of Regulation.* Oxford: Oxford University Press.

Balmer, B. (2001). *Britain and Biological Warfare. Expert Advice and Science Policy, 1930–65.* Basingstoke, UK: Palgrave Macmillan.

Bamford, B. (2002). Biological Warfare: The Threat in Historical Perspective. *Medicine, Conflict and Survival, 18*(2), 120–137.

Battelle. (2014). *Battelle/Bio State Bioscience, Jobs, Investments and Innovation.* Columbus, OH: Battelle.

Baxendale, R. (2017, July 18). Australia to Get Super Home Affairs Ministry.

The Australian.
Bean, H. (2007). The DNI's Open Source Center: An Organizational Communication Perspective. *International Journal of Intelligence and Counterintelligence, 20*(2), 240–257.
Berger, K. (2013). Biosecurity in Research Laboratories. In R. Burnette (Ed.), *Biosecurity* (pp. 113–128). Hoboken, NJ: Wiley.
Bernard, K. (2013). Health and National Security: A Contemporary Collision of Cultures. *Biosecurity and Bioterrorism: Biodefense Strategy, Practice and Science, 11*(2), 157–162.
Bernard, R. (2017). These Are Not the Terrorist Groups You're Looking for: An Assessment of the Cyber Capabilities of Islamic State. *Journal of Cyber Policy, 2*(2), 255–265. https://doi.org/10.1080/23738871.2017.1334805.
Betts, R. (1978). Analysis, War and Decision: Why Intelligence Failures Are Inevitable? *World Politics, 31*(1), 61–89.
Bhattacharjee, Y. (2009). News of the Week. Paul Keim on His Life with the FBI During the Amerithrax Investigation. *AAAS, 323*, 1416.
Blair, D. (2009). *Annual Threat Assessment of DNI for the Senate Select Committee on Intelligence.* Washington, DC: ODNI. From file:///C:/Users/DrPatrickF/Downloads/ADA517101.pdf. Accessed March 13, 2017.
Blue Ribbon Study Panel. (2015). *Blue Ribbon Study Panel on Biodefense. A National Blueprint for Biodefense: Leadership and Major Reform Needed to Optimise Efforts.* Washington, DC: Hudson Institute for Policy Studies.
Blue Ribbon Study Panel. (2016). *Biodefense Indicators One Year Later. Events Outpacing Federal Efforts to Defend the Nation.* Arlington, VA: Potomac Institute for Policy Studies.
Blue Ribbon Study Panel. (2017). *Biodefense Special Focus: Defense of Animal Agriculture.* Washington, DC: Blue Ribbon Study Panel.
Bombardt, J. (2000). *Contagious Disease Dynamics for Biological Warfare and Bioterrorism Casualty Assessments.* Alexandria, VA: U.S. Department of Defense.
Bravata, D., et al. (2004). Systematic Review: Surveillance Systems for Early Detection of Bioterrorism Related Diseases. *Annals of Internal Medicine, 40*(11), 910–924.
Budowle, B., & Williamson, P. C. (2009). *Microbial Forensics Wiley Encyclopaedia of Forensic Science.* John Wiley & Sons, Ltd.
Buehler, J., et al. (2004). Group CDCW. Framework for Evaluating Public Health Surveillance Systems for Early Detection of Outbreaks: Recommendations from the CDC Working Group. *MMWR Recommendations and Reports: Morbidity and Mortality Weekly Report, 53,* 1–11.
Bunn, M., & Sagan, S. (Eds.). (2016). *Insider Threats.* Ithaca, NY: Cornell University Press.

Burchill, S., et al. (Eds.). (1996). *Theories of International Relations*. Basingstoke, UK: Palgrave Macmillan.

Burnette, R. (Ed.). (2013). *Biosecurity Understanding, Assessing, and Preventing the Threat*. Hoboken, NJ: Wiley.

Burns, R. (2015). *US Military Says It Mistakenly Shipped Live Anthrax Samples*. From http://www.nbcnewyork.com/news/national-international/Pentagon-Shipped-Live-Anthrax-Samples–305221031.html. Accessed March 13, 2017.

Burr, J. (2012). The Mad (and Not So Mad) Scientist Next Door: A Holistic Approach to Addressing Do-it-Yourself Biology. *Journal of Biosecurity, Biosafety and Biodefense Law, 3*(1), 2154–3186, ISSN (Online). https://doi.org/10.1515/2154-3186.1035.

Butler, R. (2004). *Review of Intelligence on Weapons of Mass Destruction: Implementation of Its Conclusions*. London: HMSO.

BWC. (2017). *BWC Newsletter*. Geneva: United Nations.

Cameron, E. (2017, 19 July). Biosecurity Imperative: An Urgent Case for Extending the Global Health Security Agenda. *Atomic Pulse*.

Campbell, S. H. (2011). A Survey of the U.S. Market for Intelligence Education. *International Journal of Intelligence and Counterintelligence, 24*(2), 307–337. https://doi.org/10.1080/08850607.2011.548207.

Canadian Government. (2011). *Building Resilience Against Terrorism: Canada's Counter Terrorism Strategy*. Ottawa: Government of Canada.

Canter, D. (2007). Addressing Residual Risk Issues at Anthrax Clean Up. How Clean Is Safe? *Journal of Toxicology and Environmental Health, Part A, 68*(11–12), 1017–1032.

Carlson, R. (2003). The Pace and Proliferation of Biological Technologies. *Biosecurity and Bioterrorism: Biodefense Strategy, Practice, and Science, 1*(3), 203–214. https://doi.org/10.1089/153871303769201851.

Carus, S. (2001). *Bioterrorism and Biocrimes: The Illicit Use of Biological Agents Since 1900*. Washington, DC: National Defense University.

Carus, S. (2017). Occasional Paper 12. A Short History of Biological Warfare: From Pre-history to the Twenty-First Century. *Center for the Study of Weapons of Mass Destruction*. Washington, DC: National Defense University.

Caskey, S., & Sevilla-Reyes, E. (2015). Risk Assessment. In R. Salerno & J. Gaudioso (Eds.), *Laboratory Biorisk Management* (pp. 45–63). Boca Raton, FL: CRC Press.

Cass, S. (1999). Researcher Charged with Data Theft. *Nature Medicine, 5*, 474. https://doi.org/10.1038/8350.

Caves, J., & Carus, W. (2014). The Future of Weapons of Mass Destruction: Their Nature and Role in 2030 (Occasional Paper No. 10, pp. 1–75). *Center for the Study of Weapons of Mass Destruction*. Washington, DC:

National Defense University.
CDC. (2014). *Report on the Potential Exposure to Anthrax*. Atlanta, GA: CDC.
CDC. (2015a). *90 Day Internal Review of the Division of Select Agents and Toxins*. Atlanta, GA: CDC.
CDC. (2015b). Report of the Advisory Committee to the Director, CDC Follow Up on CDC Progress.
Center for Biosecurity of UPMC. (2011). *US Government Judgments on the Threat of Biological Weapons: Official Assessments, 2004–2011* (pp. 1–26). Baltimore, MD: Center for Biosecurity of UPMC.
Center for Biosecurity of UPMC. (2012). *The Industrialization of Biology and its Impact on National Security*. Baltimore, MD: Center for Biosecurity of UPMC.
Chen, H. (2011). Bioterrorism and Knowledge Mapping *Dark Web Exploring and Data Mining the Dark Side of the Web* (pp. 335–367). New York, NY: Springer.
Chertoff, M. (2017). A Public Policy Perspective of the Dark Web. *Journal of Cyber Policy, 2*(1), 26–38. https://doi.org/10.1080/23738871.2017.1298643.
Chevrier, M., & Spelling, A. (2016). The Traditional Tools of Biological Arms Control and Disarmament. In F. Lentzos (Ed.), *Biological Threats in the 21st Century* (pp. 331–356). London: Imperial College Press.
Chhotray, V., & Stoker, G. (2008). *Governance Theory and Practice: A Cross-Disciplinary Approach*. London, UK: Palgrave Macmillan.
Christley, R., et al. (2005). Infection in Social Networks: Using Network Analysis to Identify High Risk Individuals. *American Journal of Epidemiology, 162*(10), 1024–1031.
Christopher, G., et al. (1997). Biological Warfare: A Historical Perspective. *Journal of the American Medical Association, 278*(5), 412–417.
Chyba, C. (2006). Biotechnology and the Challenge to Arms Control. *Arms Control Today, 36*, 11–17.
CIDRAP. (2017). *Secretary Tillerson Lauds Global Health Security Agenda*. Retrieved from http://www.cidrap.umn.edu/news-perspective/2017/10/secretary-tillerson-lauds-global-health-security-agenda.
Clapper, J. (2016, February 9). Statement for the Record. *Worldwide Threat Assessment of the US Intelligence Community. Armed Services Committee*. Washington, DC: ODNI.
Clarke, R., & Knake, R. (2010). *Cyber War*. New York, NY: Ecco.
Collier, N. (2015). A Review of Web-Based Epidemic Detection. In S. Davies & J. Youde (Eds.), *The Politics of Surveillance and Response to Disease Outbreaks* (pp. 85–107). Surrey, UK: Ashgate.
Connell, N. (2017). The Challenge of Global Catastrophic Biological Risks. *Health Security, 15*(4), 345–346.
Connors, E., et al. (2000). *Operation Cooperation, Guidelines for Partnerships Between Law Enforcement and Private Security Organisations*. Rockville, MD: Bureau of Justice Assistance.

Corbyn, Z. (2015, May 10). *Crispr: Is It a Good Idea to Upgrade? The Observer*. Retrieved fromhttp://newsrule.com/crispr-is-it-a-good-idea-to-upgrade-our-dna/.

Coulthart, S. (2016). Why Do Analysts Use Structured Analytic Techniques? An In-depth Study of an American Intelligence Agency. *Intelligence and National Security, 31*(7), 933–948. https://doi.org/10.1080/02684527.2016.1140327.

Crawford, D. (2007). *Deadly Companions*. Oxford: Oxford University Press.

Crumpton, H. (2012). *The Art of Intelligence: Lessons from a Life in the CIA's Clandestine Service*. New York: Penguin Publishing Group.

Cullen, M., & Reddy, P. (2016). *Intelligence and Security in a Free Society. Report of the First Independent Review of Intelligence and Security in New Zealand*. Wellington.

Dando, M. (2005). The Bioterrorist Cookbook. *Bulletin of the Atomic Scientists, 61*(6), 34–39. https://doi.org/10.1080/00963402.2005.11460936.

Danley, L. (2012). Duties and Difficulties of Investigating and Prosecuting Biocrimes. *Journal of Biosecurity, Biosafety and Biodefense Law, 3*.

Danzell, O., & Montanez, L. (2016). Understanding the Lone Wolf Phenomena: Assessing Current Profiles. *Behavioural Sciences of Terrorism and Political Aggression, 8*(2), 135–159.

DARPA. (2017). *DARPA Building the Safe Genes Toolkit*. From https://www.darpa.mil/news-events/2017-07-19. Accessed March 14, 2017.

Davies, S., & Youde, J. (Eds.). (2015a). *The Politics of Surveillance and Response to Disease Outbreaks*. Surrey, UK: Ashgate.

Davies, S., & Youde, J. (2015b). Surveillance, Response, and Responsibilities in the 2005 International Health Regulations. In S. Davies & J. Youde (Eds.), *The Politics of Surveillance and Response to Disease Outbreaks* (pp 9–23). Surrey, UK: Ashgate.

Dennis, B., & Sun, L. (2014a, July 16). FDA Found More Than Smallpox Vials in Storage Room. *Washington Post*. From https://www.washingtonpost.com/national/health-science/fda-found-more-than-smallpox-vials-in-storage-room/2014/07/16/850d4b12-0d22-11e4-8341-b8072b1e7348_story.html?utm_term=.978241b9d1f8. Accessed March 14, 2017.

Dennis, B., & Sun, L. (2014b, September 5). More Deadly Pathogens, Toxins Found Improperly Stored in NIH and FDA Labs. *Washington Post*. From https://www.washingtonpost.com/national/health-science/six-more-deadly-pathogens-found-improperly-stored-in-nih-and-fda-labs/2014/09/05/9ff8c3c2-3520-11e4-a723-fa3895a25d02_story.html?utm_term=.4bc6ce160f62. Accessed March 14, 2017.

Dickmann, P., et al. (2015). Marburg Biosafety and Biosecurity Scale (MBBS): A Framework for Risk Assessment and Risk Communication. *Health Security, 13*(2), 88–95. https://doi.org/10.1089/hrs.2014.0065.

DiEuliis, D., & James, G. (2017). Why Gene Editors Like CRISPR/Cas May Be a Game Changer for Neuro Weapons. *Health Security, 15*(3), 296–307.
DOD. (2016). *The Department of Defense Chemical and Biological Defense Program Annual Report to Congress*. Washington, DC.
DOJ. (2010). *The United States Department of Justice. Amerithrax Investigative Summary*. Washington, DC.
DPM &C. (2015). *Review of Australia's Counter Terrorism Machinery*. Department of Prime Minister and Cabinet: Australian Government.
Dunn, L., & Arnold, A. (2010). *WMD Forecasting in Historical and Contemporary Perspective*. Fort Belvoir, VA: Advanced Systems and Concepts Office.
Dzau, V., & Sands, P. (2016). Beyond the Ebola Battle Winning the War Against Future Epidemics. *New England Journal of Medicine, 375,* 203–204.
Eaves, E. (2017). IARPA Director Jason Matheny Advances Tech Tools for US Espionage. *Bulletin of the Atomic Scientists, 73*(2), 67–73.
Edge, J., & Hoffman, S. (2015). Strengthening National Health Systems Capacity to Respond to Future Global Pandemics. In S. Davies & J. Youde (Eds.), *The Politics of Surveillance and the Response to Disease Outbreaks* (pp. 157–179). Surrey, UK: Ashgate.
Editorial. (2014). Biosafety in the Balance. *Nature, 510*, 443.
Elbe, S. (2010). Pandemic Security. In J. Burgess (Ed.), *The Routledge Handbook of New Security Studies* (pp. 163–173). Abingdon: Routledge.
Elbe, S. (2011). Pandemics on the Radar Screen: Health Security, Infectious Disease and the Medicalisation of Insecurity. *Political Studies, 59,* 848–866.
Elliott, S. (2007). The Threat from Within: Trade Secret Theft by Employees. *Nature Biotechnology, 25*(3), 293–295. https://doi.org/10.1038/nbt0307-293.
Ellis, P. D. (2014). Lone Wolf Terrorism and Weapons of Mass Destruction: An Examination of Capabilities and Countermeasures. *Terrorism and Political Violence, 26*(1), 211–225. https://doi.org/10.1080/09546553.2014.849935.
Fish, R. (2017, March 2). 2017 PHEMCE Review: Accomplishments and Future Areas of Opportunity. *Global Biodefense*. From https://globalbiodefense.com/2017/03/02/rebecca-fish-phemce-review-accomplishments-opportunities/. Accessed March 15, 2017.
Flood, P. (2004). *Report of the Inquiry into Australian Intelligence Agencies*. Canberra: Australian Government Printing Office.
Fouchier, R., et al. (2013). Gain-of-Function Experiments on H7N9. *Science*. https://doi.org/10.1126/science.1243325.
Friedman, D. (2015). Towards WMDFZ in the Middle East: Biological Confidence Building Measures. In H. Muller & D. Muller (Eds.), *WMD Arms Control in the Middle East. Prospects, Obstacles and Options* (pp. 176–180). Farnham, UK: Ashgate.

Frumkin, D., Wasserstrom, A., Budowle, B., & Davidson, A. (2011). DNA methylation-based forensic tissue identification. *Forensic Science International: Genetics, 5*(5), 517–524. http://dx.doi.org/10.1016/j.fsigen.2010.12.001.

Gronvall, G., et al. (2016). National Biosafety Systems. UPMC Center for Health Security.

GAO. (2005). Critical Infrastructure Protection. DHS Faces Challenges in Fulfilling Cybersecurity Responsibilities. Washington, DC: GAO.

GAO. (2009). *High Containment Laboratories: National Strategy for Oversight is Needed*. Washington, DC: GAO.

GAO. (2011a). Cybersecurity Human Capital Initiatives Need Better Planning and Coordination. Washington, DC: GAO.

GAO. (2011b). Defense Department Cyber Efforts: DOD Faces Challenges in Its Cyber Activities. Washington, DC: GAO.

GAO. (2011c). *Biosurveillance Non Federal Capabilities Should Be Considered in Creating a National Biosurveillance Strategy*. Washington, DC: GAO.

GAO. (2013). High Containment Laboratories: Assessment of the Nation's Need Is Missing. *Testimony Before the Subcommittee Emergency Preparedness, Response and Communications, Biosurveillance Observations on the Cancellation of Biowatch Gen-3 and Future Considerations for the Program*, 18 (2014).

GAO. (2016). *Testimony Before the Subcommittee on Emergency Preparedness Response and Communications, Committee on Homeland Security, House of Representatives*. Washington, DC: GAO.

GAO. (2017a). *Bio Forensics DHS Needs to Conduct A Formal Capability Gap Analysis to Better Identify and Address Gaps*. Washington, DC: GAO.

GAO. (2017b). *Biodefense Federal Efforts to Develop Biological Threat Awareness*. Washington, DC: GAO.

GAO. (2017c). *GAO High Containment Labs Coordinated Actions Needed to Enhance the Select Agent Program's Oversight of Hazardous Pathogens* (Vol. GAO 18–145). Washington, DC: GAO.

Garcia, M. (2006). Risk Management. In M. Gill (Ed.), *The Handbook of Security* (pp. 509–531). Basingstoke: Palgrave Macmillan.

Geissler, E., & Moon, van Courtland J. (Eds.). (1999). *Biological and Toxin Weapons: Research, Development and Use from the Middle Ages to 1945*. New York: Oxford University Press.

Gentry, J. (2015). Has the ODNI Improved US Intelligence Analysis? *International Journal of Intelligence and Counterintelligence, 28*, 637–661.

Geoghegan, J., & Holmes, E. (2017). Predicting Virus Emergencies and Evolutionary Noise. *Open Biology, 7*, 1–9.

George, D. (2017). How Should We Define Global Catastrophic Biological Risks? *Health Security, 15*(4), 339–340.

George, R., & Bruce, J. (Eds.). (2014). *Analyzing Intelligence National Security Practitioner's Perspectives*. Washington, DC: Georgetown University Press.

Gerstein, D. M. (2010). *Bioterror in the 21st Century: Emerging Threats in a New Global Environment*. New York: Naval Institute Press.

Gerstein, D. (2013). *The Biological and Toxin Weapons Convention. National Security and Arms Control in the Age of Biotechnology*. Lanham, MD: Rowman and Littlefield.

Gerstein, G. (2017a). Federal Research and Development for Agricultural Biodefense. Testimony Presented Before the House Science, Space and Technology Committee, Subcommittee on Research and Technology. Santa Monica: RAND.

Gerstein, G. (2017b). Glaring Gaps: America Needs a Biodefense Upgrade. *Bulletin of the Atomic Scientists, 73*(2), 86–91.

GHRF Commission. (2015). *The Neglected Dimension of Global Security. A Framework to Counter Infectious Disease Crisis*. Washington, DC: Global Health Risk Framework for the Future Commission.

GHRF Commission. (2016). The Neglected Dimension of Global Security. A Framework to Counter Infectious Disease Crisis. US: GHRF Commission.

Gill, P. (2016). *Intelligence Governance and Democratisation: A Comparative Analysis of the Limits of Reform*. Abingdon, UK: Routledge.

Gill, P., & Phythian, M. (2012). *Intelligence in an Insecure World*. Cambridge: Polity Press.

Ginsberg, M., & Bui, A. (2015). Bio Protection of Facilities. *Defense & Security Analysis, 31*(1), 4–21. https://doi.org/10.1080/14751798.2014.995335.

Goldman, Z., & Rascoff, S. (Eds.). (2016). *Global Intelligence Oversight*. Oxford: Oxford University Press.

Gonçalves, B., et al. (2013). Human Mobility and the Worldwide Impact of Intentional Localized Highly Pathogenic Virus Release. *Scientific Reports, 3*, 810. https://doi.org/10.1038/srep00810, https://www.nature.com/articles/srep00810#supplementary-information.

Goodman, M., & Hessel, A. (2013). The Bio-Crime Prophecy: DNA Hacking the Biggest Opportunity Since Cyber Attacks. *Wired*. From http://www.wired.co.uk/article/the-bio-crime-prophecy. Accessed March 14, 2017.

Gordis, L. (2009). *Epidemiology* (4th ed.). Philadelphia, PA: Saunders Elsevier.

Gostin, L., & Taylor, A. (2008). Global Health Law: A Definition and Grand Challenges. *Public Health Ethics, 1*(1), 53–63. https://doi.org/10.1093/phe/phn005.

Grabo, C. (2004). *Anticipating Surprise Analysis for Strategic Warning*. Lanham, MD: University Press of America.

Graham, B., & Talent, J. (2008). *World at Risk: The Report of the Commission on the Prevention of WMD Proliferation and Terrorism*. New York: Vintage Books.

Gronvall, G. (2012). *Preparing for Bioterrorism*. Baltimore, MD: Center for Biosecurity of UPMC.

Gryphon Scientific. (2016). *Risk and Benefit Analysis of Gain of Function*

Research Final Report. Takoma Park: Gryphon Scientific, LLC.
Harris, S. (2014). *Lady Al Qaeda: The World's Most Wanted Woman*. From http://foreignpolicy.com/2014/08/26/lady-al-qaeda-the-worlds-most-wanted-woman/. Accessed March 15, 2017.
Hayden, M. (2016). *Playing to the Edge*. New York: Penguin Press.
Heickerö, R. (2014). Cyber Terrorism: Electronic Jihad. *Strategic Analysis, 38*(4), 554–565. https://doi.org/10.1080/09700161.2014.918435.
Helm, P. (2015). Risk, Resilience: Strategies for Security. *Civil Engineering and Environmental Systems, 32*(1–2), 100–117.
Heuer, R. (1999). *Psychology of Intelligence Analysis*. Washington, DC: Center for the Study of Intelligence.
Heuer, R., & Pherson, R. (2010). *Structured Analytical Techniques for Intelligence Analysis*. Washington, DC: CQ Press.
Heymann, D., et al. (2015). Global Health Security: The Wider Lessons from the West African Ebola Virus Disease Outbreak. *The Lancet, 385*, 1884–1901.
Hirschfeld, K. (2017). Failing States as Epidemiologic Risk Zones. *Health Security, 15*(3), 288–295.
Hitz, F. (2015). Human Source Intelligence. In L. Johnson & J. Wirtz (Eds.), *Intelligence: The Secret World of Spies* (4th ed., pp. 107–119). New York: Oxford University Press.
HMG. (2011). *CONTEST: The UK's Strategy for Countering Terrorism*. London: Her Majesty's Government.
Horton, R. (2017). Offline: Global Health Security—Smart Strategy or Naive Tactics. *The Lancet, 389*, 892.
HSC. (2005). The Human Security Centre: Human Security Report. Oxford.
Hulnick, A. (2002). The Downside of Open Source Intelligence. *International Journal of Intelligence and Counterintelligence, 15*(4), 565–579.
Hummel, K. (2017). A View from the CT Foxhole: Edward You, FBI WMD Directorate, Biological Countermeasures Unit. *CTC Sentinel, 10*(7), 9–12.
IGSC. (2018). *International Gene Synthesis Consortium Updates Screening Protocols for Synthesising DNA Products and Services* [Press release]. From https://www.prnewswire.com/news-releases/international-gene-synthesis-consortium-updates-screening-protocols-for-synthetic-dna-products-and-services-300576867.html?tc=eml_cleartime. Accessed March 15, 2017.
Inglesby, T., & Haas, B. (2017, November 21). Ready for a Global Pandemic? The Trump Administration May Be Woefully Underprepared. *Foreign Affairs*.
Inglis, T., et al. (2011). Forensic Investigation of Biological Weapons Use. In J. Gall & J. Payne-James (Eds.), *Current Practices in Forensic Medicine* (pp. 17–42). Chichester, UK: Wiley.
Inkster, N. (2015). Cyber Espionage. *Adelphi Series, 55*(456), 51–82. https://doi.org/10.1080/19445571.2015.1181443.
Innes, M., & Sheptycki, J. (2004). From Detection to Disruption: Intelligence

and the Changing Logic of Police Crime Control in the UK. *International Criminal Justice Review, 14,* 1–24.

Innes, M., et al. (2017). A Disruptive Influence? Preventing Problems and Counter Violent Extremism Policy in Practice. *Law and Society Review, 51*(2), 252–281.

Insinna, V. (2013). Government Biosurveillance to Include Social Media. *National Defense, 97*(710), 13.

Inspectors General DOJ, & DHS. (2017). *Review of Domestic Sharing of Counter Terrorism Information*. Washington, DC: Office of Inspector General, Department of Homeland Security.

James, A., Phythian, M., Wadie, F., & Richards, J. (2017). The Road Not Taken: Understanding Barriers to the Development of Police Intelligence Practice. *The International Journal of Intelligence, Security, and Public Affairs, 19*(2), 77–91. https://doi.org/10.1080/23800992.2017.1336395.

Johnson, L. (2015). A Conversation with James R. Clapper Jr., The Director of National Intelligence in the United States. *Intelligence and National Security, 30*(1), 1–25.

Johnson, L. (2017). *National Security Intelligence*. Cambridge, MA: Polity Press.

Johnson, L. (2018). *Spy Watching. Intelligence Accountability in the United States*. New York: Oxford University Press.

Johnson, L., et al. (2014). An INS Special Forum: Implications of the Snowden Leaks. *Intelligence and National Security, 29*(6), 793–810.

Johnson, L., & Wirtz, J. (Eds.). (2015). *Intelligence: The Secret World of Spies*. New York: Oxford University Press.

Kahn, L. (2016, August 1). The Unintentional Exotic-Pet Bioattack on US Shores. *Bulletin of the Atomic Scientists*.

Kambouris, M. (2017). Mobile Stand Off and Stand in Surveillance Against Biowarfare and Bioterrorism Agents. In P. Karampelas & T. Bourlai (Eds.), *Surveillance in Action* (pp. 241–255). Cham: Springer.

Kamradt-Scott, A., & Smith, F. (2014). Antipodal Biosecurity? Oversight of Dual Use Research in the United States and Australia. *Frontiers in Public Health, 2*(142), 1–3.

Kasolo, F., et al. (2013). Implementation of the International Health Regulations (2015) in the African Region. *African Health Monitor, 18*, 11–13.

Kim, J., et al. (2015). Advances in Anthrax Detection: Overview of Bioprobes and Biosensors. *Applied Biochemistry and Biotechnology, 176*(4), 957–977.

Klotz, L., & Sylvester, E. (2009). *Breeding Bio Insecurity: How US Biodefense Is Exporting Fear, Globalizing Risk and Making Us All Less Secure*. Chicago: University of Chicago.

Klovdahl, A. (1985). Social Networks and the Spread of Infectious Diseases: The AIDS Example. *Social Science and Medicine, 21*(11), 1203–1216.

Koblentz, G. (2009). *Living Weapons*. New York: Cornell University Press.

Koblentz, G. (2010). Biosecurity Reconsidered. *International Security, 34*(4),

96–132.
Koblentz, G. (2012). From Biodefence to Biosecurity: The Obama Administration's Strategy for Countering Biological Threats. *International Affairs, 88*(1), 131–148.
Koblentz, G. (2017). The De Novo Synthesis of Horse Pox Virus: Implications for Biosecurity and Recommendations for Preventing the Re-emergence of Smallpox. *Health Security, 15*(6), 620–628.
Koblentz, G., & Klotz, L. (2018, February 26). New Pathogen Research Rules: GOF, Loss of Clarity. *Bulletin of the Atomic Scientists*.
Koblentz, G., & Mazanec, B. (2013). Viral Warfare: The Security Implications of Cyber and Biological Weapons. *Comparative Strategy, 32*(5), 418–434. https://doi.org/10.1080/01495933.2013.821845.
Koblentz, G., & Tucker, J. (2010). Tracing an Attack: The Promise and Pitfalls of Microbial Forensics. *Survival, 52*(1), 159–186. https://doi.org/10.1080/00396331003612521.
Kuntz, C., Salerno, R., & Jacobs, E. (2013). *A Biological Threat Prevention Strategy* Washington, DC: CSIS.
Kupferschmidt, K. (2017). Lab Made Smallpox Is Possible, Study Shows. *Science, 357*(6347), 115–116. https://doi.org/10.1126/science.357.6347.115.
Lakoff, A. (2015). Real Time Bio Politics: The Actuary and the Sentinel in Global Public Health. *Economy and Society, 44*(1), 40–59.
Lakoff, A., & Collier, S. (Eds.). (2008). *Biosecurity Interventions*. New York: Colombia University Press.
Lee, M. (2017, January 5). Julian Assange's Claim That There Was No Russian Involvement in Wikileaks Emails. *The Washington Post*. From https://www.washingtonpost.com/news/fact-checker/wp/2017/01/05/julian-assanges-claim-that-there-was-no-russian-involvement-in-wikileaks-emails/?utm_term=.bee14c837aef. Accessed March 15, 2017.
Leitenberg, M. (1999). Aum Shinrikyo's Efforts to Produce Biological Weapons: A Case Study in the Serial Propagation of Misinformation. *Terrorism and Political Violence, 11*(4), 149–158. https://doi.org/10.1080/09546559908427537.
Leitenberg, M. (2005). *Assessing the Biological Weapons and Bioterrorism Threat*. Carlisle, PA: Strategic Studies Institute of the U.S. Army War College.
Leitenberg, M. (2009). *Assessing the Threat of Biological Weapons. Bioterrorism: A Public Policy Issue*.
Lennane, R. (2011). Biological Weapon Convention. In R. Katz & R. Zilinskas (Eds.), *Encyclopaedia of Bioterrorism Defense* (pp. 82–86). Hoboken, NJ: Wiley-Blackwell.
L'Estrange, M., & Merchant, S. (2017). *Independent Intelligence Review*. Canberra: Commonwealth of Australia.
Leuprecht, C., et al. (2017). Hezbollah's Global Tentacles: A Relational Approach to Convergence with Transnational Organised Crime. *Terrorism*

Leitenberg, M. (2005). *Assessing the Biological Weapons and Bioterrorism Threat.* Carlisle, PA: Strategic Studies Institute of the U.S. Army War College.

Leitenberg, M. (2009). *Assessing the Threat of Biological Weapons. Bioterrorism: A Public Policy Issue.*

Lennane, R. (2011). Biological Weapon Convention. In R. Katz & R. Zilinskas (Eds.), *Encyclopaedia of Bioterrorism Defense* (pp. 82–86). Hoboken, NJ: Wiley-Blackwell.

L'Estrange, M., & Merchant, S. (2017). *Independent Intelligence Review.* Canberra: Commonwealth of Australia.

Leuprecht, C., et al. (2017). Hezbollah's Global Tentacles: A Relational Approach to Convergence with Transnational Organised Crime. *Terrorism and Political Violence, 29*(5), 902–921.

Life Technologies. (2012, 10 January). *Life Technologies Introduces the Benchtop Ion ProtonTM Sequencer; Designed to Decode a Human Life Genome in One Day for $1,000.* Press release at http://www.lifetechnologies.com/content/lifetech/us/en/home/about-us/news-gallery/press-releases/2012/life-techologies-itroduces-the-bechtop-io-proto.html.

Lowenthal, M. (2012). *Intelligence from Secrets to Policy.* Thousand Oaks, CA: CQ Press.

Lucero, C., et al. (2011). Biosurveillance Applications. *BMC Medical Informatics, 11,* 1–12.

Lynch, A., MacDonald, E., & Williams, G. (Eds.). (2007). *Law and Liberty in the War on Terror.* Annandale and Sydney: Federation Press.

Maher, B. (2012). The Biosecurity Oversight. *Nature, 485,* 431–434.

Marrin, S. (2009). Training and Educating U.S. Intelligence Analysts. *International Journal of Intelligence and Counterintelligence, 22*(1), 131–146. https://doi.org/10.1080/08850600802486986.

Marrin, S. (2011). *Improving Intelligence Analysis: Bridging the Gap Between Scholarship and Practice.* Abingdon, UK: Routledge.

Marrin, S. (2012). *Improving Intelligence Analysis: Bridging the Gap Between Scholarship and Practice.* Abingdon, UK: Routledge.

Marston, B., et al. (2017). Ebola Response Impact on Public Health Programs, West Africa 2014–2017. *Emerging Infectious Diseases Journal, 28*(Supplement), 25–31.

Martin, A. (2018, February 27). Legislation Aims to Boost Accountability, Collaboration of DHS Fusion Centers. *Homeland Preparedness News.*

Mawudeku, A., et al. (2015). GPHIN Phase 3: One Mandate, Multiple Stakeholders. In S. Davies & J. Youde (Eds.), *The Politics of Surveillance and Response to Disease Outbreaks* (pp. 71–85). Surrey, UK: Ashgate.

May, L., et al. (2009). Beyond Traditional Surveillance: Applying Syndromic Surveillance to Developing Settings—Opportunities and Challenges. *BMC Public Health, 9*(1), 242. https://doi.org/10.1186/1471-2458-9-242.

McConnell, J. (2008). *Annual Threat Assessment of DNI for the Senate Select Committee on Intelligence*. Washington, DC: ODNI.

McDonald, G. (2007). Control Orders and Preventative Detention—Why Alarm Is Misguided. In A. Lynch, et. al. (Eds.), *Law and Liberty in the War on Terror* (pp. 106–115). Annandale and Sydney: Federation Press.

McGurry, J. (2017). Volleyball Games Appear to Take Place at North Korean Nuclear Test Site. *The Guardian*. From https://www.theguardian.com/world/2017/apr/20/north-korea-volleyball-nuclear-test-site-punggye-ri. Accessed March 15, 2017.

McLeish, C., & Nightingale, P. (2007). Biosecurity, Bioterrorism and the Governance of Science: The Increasing Convergence of Science and Security Policy. *Research Policy, 36*(10), 1635–1654. https://doi.org/10.1016/j.respol.2007.10.003.

McNeil, W. (1998). *Plagues and Peoples*. New York: Anchor Books.

Mearsheimer, J. (2001). *The Tragedy of Great Global Power Politics*. New York: Norton.

Mercado, S. (2014). Open Source Intelligence. In L. Johnson & J. Wirtz (Eds.), *Intelligence: The Secret World of Spies* (4th ed., pp. 120–129). New York: Oxford University Press.

Miller, S., & Selgelid, M. (2008). Ethics and the Dual-Use Dilemma in the Life Sciences. In F. Allhoff (Ed.), *Physicians at War: The Dual-Loyalties Challenge* (pp. 195–211). Dordrecht: Springer Netherlands.

Millet, P., & Snyder-Beattie, A. (2017). Existential Risk and Cost Effective Biosecurity. *Health Security, 15*(4), 373–383.

MMWR. (2016). CDC's Response to the 2014–2016 Ebola Epidemic West Africa and the United States. *MMWR, Supplement, 65*(3), 1–106.

Morgenthau, H. (1967). *Politics Among Nations* (4th ed.). New York: Knopf.

Muller, H., & Muller, D. (Eds.). (2015). *WMD Arms Control in the Middle East, Prospects, Obstacles and Options*. Surrey, UK: Ashgate.

Murch, R. (2003). Microbial Forensics: Building a National Capacity to Investigate Bioterrorism. *Biosecurity and Bioterrorism: Biodefense Strategy, Practice and Science, 1*(2), 1–5.

Nalla, M. K., & Wakefield, A. (2014). The Security Officer. In M. Gill (Ed.), *The Handbook of Security* (pp. 727–746). London: Palgrave Macmillan.

NAS. (2006). *Globalization, Biosecurity and the Future of the Life Sciences*. Committee on Advances in Technology and the Prevention of their Application to Next Generation Biodefense Threats. National Research Council. Washington, DC: National Academies Press.

NAS. (2016). *Gain of Function Research. Summary of the Second Symposium*. Washington, DC: National Academy of Sciences.

NAS. (2017a). *A Proposed Framework for Identifying Potential Biodefense Vulnerabilities Posed by Synthetic Biology Interim Report*. Washington, DC:

National Academy of Sciences.
NAS. (2017b). *Human Genome Editing. Science Ethics and Governance.* Washington, DC: The National Academies Press.
National Academies of Sciences, Engineering and Medicine. (2017). *Dual Use Research of Concern in the Life Sciences. Current Issues and Controversies.* Washington, DC: National Academies of Science.
National Institute for Public Policy. (2009). The Proliferation Security Initiative: A Model for Future International Collaboration. *Comparative Strategy, 28,* 395–462.
National Security Council. (2009). *National Strategy for Countering Biological Threats*. Washington, DC.
Nature Editorial. (2014). Biosafety in the Balance. *Nature, 510*, 443.
Nature Editorial. (2017). Gene-Drive Technology Needs Thorough Scrutiny. *Nature, 552*, 6.
Nelson, M., et al. (2014). An Overview of Biosecurity in Australia. *Australian Journal of Forensic Sciences, 46*(4), 383–396. https://doi.org/10.1080/00450618.2014.882986.
Neville, S. (2013, May 28). Horsemeat Lasagne Scandal Leaves Findus Reputation in Tatters. *The Guardian*. From https://www.theguardian.com/business/2013/feb/08/horsemeat-lasagne-scandal-findus-reputation. Accessed March 15, 2017.
NIC. (2002). *Iraq's Continuing Programs for Weapons of Mass Destruction: Key Judgments*. Washington, DC. From http://nsarchive.gwu.edu/NSAEBB/NSAEBB129/nie.pdf. Accessed March 15, 2017.
Nicolaides, C., et al. (2012). A Metric of Influential Spreading During Contagion Dynamics Through the Air Transportation Network. *PLOS One, 7*(7), 1–10.
Nightingale, C., & Martin, P. (2004). Biosecurity, Bioterrorism and the Governance of Science. *Research Policy, 36,* 1635–1654.
NRC. (2004a). *Biotechnology Research in an Age of Terrorism*. Washington, DC: National Academies.
NRC. (2004b). *Seeking Security: Pathogens, Open Access, and the Genome Databases*. Washington, DC: The National Academies Press.
NRC. (2006). *Globalization, Biosecurity and the Future of the Life Sciences.* Washington, DC: Institute of Medicine and National Research Council.
NSABB. (2016). *Recommendations for the Evaluation and Oversight of Proposed Gain of Function Research*. Washington, DC: National Science Advisory Board for Biosecurity.
Obama, B. (2010). *National Security Strategy*. Washington, DC: The White House.
Office of Inspectors General DOD, CIA, NSA, ODNI, & DOJ. (2009). *Report on the President's Surveillance Program Volume 1*. Washington, DC.
Office of Inspectors General DOJ, & DHS. (2017). *Review of Domestic*

Sharing of Counter Terrorism Information. Washington, DC: Office of Inspector General, Department of Homeland Security.

Office of Science and Technology. (2017). *Recommended Policy Guidance for Departmental Development of Review Mechanisms for Potential Pandemic Pathogen Care and Oversight (P3CO)*. Washington, DC.

Omand, D., et al. (2012). Introducing Social Media (SOCMINT) Intelligence. *Intelligence and National Security, 27*(6), 801–823.

O'Leary, Z. (2007). *The Essential Guide to Doing Your Research*. London: Sage Publications.

Oppel, R., et al. (2010, January 4). Attacker in Afghanistan Was a Double Agent. *The New York Times*. From http://www.nytimes.com/2010/01/05/world/asia/05cia.html. Accessed March 15, 2017.

O'Shea, J. (2017). Digital Disease Detection: A systematic Review of Event-Based Internet Biosurveillance Systems. *International Journal of Medical Informatics, 101*(Supplement C), 15–22. https://doi.org/10.1016/j.ijmedinf.2017.01.019.

Ouagrham-Gormley, S. (2012). Barriers to Bioweapons: Intangible Obstacles to Proliferation. *International Security, 36*(4), 80–114. https://doi.org/10.1162/ISEC_a_00077.

Ouagraham-Gormley, S. (2017, July 18). Potemkin or Real? North Koreas's Biological Weapons Program. *Bulletin of the Atomic Scientists*.

Paranjape, S., & Franz, D. (2015). Implementing the Global Health Security Agenda Lessons from the Global Health and Security Programs. *Health Security*, 9–19.

Perman, B., et al. (2013). Basic Principles of Threat Assessment. In R. Burnette (Ed.), *Biosecurity. Understanding, Assessing, and Preventing the Threat* (pp. 89–90). Hoboken, NJ: Wiley.

Petro, J., & Carus, S. (2005). Biological Threat Characterisation Research: A Critical Component of National Biodefense, Biosecurity, and Bioterrorism. *Biodefense Strategy, Practice and Science, 3,* 295–308.

Pita, R., & Gunaratna, R. (2009). Revisiting Al-Qaeda's Anthrax Program. *CTC Sentinel, 2*(5), 10–13.

Prenzler, T., & Sarre, R. (2014). The Role of Partnerships in Security Management. In M. Gill (Ed.), *The Handbook of Security* (pp. 791–812). Basingstoke: Palgrave Macmillan.

Randerson, J. (2006, May 28). Revealed: The Lax Laws That Could Allow the Assembly of Deadly Virus DNA. *The Guardian*. From https://www.theguardian.com/world/2006/jun/14/terrorism.topstories3. Accessed March 15, 2017.

Rappert, B., & Gould, C. (Eds.) (2009). *Biosecurity. Origins, Transformations and Practices*. Basingstoke: Palgrave Macmillan.

Ratcliffe, J. (2008). *Intelligence Led Policing Collompton*. UK: Willan.

Ratcliffe, J. (2016). *Intelligence Led Policing* (2nd ed.). Abingdon, UK:

Routledge.
Redmond, P. (2015). The Challenges of Counterintelligence. In L. Johnson & J. Wirtz (Eds.), *Intelligence the Secret World of Spies* (4th ed., pp. 305–316). New York: Oxford University Press.
Reed, M. (2016). *The Research Impact Handbook*. Huntly, UK: Fast Track Impact Ltd.
Regalado, A. (2016, February 9). Top US Intel Official Calls Gene Editing a WMD Threat. *MIT Technology Review*.
Regis, E. (1999). *The Biology of Doom. The History of America's Secret Germ Warfare Project*. New York: Henry Hold and Company.
Rigakos, G. (2002). *The Para police*. Toronto: University of Toronto Press.
Riglietti, G. (2017). Defining the Threat: What Cyber Terrorism Means Today and What It Could Mean Tomorrow. *International Journal of Business and Cyber Security, 1*(2).
Riley, K. (2018, February 28). Blue Ribbon Study Panel on Biodefense Warns Congress Against Delaying Federal Funds Tied to Comprehensive Strategy. *Homeland Preparedness News*.
Risen, J., & Lichtblau, E. (2005). Bush Lets US Spy on Callers Without Courts. *The New York Times*. From http://www.nytimes.com/2005/12/16/politics/bush-lets-us-spy-on-callers-without-courts.html. Accessed March 15, 2018.
Robert Koch Institute. (2018). *Signale—Early Warning System*. Berlin: Robert Koch Institute. From https://www.rki.de/EN/Content/infections/epidemiology/signals/signals_node.html. Accessed March 15, 2018.
Rosenau, W. (2001). Aum Shinrikyo's Biological Weapons Program: Why Did It Fail? *Studies in Conflict and Terrorism, 24*, 283–301.
Rovner, J. (2013). Intelligence in the Twitter Age. *International Journal of Intelligence and Counterintelligence, 26*(2), 260–271.
Rudner, M. (2009). Intelligence Studies in Higher Education: Capacity-Building to Meet Societal Demand. *International Journal of Intelligence and Counterintelligence, 22*(1), 110–130. https://doi.org/10.1080/08850600802486960.
Ryan, J., & Glarum, J. (2008). *Biosecurity and Bioterrorism*. Burlington, MA: Elsevier.
Salama, S., & Hansell, L. (2005). Does Intent Equal Capability? Al Qaeda and Weapons of Mass Destruction. *Nonproliferation Review, 12*(3), 615–653.
Salerno, R. (2015). Three Recent Case Studies. The Role of Biorisk Management. In R. Salerno & J. Gaudioso (Eds.), *Laboratory Biorisk Management. Biosafety and Biosecurity* (pp. 191–202). Boca Raton, FL: CRC Press.
Salerno, R., & Gaudioso, J. (Eds.). (2015). *Laboratory Biorisk Management Biosafety and Biosecurity*. Boca Raton, FL: CRC Press.
Sample, I. (2014). Revealed: 100 Safety Breaches at UK Labs Handling Potentially Deadly Diseases. *The Guardian*. From https://www.theguardian.

com/science/2014/dec/04/-sp-100-safety-breaches-uk-labs-potentially-deadly-diseases. Accessed March 15, 2017.

Schilling, J. (2017). Ransomware 101-How to Face the Threat. *Petroleum Accounting and Financial Management Journal, 36*(2), 6–8.

Schnirring, L. (2014, August 15). CDC Probe of H5N1 Cross Contamination Reveals Protocol Lapses, Reporting Delays. *CIDRAP*. From http://www.cidrap.umn.edu/news-perspective/2014/08/cdc-probe-h5n1-cross-contamination-reveals-protocol-lapses-reporting-delays. Accessed March 15, 2017.

Schnirring, L. (2016, January 13). Pandemic Readiness Review Says $4.5 Billion a Year Needed. *CIDRAP*. From http://www.cidrap.umn.edu/news-perspective/2016/01/pandemic-readiness-review-says-45-billion-year-needed. Accessed March 15, 2017.

Schnirring, L. (2017). Secretary Tillerson Lauds Global Health Security Agenda. Minneapolis, MN: University of Minnesota (CIDRAP). Retrieved from http://www.cidrap.umn.edu/news-perspective/2017/10/secretary-tillerson-lauds-global-health-security-agenda.

Selgelid, M. (2016). Gain-of-Function Research: Ethical Analysis. *Science and Engineering Ethics, 22*(4), 923–964. https://doi.org/10.1007/s11948-016-9810-1.

Senate, U. S. (2014). *Report of the Senate Select Committee of Intelligence of the CIA'S Detention and Interrogation Program*. Washington, DC: Senate Select Committee on Intelligence.

Shaikh, A.T., Ferland, L., Hood-Cree, R., Shaffer, L., & McNabb, S. (2015). Disruptive Innovation Can Prevent the Next Pandemic. *Frontiers in Public Health, 3*(215). https://doi.org/10.3389/fpubh.2015.00215.

Shea, D. (2006). The National Biodefense Analysis and Countermeasure Center: Issues for Congress *CRS Report* (Vol. RL32891). Washington, DC: Congressional Research Service, The Library of Congress.

Shinwari, Z., Khalil, A., & Nasim, A. (2014). Natural or Deliberate Outbreak in Pakistan: How to Prevent or Detect and Trace Its Origin: Biosecurity, Surveillance Forensics. *Archivum Immunologiae et Therapiae Experimentalis, 62*(4), 263–275. https://doi.org/10.1007/s00005-014-0298-6.

Silberman, L., & Robb, C. (2005). *Commission on the Intelligence Capabilities of the US Regarding Weapons of Mass Destruction. Report to the President of the United States*. (pp. 1–501). Washington, DC.

Sims, J., & Gerber, B. (2009). *Vaults Mirrors and Masks Rediscovering US Counterintelligence*. Washington, DC: Georgetown University Press.

Sisk, R. (2016). Army Probe of Anthrax Scandal Raises More Red Flags. *Military. Com*. Retrieved from http://www.military.com/daily-news/2016/01/13/army-probe-of-anthrax-scandal-raises-more-red-flags.html.

Slayton, J., et al. (2013). Physical Elements of Biosecurity. In R. Burnette (Ed.), *Biosecurity* (pp. 51–70). Hoboken, NJ: Wiley.

Sparrow, A. (2016). Who Isn't Equipped for a Pandemic or Bioterror Attack? The WHO. *Bulletin of the Atomic Scientists*. From https://thebulletin.org/who-isnt-equipped-pandemic-or-bioterror-attack-who9555. Accessed March 15, 2017.

Sparrow, M. (2001). *The Regulatory Craft, Controlling Risk, Solving Problems and Managing Compliance*. Washington, DC: Brookings Institution Press.

Spiers, E. (2010). *A History of Chemical and Biological Weapons*. London: Reaktion Books.

SSCI. (2004). *Report on the US Intelligence Community's Pre War Intelligence Assessments on Iraq*. Washington, DC: US Senate.

Stattner, E., et al. (2011). Diffusion in Dynamic Social Networks: Application in Epidemiology. In A. Hameurlain, et al. (Eds.), *Database and Expert Systems Applications* (pp. 559–573). Heidelberg: Springer-Verlag GMBH.

Stern, J. (2002). Dreaded Risks and Control of Biological Weapons. *International Security, 27*(3), 89–123.

Stern, J., & Shouten, R. (2016). Lessons from the Anthrax Letters. In M. Dunn & S. Sagan (Eds.), *Insider Threats* (pp. 74–102). Ithaca, NY: Cornell University Press.

Stone, A. (2016). Need for FirstNet Greater Than Ever, First Responders Say. *Emergency Management*.

Stone, R. (2017). The Week in Fintech: FBI Agent Says Cybersecurity Practices Need to Change. New York: SNL Financial LC.

Strom, K., & Eyerman, J. (2007). Interagency Coordination in Response to Terrorism: Promising Practices and Barriers Identified in Four Countries. *Criminal Justice Studies, 20*(2), 131–147. https://doi.org/10.1080/14786010701396871.

Sture, J., Minehata, M., & Shinomiya, N. (2012). Looking at the Formulation of National Biosecurity Education Action Plans. *Medicine, Conflict and Survival, 28*(1), 85–97. https://doi.org/10.1080/13623699.2012.658628.

Suk, J., et al. (2011). Dual Use Research and Technological Diffusion. Reconsidering the Bioterrorism Threat Spectrum. *PLoS Pathogens, 7*(1), 1–3.

Taylor, J., et al. (2013). The Role of Protection Measures and Their Interaction in Determining Building Vulnerability and Resilience to Bioterrorism. *Bioterrorism and Biodefense, 4*(1), 1–10.

Tenet, G. (2007). *At the Center of the Storm: My Years at the CIA*. New York: Harper Collins.

The Government of Canada. (2013). *Canadian Biosafety Standards and Guidelines for Facilities Handling Human and Terrestrial Animal Pathogens, Prions, and Biological Toxins*. Ottawa.

Thilmany, J. (2005). Harms Way Engineering Software and Micro Technology Prepare the Defense Against Bioterrorism. *Mechanical Engineering CIME*.

Trevett, C. (2013, May 28). Fonterra Chief Gets 'Frank and Thorough

Grilling'. *New Zealand Herald.*

Tucker, J. (Ed.). (2000). *Toxic Terror: Assessing Terrorist Use of Chemical and Biological Weapons.* Cambridge: Harvard University Press.

Tucker, J. (Ed.). (2012). *Innovation, Dual Use and Security.* Cambridge, MA: The MIT Press.

Tucker, J., & Koblentz, G. (2009). The Four Faces of Microbial Forensics. *Biosecurity and Bioterrorism: Biodefense Strategy, Practice, and Science, 7*(4), 389–397. https://doi.org/10.1089/bsp.2009.0043.

Tumpey, T. M., et al. (2005). Characterization of the Reconstructed 1918 Spanish Influenza Pandemic Virus. *Science, 310*(5745), 77–80. https://doi.org/10.1126/science.1119392.

Turnbull, M. (2015). *National Security Statement.* Parliament House, Canberra. From https://www.pm.gov.au/media/2015-11-24/national-security-statement. Accessed March 15, 2017.

UNMOVIC. (2007). *Compendium of Iraq's Prescribed Weapons Programmes in the Chemical, Biological and Missile Areas* (pp. 765–1030). New York: United Nations.

US Army. (2008). *Army Regulation 50–1. Biological Surety.* Washington, DC: US Department of Defense.

Van Cleave, M. (2007). *Counter Intelligence and National Security.* Washington, DC: National Defense University.

Vanier, M. (2017, April 30). NBAF Update the Lab as a Buffer Against Catastrophic Outbreaks. *The Mercury.* From http://themercury.com/articles/nbaf-update-the-lab-as-a-buffer-against-catastrophic-outbreaks. Accessed March 15, 2017.

Vogel, K. (2008). Biodefense. In A. Lakoff & S. Collier (Eds.), *Biosecurity Interventions* (pp. 227–255). New York: Columbia University.

Vogel, K. (2013a). Intelligent Assessment: Putting Emerging Biotechnology Threats in Context. *Bulletin of the Atomic Scientists, 35*(1), 45–54.

Vogel, K. (2013b). Necessary Interventions. Expertise and Experiments in Bioweapons Intelligence Assessments. *Science, Technology and Innovation Studies, 9*(2), 61–88.

Vogel, K. (2013c). *Phantom Menace or Looming Danger?* Baltimore, MD: The Johns Hopkins University Press.

Vogel, K., & Knight, C. (2014). Analytic Outreach for Intelligence: Insights from a Workshop on Emerging Biotechnology Threats. *Intelligence and National Security*, 1–18. https://doi.org/10.1080/02684527.2014.887633.

Vogel, K., et al. (2015). Editorial: Biosecurity and Dual-Use Research: Gaining function—At What Cost? *Frontiers in Public Health, 3.* https://doi.org/10.3389/fpubh.2015.00013.

Voronova-Abrams, M. (2011). Biosecurity 2.0: Enduring Threats in the Former Soviet Union. *Bulletin of the Atomic Scientists, 67*(4), 78–90. https://

doi.org/10.1177/0096340211413752.
Wakefield, A. (2003). *Selling Security. The Private Policing of Public Space.* Cullompton, Devon: Willan.
Walker, C. (2005). Biological Attack, Terrorism and the Law. *Terrorism and Political Violence, 17*(1–2), 175–200. https://doi.org/10.1080/09546550590520663.
Walsh, P. F. (2011). *Intelligence and Intelligence Analysis.* Abingdon, UK: Routledge.
Walsh, P. F. (2012). *Submission and Testimony to Inquiry into the Use of Criminal Intelligence, by Joint Parliamentary on Law Enforcement* (Final Report). Australian Parliament, Canberra. Retrieved from http://www.aph.gov.au/parliamentary_business/Committees/Senate_Committees?url=le_ctte/criminal_intelligence/submission.htm.
Walsh, P. F. (2014). Managing Intelligence and Responding to Emerging Threats: The Case of Biosecurity. In M. Gill (Ed.), *The Handbook of Security* (pp. 837–854). Basingstoke: Palgrave Macmillan.
Walsh, P. F. (2015). Building Better Intelligence Frameworks Through Effective Governance. *International Journal of Intelligence and Counterintelligence, 28*(1), 123–142. https://doi.org/10.1080/08850607.2014.924816.
Walsh, P. F. (2016). Australian National Security Intelligence Collection Since 9/11: Policy and Legislative Challenges. In K. Warby (Ed.), *National Security, Surveillance and Terror* (pp. 51–74). Cham, Switzerland: Springer International Publishing.
Walsh, P. F., & Miller, S. (2016). Rethinking 'Five Eyes' Security Intelligence Collection Policies and Practice Post Snowden. *Intelligence and National Security, 31*(3), 345–368.
Walsh, P. F. (2017a). Drone Paramilitary Operations Against Suspected Global Terrorists: US and Australian Perspectives. *Intelligence and National Security, 32*(4), 429–433.
Walsh, P. F. (2017b). Making Future Leaders in the US Intelligence Community: Challenges and Opportunities. *Intelligence and National Security, 32*(4), 441–459. https://doi.org/10.1080/02684527.2016.1253920.
Walsh, P. F. (2017c). Teaching Intelligence in the Twenty-First Century: Towards an Evidence-Based Approach for Curriculum Design. *Intelligence and National Security, 32*(7), 1005–1021. https://doi.org/10.1080/02684527.2017.1328852.
Walsh, P. F. (2017d). Securing State Secrets. In R. Dover, H. Dylan, & M. Goodman (Eds.), *The Palgrave Handbook of Security, Risk and Intelligence* (pp. 177–194). London: Palgrave Macmillan.
Walsh, P. F., & Miller, S. (2016). Rethinking 'Five Eyes' Security Intelligence Collection Policies and Practice Post Snowden. *Intelligence and National Security, 31*(3), 345–368.

Walsh, P. F. (2017a). Drone Paramilitary Operations Against Suspected Global Terrorists: US and Australian Perspectives. *Intelligence and National Security, 32*(4), 429–433.

Walsh, P. F. (2017b). Making Future Leaders in the US Intelligence Community: Challenges and Opportunities. *Intelligence and National Security, 32*(4), 441–459. https://doi.org/10.1080/02684527.2016.1253920.

Walsh, P. F. (2017c). Teaching Intelligence in the Twenty-First Century: Towards an Evidence-Based Approach for Curriculum Design. *Intelligence and National Security, 32*(7), 1005–1021. https://doi.org/10.1080/02684527.2017.1328852.

Walsh, P. F. (2017d). Securing State Secrets. In R. Dover, H. Dylan, & M. Goodman (Eds.), *The Palgrave Handbook of Security, Risk and Intelligence* (pp. 177–194). London: Palgrave Macmillan.

Walsh, P. F., & Miller, S. (2016). Rethinking 'Five Eyes' Security Intelligence Collection Policies and Practice Post Snowden. *Intelligence and National Security, 31*(3), 345–368.

Waltz, K. (1979). *Theory of International Politics*. New York: Random House.

Watts, J., & Stewart, H. (2003, April 22). Asia Unable to Mask SARS Cost. *The Guardian*.

Weimann, G. (2016). Going Dark: Terrorism on the Dark Web. *Studies in Conflict & Terrorism, 39*(3), 195–206. https://doi.org/10.1080/1057610x.2015.1119546.

Wein, L., & Liu, Y. (2005). Analyzing a Bioterror Attack on the Food Supply: The Case of Botulinum Toxin in Milk. *Proceedings of the National Academy of Sciences of the United States of America, 102*(28), 9984–9989. https://doi.org/10.1073/pnas.0408526102.

Wendt, A. (1999). *Social Theory of International Politics*. Cambridge: Cambridge University Press.

White, M. (2007). A Judicial Perspective—The Making of Preventative Detention Orders. In A. Lynch, et al. (Eds.), *Law and Liberty in the War on Terror* (pp. 116–127). Annandale and Sydney: Federation Press.

WHO. (2015a). Ebola Virus Disease in West Africa—The First Nine Months of the Epidemic and Forward Projections. *The New England Journal of Medicine, 371*, 1481–1495.

WHO. (2015b). WHO Draft Resolution Preparedness Geneva: WHO.

Williams, G. (2011). A Decade of Australian Anti-Terror Laws. *Melbourne University Law Review, 35*, 1137–1151.

Williams-Jones, B., Olivier, C., & Smith, E. (2014). Governing 'Dual-Use' Research in Canada: A Policy Review. *Science and Public Policy, 41*(1), 76–93. https://doi.org/10.1093/scipol/sct038.

Willman, D. (2017, September 11). Judge Bars Public from Trial Over Homeland Security Contract for Device to Detect Bioterrorism. *The Los*

Angeles Times. From http://www.latimes.com/nation/la-na-dhs-gag-order-20170911-story.html. Accessed March 15, 2017.

Wilson, J. (2017). Signal Recognition During the Emergence of Pandemic Influenza Type A/H1N1: A Commercial Disease Intelligence Unit's Perspective. *Intelligence and National Security, 32*(2), 222–230.

Wilson, J., et al. (2009). Media Reporting of the Emergence of the 1968 Influenza Pandemic in Hong Kong: Implications for Modern Day Situational Awareness. *Disaster Medicine and Public Health Preparedness*.

Xu, Z., et al. (2011). Bioaerosol Science, Technology and Engineering: Past and Present. *Aerosol Science and Technology, 45*(1), 1337–1349.

Yam, A. (2013, May 28). Memories Still Too Raw for Chinese Parents to Trust Baby Formula. *South China Morning Post*. From http://www.scmp.com/news/china/article/1273375/memories-still-too-raw-chinese-parents-trust-baby-formula. Accessed March 15.

Yan, S., et al. (2017). Utility and Potential of Rapid Epidemic Intelligence from Internet-Based Sources. *International Journal of Infectious Diseases, 63*(Supplement C), 77–87. https://doi.org/10.1016/j.ijid.2017.07.020.

Youde, J. (2015). Biosurveillance as National Policy: The United States' National Strategy for Biosurveillance. In S. Davies & J. Youde (Eds.), *The Politics of Surveillance and Response to Disease Outbreak* (pp. 137−157). Surrey, UK: Ashgate.

Young, A. (2015, August 28). Labs Cited for 'Serious' Security Failures in Research with Bioterror Germs. *USA Today*. From http://www.usatoday.com/story/news/2015/08/28/lab-security-violation-bioterrorism-select-agent-regulation/32439491/. Accessed March 15, 2017.

Young, A. (2016, September 30). CDC Lab Shipped Virus Without Following Key Safety Steps. *USA Today*. From http://www.usatoday.com/story/news/2016/09/30/cdc-lab-shipped-virus-without-following-key-safety-steps/91343102/. Accessed March 15, 2017.

Zajácz, R. (2017). Silk Road: The Market Beyond the Reach of the State. *The Information Society, 33*(1), 23–34. https://doi.org/10.1080/01972243.2016.1248612.

Zanders, J. (2015). Biological and Chemical Weapons and the Prospective Disarmament Process in the Middle East. In H. Muller & D. Muller (Eds.), *WMD Arms Control in the Middle East* (pp. 149–157). Surrey, UK: Ashgate.

Zegart, A. (2007). *Spying Blind*. Princeton, NJ: Princeton University Press.

译后记

当今世界战略格局深刻演变，国家安全威胁日趋复杂多元，传统安全与非传统安全日益紧密交织，生物安全作为公共安全的主要内容、国家安全的组成部分，重要性日益凸显。新冠肺炎疫情等重大事件，也给我国生物安全的前瞻谋划提出了重大需求。2020 年 2 月 14 日，习近平总书记在中央全面深化改革委员会第十二次会议上强调："要从保护人民健康、保障国家安全、维护国家长治久安的高度，把生物安全纳入国家安全体系，系统规划国家生物安全风险防控和治理体系建设，全面提高国家生物安全治理能力。要尽快推动出台生物安全法，加快构建国家生物安全法律法规体系、制度保障体系。"[1]

生物安全没有国界，任何一点"星星之火"的疫病，都有可能迅速演变为"燎原之势"的全球公共卫生事件。在生物安全威胁面前，没有国家能够独善其身。生物风险多元变化，可能源于自然发生的新发突发传染病疫情，也可能来自现代生物技术的误用和谬用，还可能是由敌对势力或极端组织人为引发，最后一种情况更加值得关注。随着人与自然互动加剧、生物科技井喷式发展、国际政治力量激烈斗争，人类社会不仅要面对各种已知的生物威胁，还要迎战大量未知的生物威胁。美、英、俄等世界大国纷纷统筹谋划各自的国家生物安全战略部署，密集出台国家层面的生物安全战略或重要生物安全文件，抢抓生物安全战略优势，谋求生物安全战略主动。

随着生物技术与其他尖端技术的不断交叉汇聚，生物技术催生和孕育了一系列颠覆性、变革性和引领性前沿尖端技术，基因编辑、

1　这是习近平总书记在主持中央全面深化改革委员会第十二次会议时的讲话内容。http://www.xinhuanet.com/politics/leaders/2020-02/14/c_1125575922.htm，2020 年 2 月 14 日。——编注

合成生物学、基因驱动、人工智能等现代技术的不断跨界融合发展，人类操控生命能力不断增强，人工合成和改造病原体变得越来越容易，生物技术误用和谬用导致出现灾难性后果已经成为现实可能。世界著名物理学家斯蒂芬·霍金曾说："科学技术的发展是造成众多新式威胁的主因，未来百年或千年内，人类将面临核战争、气候转暖和基因技术改造病毒所带来的重大灾难，并可能导致地球毁灭。但我们不是去阻止科技进步或使科技发展倒退，我们必须认识这些危险，并尽可能地去控制它们。"

2001 年发生的美国炭疽邮件事件，再次敲响了生物安全的警钟。恐怖分子等一些敌对力量故意使用致病性微生物、毒素等实施生物恐怖袭击，已经成为全世界共同面临的严重威胁。生物制剂具有致病性强、死亡率高、传播速度快、隐蔽性强、容易获得、价格低廉等特点，是恐怖分子实施恐怖活动的重要工具。

生物安全情报是生物安全风险防控和治理的重要环节，对于生物安全事件的早期监测、预警及有效预防、遏制至关重要。正如本书作者所言，无论是生成支持决策的产品，还是作为一套部门运作框架，情报对于提供战略、战役和战术层面的决策支持作用是无可取代的。"五眼联盟"是由美国、英国、加拿大、澳大利亚、新西兰组成的全球情报系统，具有情报互通机制。本书对"五眼联盟"国家[1]如何运用情报应对当代及新兴的生物安全挑战进行了深入浅出的论述，对生物安全威胁环境进行了分析，并对生物安全情报任务分配与协调、搜集、分析、情报治理、情报与利益攸关者、监督和问责等情况进行了探讨。

---

1 作者在本书中对"五眼联盟"国家的排序依次为：澳大利亚、英国、美国、加拿大、新西兰。"五眼联盟"（Five Eyes Alliance）是指美国、英国、加拿大、澳大利亚、新西兰这五个盎格鲁-撒克逊系英语国家组成的情报联盟，是唯一能几乎监控全球的情报网络组织，可溯源自英美在第二次世界大战期间依据《大西洋宪章》针对德日意而形成的情报合作机密协议《英美通信情报协定》（UKUSA）。"五眼联盟"国家主要通过各自负责信号情报和通信安全的情报机构［比如，美国国家安全局（NSA）、英国政府通信总部（GCHQ）、加拿大通信安全局（CSE）、澳大利亚通信管理局（ASD，旧称国防信号局）、新西兰政府通信安全局（GCSB）］共享自己搜集到的信号情报。——编注

译后记

本书作者帕特里克·沃尔什博士，是查尔斯特大学澳大利亚警务与安全研究院高级研究员、副教授，曾担任过澳大利亚国家安全机构和执法机构的情报分析师，在国家情报能力建设与培训、打击生物恐怖主义等领域享有很高的声誉。

作者指出，目前国家政治领导人对生物威胁的理解和重视程度远远低于传统威胁领域，属于低优先级，这导致了其对生物安全领域的投入不足、组织管理能力低下，情报机构仍然没有做好充足的应对准备，各国政府和情报机构都需要更深入地了解未来可能出现的威胁和风险，以及导致威胁和风险产生的原因。

对于当前及新兴的生物安全威胁环境，作者认为其具有概率低、影响大的特点，认为生物设施内部风险（比如盗窃犯罪）和备受关注的两用技术研究是两大重要威胁，造成威胁的两个主要方面是意图和能力，然而评估这两个方面有很大的难度。

作者评估了目前情报在应对新兴的生物威胁时对战略、战役和战术决策的支持作用，认为在某些情况下，情报评估可能并没有起到应有的效果，比如对伊拉克大规模杀伤性武器计划的情报评估。在本书中，作者指出情报分析师提供决策支持的核心情报流程（任务分配与协调、搜集、分析、生产）存在很多挑战，需要不断改进方法、提高能力。

作者探索了情报流程的有效性以及为生物威胁提供决策支持的能力策略，认为这种能力是外部治理（政治领导）和内部治理（情报机构）共同作用的结果。政治领导人和各个情报机构的领导人需要更多地参与，以更具战略性、前瞻性和协调性地提高生物安全情报工作的能力。如何提高关键性赋能活动（信息通信技术、人力资源和研究）的效能，利益攸关者（公共卫生专家、犯罪学家、工程师、网络专家和第一响应者）需要向情报机构提供哪些知识、技能和方法，以及国家安全机构和执法机构的工作人员需要如何更有效地开展合作，都是应该着重加强的领域。

作者分析了情报界如何管理不断变化的生物威胁，提出应有效利用立法、监督和问责机制，解决生命科学监管分散的问题。特别是在两用生物技术监管方面，情报界需要发挥更大的作用。

“他山之石，可以攻玉。”希望本书的翻译出版能够为相关人员更加充分地认识生物安全情报工作、有效预警与防范生物安全事件发生，提供有益帮助。相信情报分析师、生物安全监管人员，以及政策制定者和研究人员都能够从本书中得到启发。

本书的译校工作由张雪燕、翟菁、李丽娟、宋蕾、辛泽西、毛秀秀以及北京大学人民医院李鲤共同参与完成，在此一并致谢。

因时间紧张、水平有限，书中内容难免有疏漏之处，敬请读者批评指正。

王　磊

2020年8月16日